GIDA-Medienpaket

Gehe auf die Website *www.westermann.de/huw-115816* und gib den folgenden Onlineschlüssel ein:

PPPC-Y15D-4CPB

Alternativ kannst du auch den QR-Code scannen und dann den Onlineschlüssel eingeben.

westermann

Heimat und Welt

GEOGRAFIE FÜR BERLIN UND BRANDENBURG
Klasse 9/10

Autorinnen und Autoren
Matthias Bahr
Philipp Böker
Peter Köhler
Ute Liebmann
Simone Reutemann
Bärbel Schönherr

Beraterin und Berater
Georg Gillert
Heike Kunert
Dr. Florian Ringel

unter Mitwirkung der Verlagsredaktion

Titelbild:
Auf künstlich aufgeschüttetem Land wurde in Singapur das Parkgelände Gardens by the Bay errichtet.

Mit Beiträgen von:
Thomas Bauer, Kerstin Bräuer, Margit Colditz, Joachim Dietz, Anette Dippold, Thomas Eck, Eva Farbowski, Timo Frambach, Stephanie Fürstenberg, Anette Gerlach, George Gillert, Thilo Girndt, Monique Großmann, Sigrun Hallermann, Jarko Hennig, Uwe Hofemeister, Sieglinde Innerbichler, Peter Kirch, Yvonne Krautter, Christine Kreuzberger, Marco Krönke, Wolfgang Latz, Susanne Markert, René Nabi Alcántara, Jürgen Nebel, Jasmin Repplinger, Karin Richter, Hannes Schmalor, Carola Schön, Zdena Steffen, Dietmar Steinbach, Rita Tekülve, Carolin Venne, Cordula Zierold, Uta Zierold

Druck A[1] / Jahr 2025
Alle Drucke der Serie A sind im Unterricht parallel verwendbar.

Redaktion: Kristin Blechschmidt (Lektorat Eck, Berlin)
Umschlaggestaltung: JANSSEN KAHLERT Design & Kommunikation GmbH, Hannover
Layout: JANSSEN KAHLERT Design & Kommunikation GmbH, Hannover
Druck und Bindung: Westermann Druck GmbH, Georg-Westermann-Allee 66, 38104 Braunschweig

ISBN 978-3-14-**115816**-8

Dies ist dein Geografiebuch

Es gibt verschiedene Arten von Seiten, Aufgaben und Verweisen.

1. Auftaktseiten

Jedes Hauptkapitel beginnt mit einer Auftaktseite. Das Großfoto macht neugierig und weckt Interesse für das Thema. Auf der Auftaktseite kannst du dich erstmalig mit dem Thema der Lerneinheit auseinandersetzen.

2. Arbeitsseiten

Auf den Arbeitsseiten erarbeitest du dir die Inhalte der einzelnen Themen. Die fett gedruckten Wörter sind **Grundbegriffe**. Sie sind auch unter der Glühbirne am Seitenrand aufgelistet. Ihre Bedeutung solltest du dir einprägen. Sie werden in alphabetischer Reihenfolge im Minilexikon (S. 152 – 155) erklärt.

INFO

Die **Info-Kästen** auf den Arbeitsseiten enthalten Zusatzinformationen, die das Verständnis von bestimmten Zusammenhängen erleichtern.

Leitfrage

Jede Doppelseite wird mit einem **Teaser** eingeleitet. Dieser setzt einen Impuls für die Erarbeitung der Lehrninhalte und stellt **Leitfragen**, die am Ende der Stunde mithilfe des erworbenen Wissens beantwortet werden können

1 Mithilfe der Aufgaben kannst du dir die Inhalte der einzelnen Themen erarbeiten.

W Dieses Zeichen vor einer Aufgabe bedeutet, dass es sich um eine **Wahlaufgabe** handelt. Wähle eine der angegebenen Aufgaben (A, B, ...) aus und löse sie.

S Das „**S**"-Zeichen vor einer Aufgabe bedeutet, dass dir zur Aufgabenlösung **Starthilfen** im Anhang auf den Seiten 150 und 151 zur Verfügung stehen. Versuche, die Aufgaben zunächst ohne Hilfen zu lösen. Leg eines der Bändchen in die Doppelseite und du kannst die Starthilfen schnell aufschlagen.

E **Expertenaufgaben** sind zur vertiefenden Behandlung eines Themas gedacht. Sie sind manchmal etwas schwieriger und nicht immer allein mit dem Buch lösbar.

Digital+
WES-115816-001

Auf zahlreichen Seiten gibt es QR-Codes, die du mit einem Smartphone oder Tablet einscannen kannst. Du kannst auch den angegebenen Webcode unter ***www.westermann.de*** eingeben. Hier bekommst du zum Thema passende Erklärvideos, die dir auch beim Lösen der mit ■ markierten Aufgaben helfen können.

schule.diercke.de | **100380**-130

Unten auf den Doppelseiten findest du einen **Atlas-Link**. Durch Eingabe des Karten-Codes unter der Adresse *http://schule.diercke.de* gelangst du auf die passende Seite im aktuellen Heimat und Welt Atlas. Dort erhältst du Informationen zu den Karten sowie weiterführende Materialien.

Ein wichtiges Ziel im Geografieunterricht ist, dass du dir bestimmte Fähigkeiten (**Kompetenzen**) aneignest. Mithilfe der Symbole in der Kopfzeile oben rechts kannst du erkennen, welche Fähigkeit du auf dieser Doppelseite besonders trainieren kannst. Die fünf Kompetenzen sind: sich orientieren, analysieren, Methoden anwenden sowie kommunizieren und beurteilen.

GEWUSST – GEKONNT

3. Überprüfungsseiten

Am Ende jedes Hauptkapitels kannst du auf den Seiten „Gewusst – Gekonnt" selbst dein Wissen überprüfen.

METHODE

4. Methodenseiten

Auf diesen Seiten erhältst du eine Einführung in wichtige Methoden des Geografieunterrichts. Die blauen Kästen sind die „Gebrauchsanweisungen" für die Anwendung der Methode.

Inhaltsverzeichnis

Umgang mit Ressourcen

Windräder und Photovoltaikanlagen stehen an einem Rapsfeld im ländlichen Raum.

M1 Energienutzung im Alltag

> Schon durch das Duschen am Morgen, das Zurechtmachen und das Frühstück hat jeder Trinkwasser, Strom und Nahrungsmittel verbraucht. Zur Erzeugung und Herstellung dieser Dinge benötigt man große Mengen Energie. Aber was ist Energie und woraus kann sie gewonnen werden?

Wir brauchen Energie

Jeder Mensch verbraucht ständig Energie. Diese Energie muss gewonnen werden. Hierfür stehen verschiedene **Ressourcen** zur Verfügung. Das sind alle natürlich vorhandenen Vorräte an Stoffen und Energien, die für den Menschen interessant sind. Dazu zählen sowohl Bodenschätze als auch Wasser, Böden und die Strahlungsenergie der Sonne. Ressourcen, die der Natur entnommen und weiterverarbeitet werden, heißen **Rohstoffe**.
Zur Energiegewinnung werden die Energierohstoffe benötigt. Kohle, Erdöl und Erdgas gehören zu den fossilen Energieträgern und sind endlich. Irgendwann sind die Vorkommen aufgebraucht. Trotzdem steigt der weltweite Verbrauch immer noch an. Daher werden erneuerbare (regenerative) Energieträger zunehmend wichtiger.

INFO

Energie ist die Fähigkeit, mechanische Arbeit zu verrichten, Wärme abzugeben oder Licht auszustrahlen. Eine Form der Energie ist die elektrische Energie, die wir als Strom bezeichnen.

AUFGABEN

1 Benenne Möglichkeiten, wie Energie im Alltag genutzt werden kann (M1, M2).

2 Stelle den Zusammenhang zwischen Energie und Ressource dar.

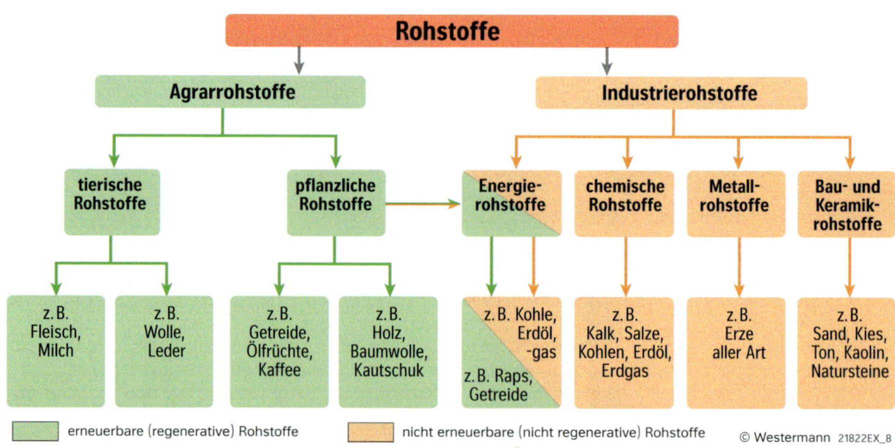

M2 Übersicht Rohstoffe (Auswahl)

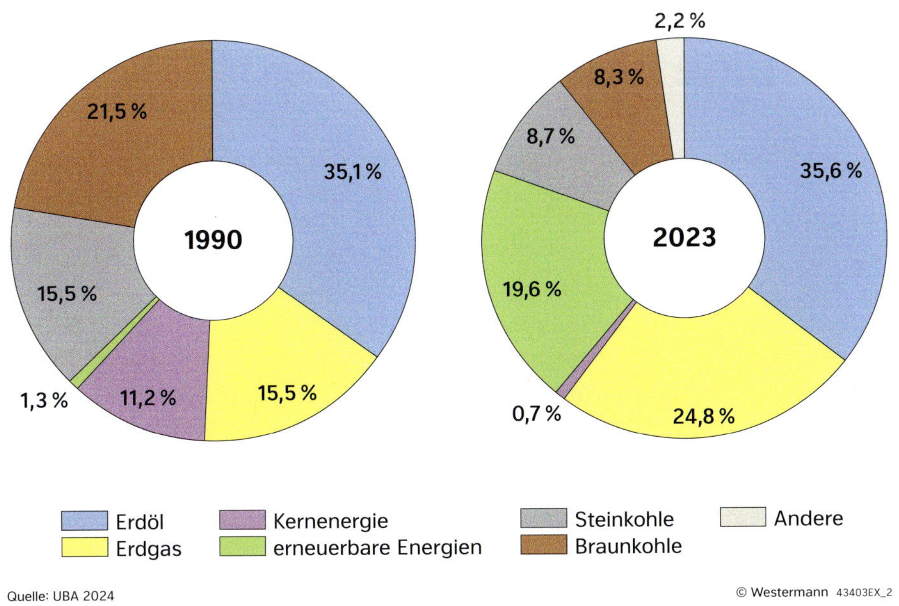

M3 Primärenergieverbrauch nach Energieträgern in Deutschland

INFO

Zur Deckung des Energiebedarfs stehen dem Menschen in der Natur verschiedene Energieträger wie Kohle, Erdöl, Erdgas, Uran, Wasser, Sonne und Wind zur Verfügung. Man nennt sie **Primärenergieträger**. Aus ihnen wird Gebrauchsenergie für unterschiedliche Zwecke erzeugt (z. B. Elektrizität, Kraftstoffe).

Energiemix in Deutschland

Die Energienutzung sowie die Energie- bzw. Stromerzeugung in Deutschland ändern sich stetig. Der Schutz der Umwelt und das Thema „Nachhaltigkeit" spielen dabei eine immer größere Rolle. Noch in den 1950er- und 60er-Jahren galt insbesondere die Kernenergie als zu fördernde Alternative gegenüber dem dominierenden Einsatz von Kohle und Öl. Im Zuge des Reaktorunfalls in Tschernobyl (Ukraine) 1986 und insbesondere durch die Atomkatastrophe von Fukushima (Japan) im März 2011 kam es zu einem Umdenken in der deutschen Energiepolitik. Der bereits 2002 beschlossene schrittweise Ausstieg aus der Kernenergie wurde schneller vorangetrieben, sodass Deutschland seit 2024 ohne Kernenergie auskommt.

Dabei wird der Anteil der erneuerbaren Energien im Zuge der **Energiewende** weiter steigen. Langfristig sollen in allen Bereichen (Strom, Wärme und Verkehr) möglichst viele umweltschonende erneuerbare Energieträger eingesetzt werden. Der genaue Zeitpunkt, ab dem auf den Einsatz nicht erneuerbarer Energieträger vollständig verzichtet werden kann, ist noch unklar.

Ressource
Rohstoff
Energie
Energiewende
Primärenergieträger

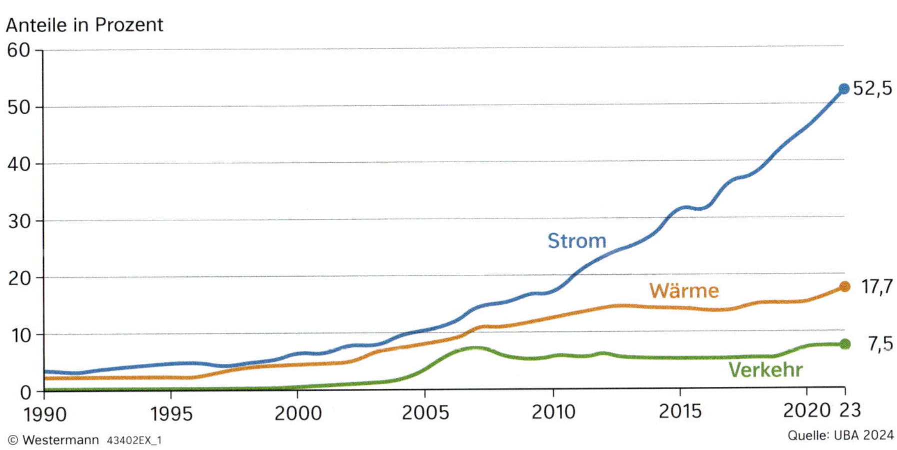

M4 Bedeutung erneuerbarer Energien in den Bereichen Strom, Wärme und Verkehr in Deutschland

AUFGABEN

3 a) Vergleiche den Primärenergieverbrauch in Deutschland zwischen den Jahren 1990 und 2023 (M3).

b) Erkläre mögliche Ursachen der Verschiebungen.

4 Ⓔ Diskutiert Gründe für die unterschiedlichen Anteile an erneuerbaren Energien in den Bereichen Strom, Wärme und Verkehr (M4).

Wie ordnest du deine Gedanken? Kausalkette, Wirkungsgefüge und Conceptmap

Es gibt die unterschiedlichsten Möglichkeiten, um Themen grafisch darzustellen.
Grundsätzlich werden die Schlüsselbegriffe grafisch miteinander durch Linien oder Pfeile verbunden. Daraus lassen sich dann die Gliederung (die Struktur) eines Themas und innere Zusammenhänge ablesen.

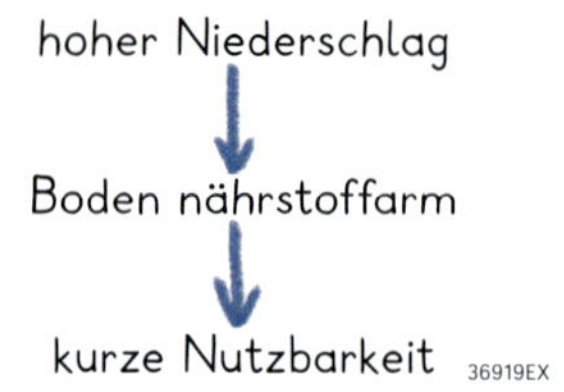

M1 Kausalkette

INFO 1

Die ***Kausalkette*** (lat. causa = Ursache, Grund) ordnet Begriffe nach Ursache und Wirkung und verbindet diese in einer Linie mit Pfeilen (M1). Nur selten liegt einem Sachverhalt nur eine Ursache zugrunde und hat nur einer Wirkung. Daher ist es meist sinnvoller, das Thema als Wirkungsgefüge oder Conceptmap darzustellen.

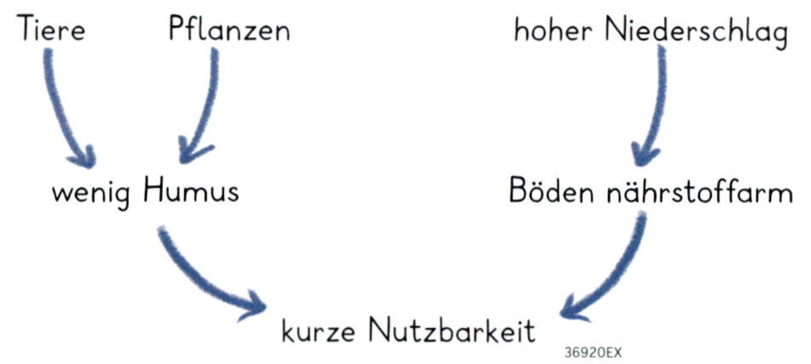

M2 Wirkungsgefüge

INFO 2

Auch im ***Wirkungsgefüge*** sind Begriffe nach dem Prinzip von Ursache und Wirkung angeordnet (M2). Man kann damit aber auch kompliziertere Zusammenhänge darstellen, z. B.:

- mehrere Ursachen und Folgen (mehrere Begriffe auf gleicher Ebene),
- geringere und stärkere Folgen / Auswirkungen (dicke, dünne Pfeile),
- Folgen unterschiedlicher Art (verschiedene Farben),
- Wechselwirkungen (Doppelpfeile).

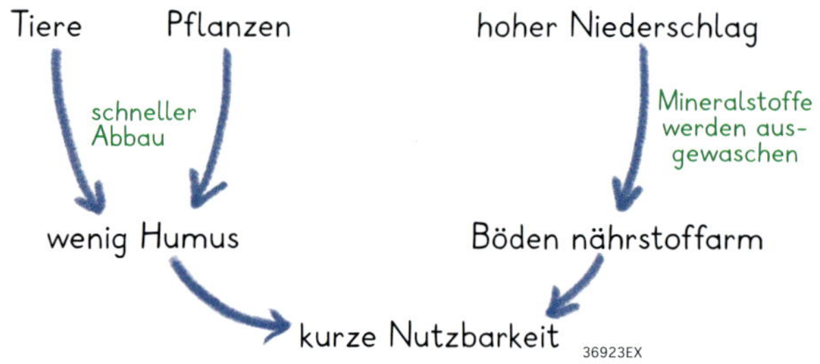

M3 Conceptmap

INFO 3

In einer ***Conceptmap*** werden die Linien und Pfeile des Wirkungsgefüges noch zusätzlich beschriftet (M3).

So erstellst du eine Conceptmap.

1. Erstelle eine Liste mit den Schlüsselbegriffen (Schlüsselwörtern) des Themas.
2. Ordne die Begriffe nach dem Prinzip von Ursache und Wirkung. Achte darauf, dass gleich wichtige oder gleichzeitige Gründe oder Folgen in derselben Ebene stehen.
3.
   - Verbinde die Begriffe mit Pfeilen. Sie haben die Bedeutung „bewirkt“ oder „hat zur Folge“. Unterschiedliche Stärke der Pfeile kann unterschiedlich starke Wirkung ausdrücken.
   - Färbe Begriffe und Pfeile mit gleicher Bedeutung gleich ein.
   - Beschrifte einzelne Pfeile.

Wie erstellst du ein Kreisdiagramm? Und wie wertest du es aus?

Sollen Zahlenwerte aus einem Text übersichtlich dargestellt werden, sind Diagramme sehr hilfreich. Kreisdiagramme (oder Tortendiagramme) eignen sich dabei besonders gut, um verschiedene Anteile an einem Gesamtwert darzustellen.
Je größer der Kreisausschnitt im Diagramm, desto größer ist der Anteil.

- Bleistift, Radiergummi
- Lineal
- Zirkel
- Geodreieck/Winkelmesser
- Buntstifte (zum Ausmalen)
- ggf. Taschenrechner

M1 Zum Zeichnen brauchst du ...

So erstellst du ein Kreisdiagramm.

1 Die Werte berechnen

- Berechne für jeden Wert den Anteil an der Gesamtmenge in Prozent. (Sind die Prozentwerte bereits vorgegeben, entfällt dieser Schritt.)
- Berechne mit dem Dreisatz die Winkelgröße der Kreisausschnitte.

Bsp.: Anteil Windenergie (31 %) an der Gesamtstromerzeugung 2023:
100,0 % → 360°
1,0 % → 3,6°
31 % → 31 x 3,6 = 111,6° → 112°

2 Die Anteile abmessen und einzeichnen

- Zeichne mit dem Zirkel einen Kreis in einem geeigneten Radius und markiere den Mittelpunkt.
- Zeichne eine Linie vom Mittelpunkt senkrecht nach oben an den Kreisrand (= erster Radius).
- Trage nun die errechneten Winkel schrittweise ab (immer beginnend an der letzten Radiuslinie).
- Beschrifte die einzelnen Abschnitte bzw. male sie farbig aus und lege eine Legende an.

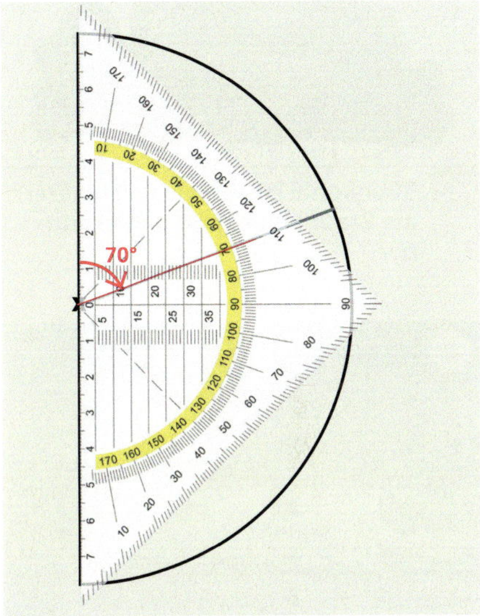

M2 Abtragen der Winkel

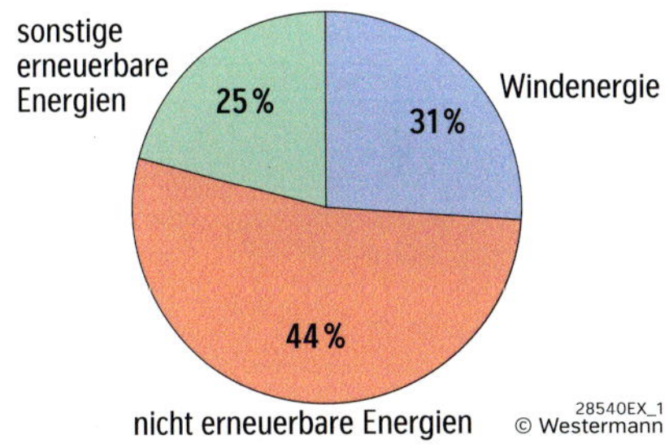

M3 Anteile an der Stromerzeugung 2023 in Deutschland

So wertest du ein Kreisdiagramm aus.

1 Das Thema feststellen

Benenne das Thema des Diagramms aus Über- oder Unterschrift.

2 Informationen entnehmen

Lies einzelne Werte aus dem Diagramm ab. Achte dabei besonders auf Höchst- und Niedrigstwerte.

3 Zusammenfassung

Fasse die gewonnenen Informationen in einigen Kernaussagen zusammen.

AUFGABEN

1 a) Recherchiere die aktuellen Anteile zur Stromerzeugung in Brandenburg im Internet.

b) Erstelle entsprechend der Schrittfolge ein Kreisdiagramm.

c) Werte dein Diagramm aus.

d) Vergleiche dein Diagramm mit M3.

Von der Braunkohle zum Strom

M1 Braunkohle ist braun, leicht, nicht sehr fest und brennbar.

M2 Steinkohle ist schwarz, schwerer als Braunkohle, fest und brennbar.

M4 So könnte ein Sumpfwald vor 300 Millionen Jahren ausgesehen haben.

Vom Wald zur Braunkohle

Kohle entstand in einem langen, viele Millionen Jahre andauernden Prozess. Ausgangsmaterial war das Holz von Bäumen, die in Sumpfwäldern unter wärmeren Bedingungen als heute wuchsen.
Der Vorgang der Kohleentstehung wird **Inkohlung** genannt, dabei reichert sich Kohlenstoff an. Dieser Kohlenstoff wird für die Energieerzeugung benötigt. Je länger und intensiver die Inkohlung ablief, desto mehr Kohlenstoff hat sich angereichert. So sind verschiedene Kohlearten entstanden. Wenn sich ein Bodenschatz so stark anreichert, dass er für den Menschen nutzbar wird, spricht man von einer Lagerstätte.

① Vor rund 50 Millionen Jahren war die Landschaft in der heutigen Region von Mitteldeutschland tief abgesenkt und flach, viele Flüsse durchzogen das Land. Es gab üppige Sumpfwälder mit baumhohen Farnen, Schachtelhalmen und anderen Bäumen. Das Klima war feucht-warm, nahezu tropisch.

② In die sumpfige Beckenlandschaft gelangten über Millionen von Jahren ständig Laub und abgestorbene Pflanzenreste unter Wasser und gerieten so unter Luftabschluss. Durch die Beckenform und auch die darunter liegenden dichten Tonschichten konnte das Wasser nicht abfließen und somit konnten sich die Pflanzenreste nicht vollständig zersetzen. Es bildete sich Torf.

③ Im Zeitraum von 50 Millionen Jahren bis vor zwei Millionen Jahren herrschten in unserer Region wechselnde Klimabedingungen. So gab es Zeiten mit eher trockenem Klima, welche sich mit Zeiten eher feuchteren Klimas abwechselten. In trockenen Phasen wurden Sande über die Torfe abgelagert. Das Gewicht dieser Ablagerungen führte dazu, dass das im Torf enthaltene Wasser durch diesen Druck herausgepresst wurde. Es entstand **Braunkohle**. Dieser Vorgang wiederholte sich mehrerer Male, sodass wir heute mehrere Braunkohleflöze finden.

④ Bis vor etwa 10 000 Jahren wurden weitere Ablagerungsgesteine aufgeschichtet; die Braunkohlenflöze und die darin eingeschlossenen Fossilien blieben erhalten.

M3 Entstehung von Braunkohle

M5 Braunkohleabbau in Welzow-Süd in der Lausitz (Brandenburg)

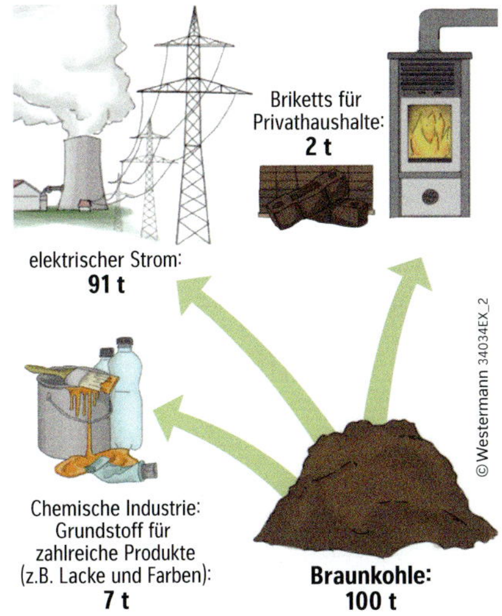

M7 Nutzungsmöglichkeiten der Braunkohle

Vom Flöz zur Rohkohle

Um Kohle nutzen zu können, muss sie abgebaut werden. Dies geschieht im Tagebau und unter Tage. Braunkohle wird im Tagebau abgebaut, da sie nur wenige Meter tief liegt. Um an die Braunkohleflöze heranzukommen, wird der Abraum (Deckschichten) abgebaggert und über Förderbänder zum Absetzer, einem Tagebaugerät, transportiert. Dieser schüttet den Abraum an der Außenkippe auf. Die Rohbraunkohle wird durch Schaufelradbagger gefördert und auch über Transportbänder entweder direkt zu einem Wärmekraftwerk gebracht oder auf Güterzüge verladen und zu nahegelegenen Brikettfabriken befördert.
Da Steinkohle wesentlich älter als Braunkohle ist, liegen ihre Flöze in größerer Tiefe. Die Steinkohle wird meistens im Untertagebau abgebaut. Dabei entsteht ein System aus senkrechten Schächten und waagerechten Stollen (Bergwerk) bis in etwa 1 750 m Tiefe. Beim Abbau schneidet ein Walzenschrämlader die Kohle entlang des Stollens ab. Die Rohsteinkohle fällt auf ein Fließband, das sie zu den Loren bringt. Die Loren werden zum Hauptschacht gerollt und mittels Fahrstuhl nach oben transportiert. Der Steinkohlenbergbau in Deutschland wurde Ende 2018 eingestellt. Seit 2019 deckt Deutschland seinen gesamten Bedarf an Steinkohle durch Importe.

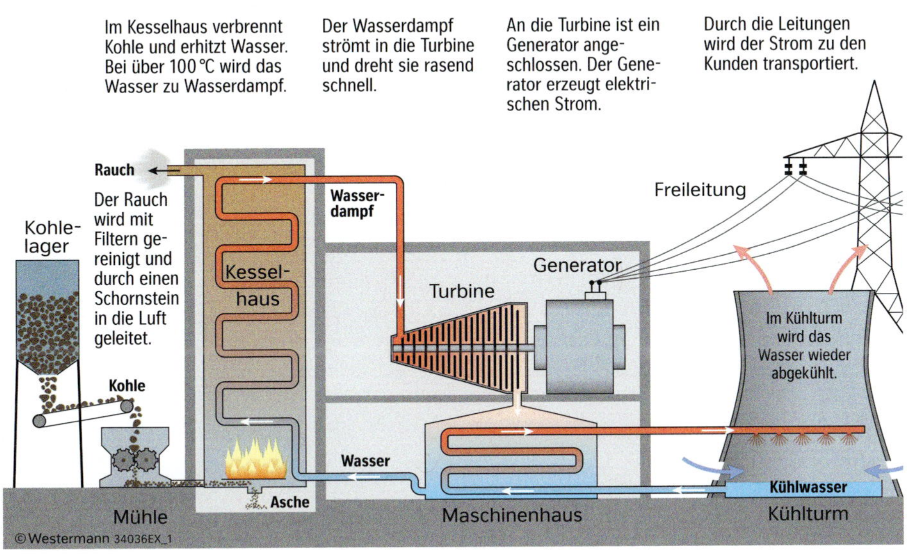

M6 Von der Kohle zum Strom

Inkohlung
Braunkohle

AUFGABEN

1 Ermittle Städte in der Nähe von Braunkohlerevieren in Deutschland (Atlas).

2 Nenne Nutzungsmöglichkeiten der Braunkohle (M7).

3 W Vom Wald ins Stromnetz

A Beschreibe die Entstehung von Braunkohle anhand einer Kausalkette (M3, M4).

B Beschreibe die Förderung der Braunkohle aus dem Tagebau anhand einer Kausalkette (M5).

C Beschreibe den Weg von der Kohle zum Strom anhand einer Kausalkette (M6).

Digital+
WES-115816-013

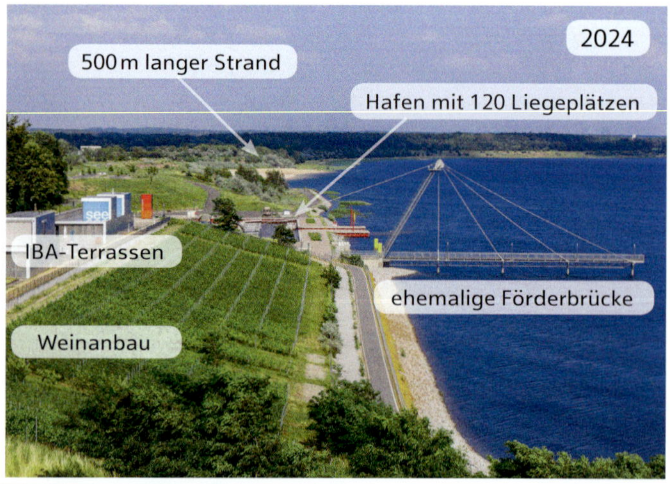

M1 Die Flutung des Großräschener Sees und neue Nutzungsformen des ehemaligen Tagebaurandgebietes

Wälder, Verkehrswege oder ganze Ortschaften sind verschwunden, Bäche und Flüsse wurden umgeleitet. Die Landschaft hat sich durch den Kohleabbau stark verändert. Was passiert mit den riesigen Mondlandschaften nach dem Kohleabbau?

Tagebaulandschaften im Wandel

Der Mensch stellt die durch den Tagebau zerstörte Landschaft wieder her. Dieser Prozess wird **Rekultivierung** genannt.
Häufig entstehen Erholungsgebiete, wobei die Tagebaurestlöcher zu Seen umgestaltet werden. Sollen die Gebiete land- oder forstwirtschaftlich genutzt werden, müssen die großen Tagebaurestlöcher vorher mit Erde aufgefüllt werden. Ziel ist es, dass neue **Naturräume** und **Kulturlandschaften** entstehen.
Das Lausitzer Seenland soll in den nächsten Jahren zur größten künstlichen Seenlandschaft Europas ausgebaut werden. Um die Seen schneller füllen zu können, leiten noch aktive Tagebaue aus dem Lausitzer Revier ihr Grubenwasser über ein Rohrleitungssystem in die Restlöcher. Die Seen sollen künftig über Kanäle miteinander verbunden werden.
Auch im ehemaligen Mitteldeutschen Braunkohlenrevier befindet sich eine rekultivierte Tagebaulandschaft, das Leipziger Neuseenland. Beliebte Ausflugsziele sind der Cospudener See, der Freizeitpark Belantis und ebenso der Kanupark am Markkleeberger See oder die schwimmende Kirche Vineta auf dem Störmthaler See. Sie wurde auf dem gefluteten Tagebaurestloch genau dort verankert, wo einst die Kirche des abgebaggerten Dorfes Magdeborn stand.

AUFGABEN

1 Vergleiche die Bilder in M1. Beschreibe die Veränderungen.

2 Erkläre den Begriff „Rekultivierung“ (M1, M2).

3 a) Beschreibe die Lage des Lausitzer Seenlandes und des Leipziger Neuseenlandes (M3, Atlas).

b) Nenne Seen, die sich im Lausitzer Seenland befinden (M3).

Digital+ WES-115816-014

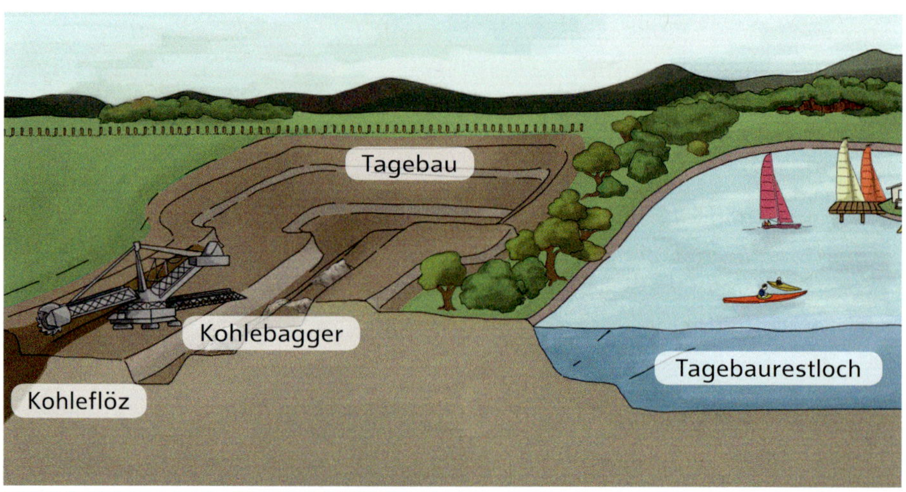

M2 Wenn der Tagebau weiterwandert, werden aus Tagebaurestlöchern neue Erholungsgebiete.

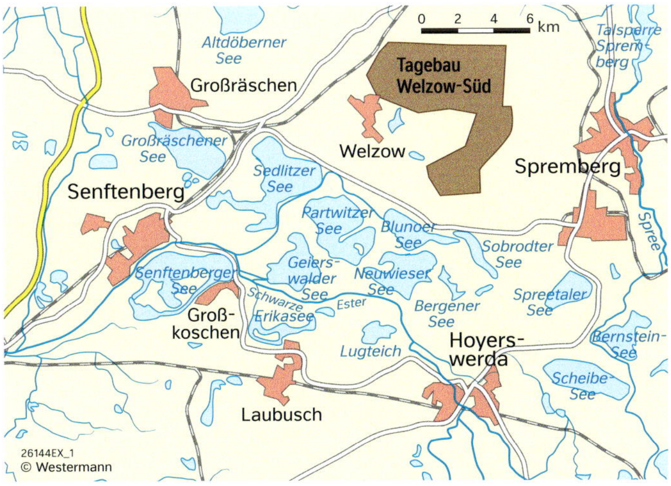

M3 Lausitzer Seenland mit Tagebau Welzow-Süd

M5 Amphitheater (links) und Seesporthalle (rechts) in Großkoschen am Senftenberger See

Der Senftenberger See – ein rekultivierter Tagebau

Dort, wo sich heute der Senftenberger See befindet, wurde von 1941 bis 1966 Braunkohle abgebaut. Von 1967 bis 1972 wurde das große Tagebaurestloch geflutet. Der Senftenberger See war damit der erste rekultivierte See im Lausitzer Seenland. Seitdem hat er sich zu einem beliebten Erholungsgebiet entwickelt. An seinen Ufern erstreckt sich in mehreren Abschnitten ein insgesamt sieben Kilometer langer Badestrand. Tauch-, Surf- und Segelschulen, Bootsverleihe oder die großen Wasserrutschen locken zahlreiche Erholungssuchende an.
In etwa einer Stunde Fahrzeit kann man den See per Fahrrad umrunden. Unterwegs bietet sich vom „Schiefen Turm“ ein faszinierender Blick auf den See und seine unter Naturschutz stehenden Inseln.
Auch Angelfreunde und Wasserwanderer kommen hier auf ihre Kosten, denn die Seen werden durch Kanäle miteinander verbunden.
Abends kann man im Amphitheater am See Kinofilme ansehen, Konzerte oder Theateraufführungen erleben. Beliebte Ausflugsziele in der Umgebung sind der Lausitzring oder die Krabatmühle.
In der Region entstanden zahlreiche neue Ferienunterkünfte: Campingplätze, Baumhäuser oder schwimmende Ferienhäuser. Für die Einheimischen bedeutet das neue Erwerbsmöglichkeiten.

Rekultivierung
Naturraum
Kulturlandschaft

M4 Freizeitmöglichkeiten im Lausitzer Seenland: ① Krabatmühle, ② Lausitzring, ③ Fürst-Pückler-Park Bad Muskau

AUFGABE

4 S Präsentiere deiner Klasse ein erlebnisreiches Programm für eine dreitägige Klassenfahrt ins Lausitzer Seenland oder ins Leipziger Neuseenland in Form eines Flyers oder Posters (Internet).

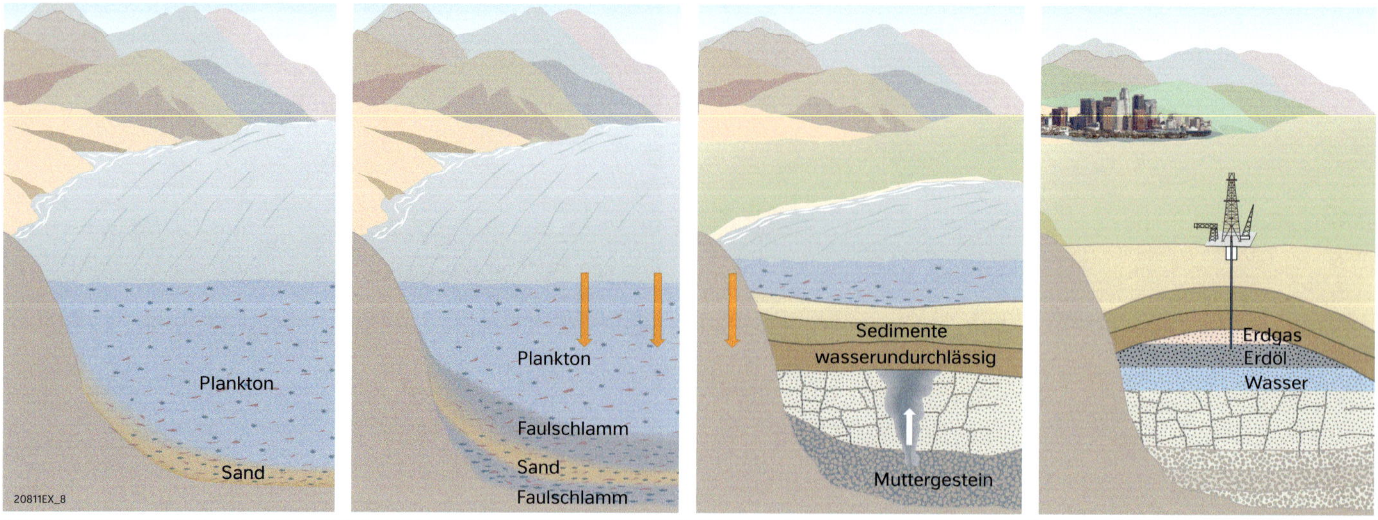

M1 Entstehung von Erdöl

Die Erdölentstehung ist ein kontinuierlicher Prozess, der auch heute noch stattfindet. Allerdings dauert es Millionen Jahre, bis sich Erdöl bildet. Daher ist es unwahrscheinlich, dass neu entstehendes Erdöl in absehbarer Zeit für die wirtschaftliche Nutzung zur Verfügung stehen wird. Ist die derzeitige intensive Förderung und Nutzung gerechtfertigt?

Aus Plankton wird Erdöl

Erdöl ist ein natürlich vorkommendes dünn- oder zähflüssiges Gemisch vieler verschiedener Kohlenwasserstoffe. Es kann von hellgelber, grauer, brauner oder schwarzer Farbe sein. Die weltweit gültige Einheit für den Handel mit Erdöl ist **Barrel** (Fass). Dabei gilt: 1 Barrel sind 159 Liter.
Die meisten Erdölvorkommen entstanden vor etwa 60 bis 250 Millionen Jahren, im sogenannten Erdmittelalter. Ausgangsmaterial für Erdöl bildeten abgestorbene Kleinstlebewesen (Plankton) im Meer. Plankton sank zu Boden und geriet durch die Bedeckung mit Sand und Schlick unter Luftabschluss. Es entstand Faulschlamm. Dieser wurde durch Sand, Kies und andere Sedimente überdeckt. Infolgedessen nahmen Druck und Temperatur in darunterliegenden Schichten zu. Durch Verfestigung entstand das Erdölmuttergestein. Hier wandelten Bakterien den sauerstoffarmen Schlamm in **Kohlenwasserstoffe** bzw. Öltröpfchen und Gasbläschen um. Anschließend wanderten die Tröpfchen aus dem festen Muttergestein in das poröse, von Poren und Hohlräumen durchzogene Speichergestein. Erst an einer undurchlässigen Gesteinsschicht, wie zum Beispiel Ton oder Salz, wurde dieser Aufstieg gestoppt, sodass man von einer Lagerstätte sprechen kann.

AUFGABEN

1 a) Benenne Gegenstände im Klassenzimmer, die aus Erdöl hergestellt wurden.

b) Ein Tag ohne Erdöl! Beschreibe in einem Bericht mit Beispielen, wie sich der Alltag verändern würde.

2 Ⓦ Vom Plankton zum Benzin

A Stelle die Entstehung von Erdöl mithilfe einer Kausalkette dar (M1).

B Beschreibe den Weg des Erdöls vom Bohrloch bis zur Tankstelle (M3).

M2 Aus einem Barrel Erdöl können entstehen ...

Digital+
WES-115816-016

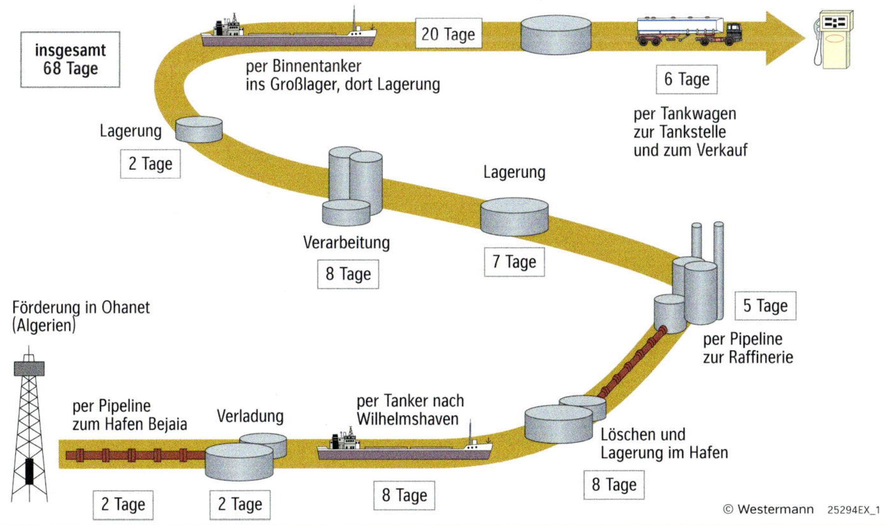

M3 Vom Bohrloch bis zur Tankstelle

M5 Bohrinsel im Persischen Golf

Erdölförderung und Transport

Die Erdölförderstätten befinden sich sowohl **onshore** auf dem Festland, als auch **offshore** auf dem Meer. Um an das Erdöl zu gelangen, wird die Lagerstätte angebohrt. Danach wird das Bohrloch auszementiert und ein Steigrohr eingebracht. Durch den natürlichen Druck fließt das Öl zunächst von allein, später muss es durch Pumpen an die Oberfläche befördert werden.

Nachdem das Öl gefördert ist, wird es auf dem Transportweg häufig schon in **Raffinerien** aufbereitet. Für den Transport werden unter anderem **Pipelines** genutzt. Das sind Rohrleitungen, die oberirdisch, unterirdisch oder auf dem Meeresboden verlegt werden. Trotz der hohen Baukosten lohnt sich das Verlegen auch über weite Strecken. Bei regelmäßiger Kontrolle und Wartung sind Pipelines das sicherste Transportmittel für Erdöl.

Neben den Pipelines werden aber auch Tankwagen und -schiffe eingesetzt. Die Schiffe, die für den Transport von Erdöl genutzt werden, nennt man Tanker. Durch das Meereswasser sind die Schiffswände einer extremen Korrosion ausgesetzt. Deshalb sind regelmäßige Kontrollen und die Erneuerung des Schutzanstriches notwendig.

Barrel
Kohlenwasserstoff
onshore
offshore
Raffinerie
Pipeline

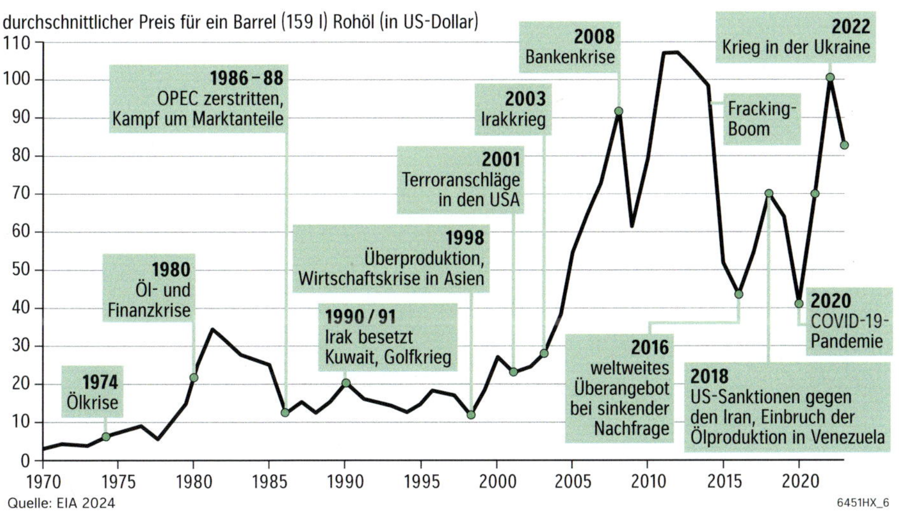

M4 Entwicklung des Rohölpreises

AUFGABEN

3 Vergleiche die Verteilung der Erdölförderung in Europa mit der in Amerika (Atlas).

4 a) Beschreibe die Entwicklung des Rohölpreises (M4).
b) Nenne Faktoren, die Einfluss auf den Rohölpreis haben (M4).

5 Informiere dich über das Leben und Arbeiten auf einer Bohrinsel (M5, Internet).

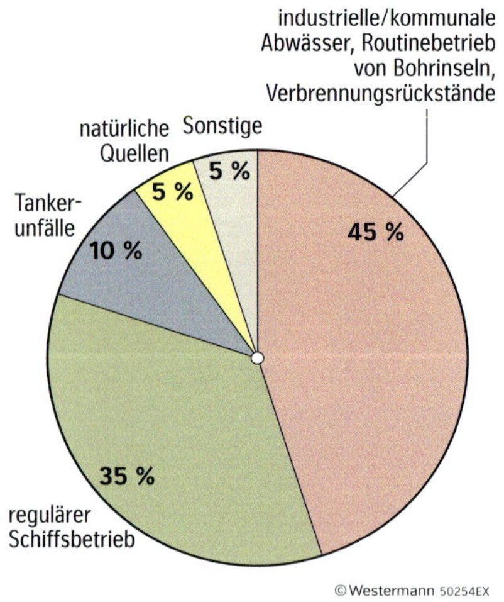

M1 Ursachen der Ölverschmutzung des Weltmeeres

M2 Mögliche Folgen eines Ölaustritts

Die Suche, die Förderung, der Transport und die Verarbeitung von Erdöl und Erdgas bergen große ökologische Herausforderungen. Wie kann der Mensch möglichen Umweltgefahren durch Ölunfälle begegnen?

Umweltstandards in der Hochseeschifffahrt

Ungefähr die Hälfte des Erdöls weltweit wird per Öltanker verschifft. Die technischen Anforderungen an Reedereien, die solche Schiffe bauen, sind enorm. Flüssiges Erdgas muss zum Beispiel in Behältern bei einer Temperatur von -160 °C transportiert werden, Rohöl bei ca. 50 °C. Die Umweltstandards sind im Laufe der Zeit erhöht worden: In Schutzgebieten schalten die Schiffe auf einen zweiten Tank und fahren mit Marinediesel statt Schweröl. Die Vereinten Nationen haben 2016 neue Grenzwerte festgelegt, die zum Beispiel den Schwefelanteil im Treibstoff begrenzen. Einige Tanker fahren mittlerweile mit einer Abgasreinigungsanlage.
Um Liege- und Entsorgungsgebühren in Häfen zu sparen, wurde früher viel Öl einfach im Meer verklappt. Dies ist mittlerweile illegal. Die Entsorgung von alten Tankern stellt ein weiteres Problem dar: Nachdem ein Schiff jahrzehntelang auf See gefahren ist, wird es oft in Länder gebracht, die nur unzureichende Umweltstandards beim Verschrotten gewährleisten.

M3 Die Explosion der Bohrinsel „Deepwater Horizon" im Golf von Mexiko (2010) zählt zu den größten Ölunfällen der Geschichte.

AUFGABEN

1 Nenne Risiken und Folgen von Unfällen, die bei der Erdölförderung sowie beim Transport auftreten können (M1 – M4).

2 Recherchiere weitere Frachterhavarien und ihre Folgen in den vergangenen zehn Jahren.

M4 Der havarierte Frachter Wakashio vor der Küste Mauritius'

INFO

Das Wort **Havarie** wird vom arabischen Wort awar (= Fehler, Schaden) abgeleitet. In der Seefahrt spricht man von einer Havarie, wenn ein Schiff bzw. seine Ladung durch ein Ereignis stark beschädigt wird.

Die Havarie vor der Küste Mauritius'

Havarie

Die Förderung und der Transport von Erdöl sind riskant. Immer wieder kommt es zu Unfällen, die weitreichende Folgen für die Umwelt haben. Durch Schäden an Pipelines, Defekte auf Ölbohrplattformen oder Unfälle von Tankerschiffen gelangt das Öl in die Umwelt und verursacht massive Probleme für Flora, Fauna und Menschen.

So geriet im Sommer 2020 der japanische Frachter Wakashio vor der Küste des Inselstaates Mauritius in Seenot. Aus dem Wrack flossen in der Folge laut Schätzungen ca. 1 000 t Öl. Zunächst hatten Fachleute versucht, das Öl aus dem 300 m langen Frachter zu pumpen. Doch während der Bergungsarbeiten brach das Schiff auseinander. Eine Hälfte wurde schließlich versenkt. Umweltschützer befürchten für die Korallenriffen und viele Tierarten enorme Schäden, die sich noch Jahrzehnte auswirken könnten. Mauritius rief in Folge des Unglücks den Umweltnotstand aus. Aber auch für die Wirtschaft ist die Havarie eine Katastrophe: Der Inselstaat lebt sowohl vom Fischfang als auch vom Tourismus.

Es gibt Berichte, nach denen sich auf Mauritius Menschen die Haare schneiden lassen, um so gegen die Ölpest vor [ihren Inseln] vorzugehen. Wie soll Haar gegen Öl helfen?

[...] Haar ist ein recht einfaches Mittel, das vor allem auch wenig umweltschädlich ist. Haare und Felle gelten als Adsorptionsmittel für Rohöl. [...] Bei der Adsorption reichert sich der Stoff an der Oberfläche eines Festkörpers – also in diesem Fall eines Haares – an, dringt aber nicht ein. [...] Haar ist schon bei mehreren Ölkatastrophen eingesetzt worden, zum Beispiel bei der Deepwater-Horizon-Katastrophe im Golf von Mexiko [...] Wir haben Mini-Umweltkatastrophen in meinem Labor simuliert. Wir bilden Mikrokosmen. Das sind Behälter, die die Schadstoffe und Adsorptionsmittel wie das menschliche Haar oder auch Hundehaar beinhalten, und spielen dann durch, was wir im Ablauf einer Katastrophe erwarten. Das Haar kann etwa das drei-bis neunfache seines eigenen Gewichtes an Öl aufnehmen. Und wir haben herausgefunden, dass Haar nicht nur einmal, sondern mehrfach als Adsorbens eingesetzt werden kann. [...]

Quelle: Stefan Wagner: Umweltbiologin: Menschenhaar kann bei Ölkatastrophen eingesetzt werden. RND Online. Verlagsgesellschaft Madsack GmbH & Co. KG. Hannover, 13.08.2020

M5 Experteninterview mit einer Umweltbiologin zum Einsatz von Haaren nach Ölkatastrophen

AUFGABEN

3 Erkläre, warum Menschen ihre Haare als Maßnahme gegen eine Ölpest abschneiden (M5).

4 E Beschreibe die heutige Situation in Mauritius nach der Havarie (Internet).

M1 Ausbau der Kohleförderung und des Kohletransportes

M2 Kohleförderung im Port of Newcastle

Australien setzt in großem Maßstab auf den Abbau von Kohle. Neben dem Ausstoß klimaschädlicher Gase bei der Verbrennung gibt es weitere ökologische Probleme. Welche Konflikte ergeben sich daraus?

Bald der größte Kohlehafen der Welt

Ein indischer Bergbaukonzern möchte in ein bisher unerschlossenes Kohlevorkommen investieren. 2019 wurde das Vorhaben genehmigt. Dazu soll der bisher nur relativ kleine Hafen Abbot Point zum weltgrößten Kohlehafen ausgebaut werden. Die Ausbaupläne sehen vor, drei Verladeplätze mit je zwei Schiffsliegeplätzen an drei neuen Piers zu bauen. Dafür sollen insgesamt drei Millionen Kubikmeter Sand und Kies ausgehoben werden. Diesen anfallenden Aushub wollen die beteiligten Firmen in der Region des Great Barrier Reefs, des weltweit größten Korallenriffs, ablagern. Dies würde jedoch die Wasserqualität in dem sensiblen Ökosystem verschlechtern. Zudem wird geschätzt, dass nach dem Ausbau entlang des Riffs pro Jahr über 7 000 Schiffe unterwegs sein könnten. Kritiker befürchten, dass ein Schiffsunfall reicht, um ein Korallenriff auf Jahrzehnte zu zerstören. Der Ausbau weiterer Häfen an der australischen Ostküste entlang des Great Barrier Reefs ist geplant. Umweltschutzorganisationen versuchen schon, das Projekt zu stoppen und beispielsweise Banken zu überzeugen, den Ausbau nicht zu finanzieren.
In der Stadt Melbourne protestierten Tausende gegen das Projekt.

AUFGABEN

1 Beschreibe die Lage des Kohlehafens Abbot Point und die des Great Barrier Reefs (Atlas, M1).

2 Erläutere die Eingriffe durch den Abbau und den Transport von Kohle in den Naturraum (M2 – M4).

3 Ⓢ Liste mögliche Argumente der Protestierenden gegen den Ausbau des Hafens auf.

M3 Kohleberge im Hafen von Hay Point

Hunter Valley: Bergbau hat bereits ein Drittel des fruchtbaren Landes zerstört.

Bedrohte Aboriginal-People-Communitys: Bergbaukonzern bedroht mit geplantem Eisen abbau Schutzgebiete.

Billig, aber dreckig: Australische Kohle ist einer der größten Klimazerstörer!

Der Bergbau bringt uns viele Arbeitsplätze und ein Auskommen für unsere Familien.

Die Förderung von Rohstoffen macht etwa 14 Prozent unseres BIP aus. Davon bauen wir Kindergärten und Schulen.

M4 **Meinungen zum Bergbau in Australien**

M6 **Karikatur**

Sieg über den Kohlebergbau

Im Südosten Australiens, im Bundesstaat New South Wales, haben Farmer einen Sieg über die Kohlewirtschaft des Landes errungen.
Die Region gilt als eine der besten Landwirtschaftsgebiete des Landes. Neben fruchtbaren Böden gibt es ausreichend Niederschläge. Aber es gibt auch große Vorkommen an Steinkohle und Erdgas. Schon 2007 kaufte ein chinesisches Unternehmen der Regierung für 300 Millionen AUD (Australische Dollar) eine Bergbaulizenz ab. Zudem wurden Landwirten für über 190 Millionen AUD die Grundstücke abgekauft.
Nachdem der Kauf bekannt wurde, begannen die Proteste. Es gab Demonstrationen und Blockaden. Lokale Gemeinschaften der Aboriginal People hielten Rituale als Protestaktion ab. Die Menschen hatten Sorge, dass mit dem Bergbau ihre Heimat zerstört wird. Es sollte Steinkohle im Tagebau gefördert werden – 24 Stunden am Tag, sieben Tage die Woche, 365 Tage im Jahr, und das mindestens 30 Jahre lang. 2017 und 2021 zahlte die Regierung aufgrund der immer größer werdenden Proteste den Betrag für die Konzession an das Unternehmen zurück. 2022 konnten so die Farmer ihr Land von dem Bergbauunternehmen zurückkaufen.

M5 **Farmerprotest**

AUFGABEN

4 Ⓢ Interpretiere die Karikatur M6.

5 Lieber lukrative Rohstoffexporte oder fruchtbares Ackerland? Begründe deinen Standpunkt (M4, M5).

INFO

Jeder Mensch verbraucht in Deutschland täglich ungefähr fünf Kilowattstunden Strom. Mit einer Kilowattstunde Strom kann man beispielsweise ein Mittagessen für vier Personen auf dem Elektroherd kochen oder zehn Stunden an einem PC arbeiten. Um eine Kilowattstunde Strom selbst zu produzieren, müsste man fünf Stunden mit einem Fahrrad fahren und dabei den Dynamo zur Stromerzeugung antreiben.

M2 Wasserkraftwerk am Rhein

Es ist für uns selbstverständlich, dass elektrischer Strom ständig verfügbar ist. Aber woher kommt der Strom überhaupt? Wie und wo wird er erzeugt? Und wie gelangt der Strom in unsere Haushalte?

Energie aus unterschiedlichen Quellen

Strom wird auf unterschiedliche Art erzeugt. Man verwendet dafür nicht erneuerbare und erneuerbare **Energieträger**.
Um Strom aus Energieträgern zu gewinnen, werden Kraftwerke benötigt. Die nicht erneuerbaren Energieträger verlieren dabei an Bedeutung. Diesen Wandel bezeichnet man als Energiewende.
Wind- und Sonnenenergie, Wasserkraft, Biomasse oder Erdwärme sind in einigen Regionen immer wieder aufs Neue verfügbar. Deshalb nennt man sie erneuerbare Energieträger. In Windenergieanlagen und Wasserkraftwerken wird die Drehbewegung mithilfe von Generatoren in Strom umgewandelt. In Photovoltaikanlagen wird die Solarenergie zur Stromerzeugung genutzt. Für die Nutzung erneuerbarer Energieträger ist häufig der Standort von Bedeutung. In windreichen Regionen gewinnt man mit Windenergieanlagen zum Beispiel viel Strom. Wasserkraftanlagen befinden sich oft an großen Flüssen oder Talsperren. Um den erzeugten Strom aber zu den Verbrauchern zu leiten, sind oft lange Strecken zu überwinden. Eine große Bedeutung kommt dabei den Stromnetzen zu, durch die der Strom in die Wirtschafts- und Ballungsräume gelangt. Daher sind neue Hochspannungsleitungen nötig, deren Trassenverläufe jedoch umstritten sind.

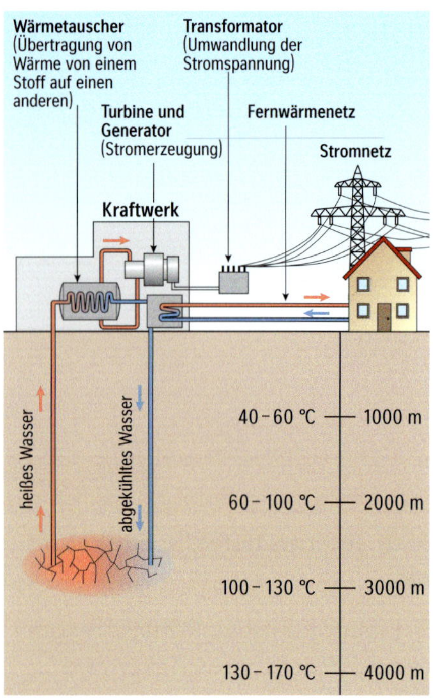

M1 Erdwärme

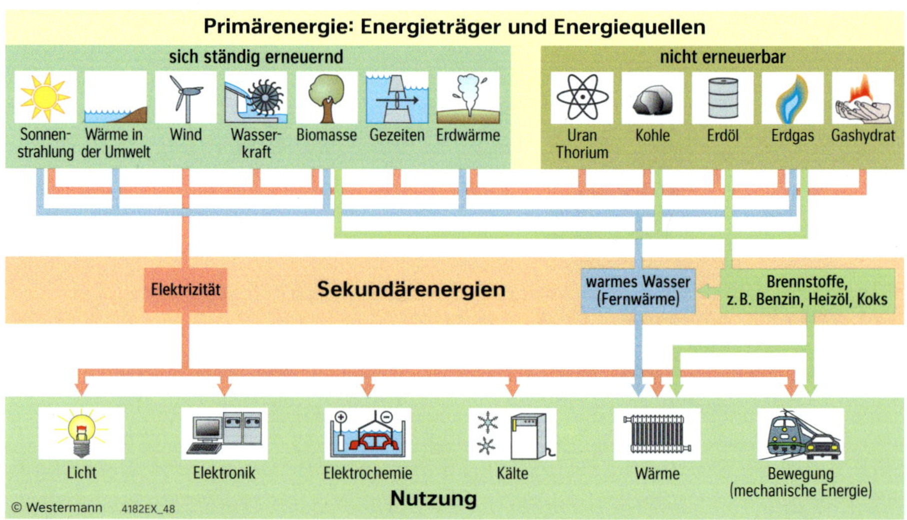

M3 Energieträger und ihre Nutzung

M4 Durch Überlandleitungen wird der Strom zu den Verbrauchern transportiert.

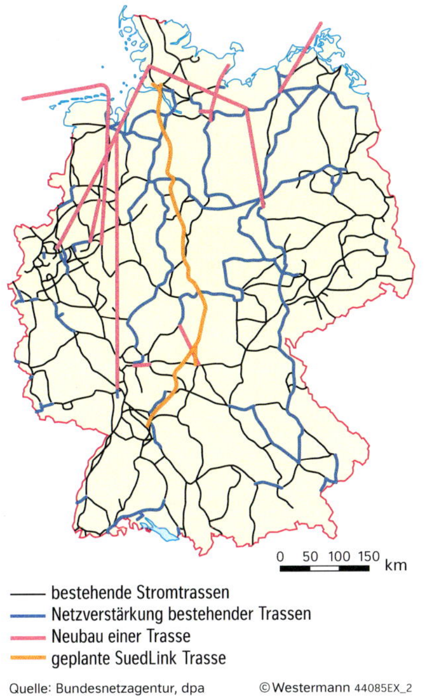

M6 Stromtrassen in Deutschland

Immer wieder gibt es Streit um den Trassenverlauf neuer Hochspannungsleitungen. Anlieger fühlen sich von oberirdischen Hochspannungsleitungen gestört. Sie warnen vor möglichen Gesundheitsrisiken und der Beeinträchtigung von Natur und Umwelt, besonders in Touristenregionen. Die meisten Kritiker sind nicht generell gegen neue Stromleitungen. Sie befürworten aber unterirdische Erdkabel. Diese sind jedoch deutlich teurer und störanfälliger und können – je nach Untergrund – nicht überall verlegt werden. Großflächige Eingriffe in das Bodengefüge rufen bei Landwirten Widerstand hervor, die sich um die Qualität des Bodens sorgen und lange Brachezeiten während des Baus vermeiden möchten.
Um Strom aus dem windreichen Norddeutschland in das Landesinnere hin zu den Industrieregionen zu transportieren, bestehen seit über zehn Jahren Pläne für die rund 700 km lange Stromtrasse SuedLink. Bereits die Pläne sorgten in der Bevölkerung für zahlreiche Proteste hinsichtlich der über- wie auch unterirdisch verlaufenden Kabel.
Im Juli 2023 wurde mit dem Bau der von Wilster in Schleswig-Holstein bis nach Grafenrheinfeld in Bayern verlaufenden Leitung begonnen.

M5 Streit um den Trassenverlauf

Energieträger

Wie führt ihr ein Streitgespräch?

① Vorbereitung
- Finden von aussagekräftigen Argumenten für oder gegen einen Standpunkt.
- Gewichtung der Argumente (Frage zur Gewichtung: Beginne ich mit meinem stärksten/schwächsten Argument?)

② Durchführung
Eröffnungsrunde
- Beantwortung der Streitfrage durch jeden Teilnehmer in 2 Minuten ohne Unterbrechung

So führt ihr ein Streitgespräch.
- Es beginnt die Partei, welche die Änderung eines bestehenden Zustandes wünscht.

freie Aussprache
- Dauer: 12 Minuten
- Vorbringen der Argumente
- Teilnehmer machen sich für ihren Standpunkt stark und verteidigen diesen.

Schlussrunde
- Dauer: 1 Minute pro Teilnehmer
- erneute Beantwortung der Streitfrage unter Bezugnahme auf die genannten Argumente

AUFGABEN

1 Stelle den Weg der Energie aus der Erde in Wohnhäuser dar (M1).

2 a) Ⓢ Vergleiche erneuerbare und nicht erneuerbare Energieträger (M3).
b) Energieträger werden nicht nur zur Stromerzeugung genutzt. Erläutere mithilfe von M3.

3 Führt ein Streitgespräch zum Ausbau der Stromtrasse SuedLink durch (M5, M6).

Strom aus der Kraft des Windes

M1 Durchschnittliche Windgeschwindigkeiten in Deutschland

M2 Offshore-Windpark und Transport eines Windradflügels per Lkw

Der Bau von Windparks, das Stauen von Flüssen und Seen oder die Errichtung riesiger Sonnenkollektoren sind immer wieder Grund für Proteste. Doch welche Bedenken liegen den Protesten und damit dem großflächigen Ausbau der erneuerbaren Energien zugrunde?

Windenergie

Sonnenstrahlung, Wind, Biomasse und Wasserkraft sind die Energieträger der Zukunft. Sie haben den großen Vorteil, dass sie sich ständig erneuern und deshalb unerschöpflich sind. Doch diese erneuerbaren Energien lassen sich nicht überall in Deutschland und der Welt gleich gut nutzen. Bei ihrer Nutzung gibt es Vor- und Nachteile, die zu beachten sind. Besonders deutlich wird das am Beispiel der Windkraft.
Der Mensch hat früh gelernt, die **Windkraft** zu nutzen, zum Beispiel bei Segelschiffen oder Windmühlen. In heutigen Windkrafträdern wandeln Generatoren die Bewegungsenergie des Rotors in elektrischen Strom um. Doch ihr (Aus-)Bau ist nicht unumstritten. Dabei stehen vor allem die Kosten, der Platzbedarf und der Einfluss der Windräder auf die Umwelt in der Kritik. Auch der Bau in der Nähe von Siedlungen führt immer wieder zu Streitigkeiten über den Standort.

Interviewer: Herr Nabokov, gilt der Satz „Erneuerbare Energien sind gut, nicht erneuerbare schlecht"?

Herr Nabokov: Im Prinzip schon. Nicht erneuerbare Energien belasten in jedem Fall die Umwelt. Fossile Brennstoffe wie Kohle, Erdöl und Erdgas haben einen großen Anteil an der globalen Erwärmung. Das ist unumstritten.

Interviewer: Dann dürfte es doch beim Bau von Solarparks oder Windkraftanlagen kaum Probleme und Widerstände geben, oder?

Herr Nabokov: Nicht unbedingt. Letztendlich stehen dem großen Vorteil der CO_2-Einsparung bei der späteren Stromerzeugung auch einige Nachteile gegenüber. So weht der Wind nirgendwo gleichmäßig und konstant, sondern unterliegt immer natürlichen Schwankungen. Dazu gibt es das Problem, dass die Windenergie direkt genutzt werden muss und nicht gespeichert werden kann. Wird die erzeugte Windenergie nicht sofort in Strom umgewandelt, verpufft sie sozusagen ungenutzt. Und nicht zuletzt ist der Bau von Windrädern sehr kostenintensiv. Beispielsweise kostet ein Windrad zwischen 750 000 und 900 000 Euro.

M3 Interview mit dem Ingenieur Anton Nabokov

AUFGABEN

1 a) Verorte Regionen mit besonders hoher Windgeschwindigkeit in Deutschland (M1).

b) Vergleiche mit der Lage großer Windparks in Deutschland (Atlas, Internet).

2 Ⓔ Erkläre, wie durch eine Windkraftanlage Strom hergestellt wird (M4).

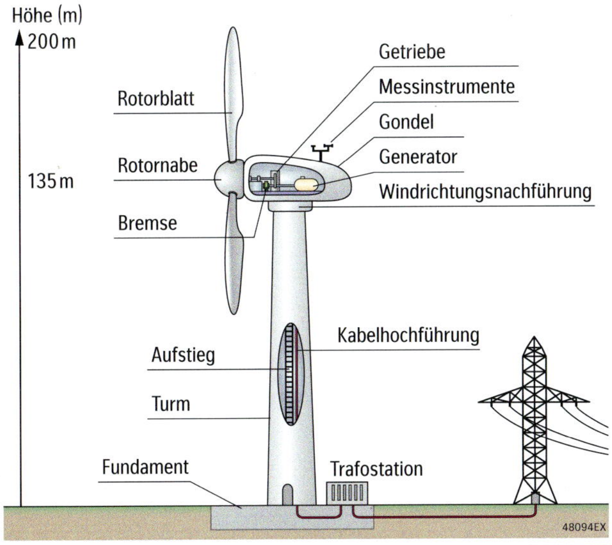

M4 Aufbau einer Windkraftanlage

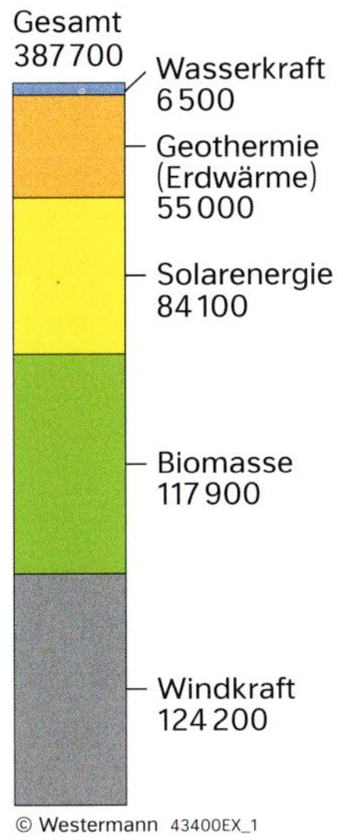

M5 Beschäftigte im Bereich der erneuerbaren Energien (2022)

INFO

Warum werden Windräder immer höher?
Um möglichst viel Strom zu erzeugen, werden Windräder dort errichtet, wo viel Wind weht. Je höher der Turm eines Windrades ist, desto mehr Strom kann erzeugt werden. In großen Höhen ist die Windgeschwindigkeit höher und der Wind weht gleichmäßiger. Eine Verdopplung der Windgeschwindigkeit erbringt einen achtmal höheren Stromertrag. Ein weiterer Faktor ist die Länge der Rotorblätter. Doppelt so lange Rotoren vervierfachen den Stromertrag.

Windkraftanlagen als Streitpunkt

Wind, Wellen, Meeresströmungen: Die Meere stecken voller Energie, die zunehmend auch für die Stromerzeugung genutzt wird. In der Nordsee erzeugen seit einigen Jahren riesige Windparks Strom. Auf dem Meer weht der Wind fast ununterbrochen und es stehen ausreichend Flächen zur Verfügung. Windparks auf dem Meer werden als **Offshore-Windparks** bezeichnet. An Land nennt man sie **Onshore-Windparks**.
Doch auch Offshore-Windparks stehen unter Kritik. Bei dem Bau der Anlagen wird der Meeresboden durch das Rammen der Fundamente verdichtet, Meeresbewohner werden vertrieben oder verletzt. Der Bau von Offshore-Windparks ist sehr aufwendig und kostspielig. Das Material muss besonders stabil sein und der erzeugte Strom muss mittels kilometerlanger Seekabel bis an die Küste und weiter zum Verbraucher/Konsumenten geleitet werden.

Windkraft
Offshore-Windpark
Onshore-Windpark

Interviewer: Es geht also um die Abwägung zwischen Kosten und Nutzen?

Herr Nabokov: Nicht unbedingt. Aber das Verhältnis von Kosten und Ertrag ist in jedem Fall ein wichtiges Kriterium. Hinzu kommen Fragen, die sich mit anderen Problemen beschäftigen. So wird beispielsweise immer wieder über den Mindestabstand von Windrädern zu Wohnsiedlungen diskutiert, weil sich Anwohner durch Lärm und Schatten gestört fühlen. Auch die mögliche Gefahr für Vögel ist immer wieder ein Thema. Zudem muss der erzeugte Strom von den großen Windparks auch weitertransportiert werden. Dazu ist der Bau von neuen Stromtrassen nötig. Solche Trassen sind ebenso wie die Windräder an sich ein Eingriff in die Natur.

Interviewer: Was könnte man diesen negativen Aspekten entgegenstellen?

Herr Nabokov: Der gesamte Energiesektor bietet zahlreiche Entwicklungsmöglichkeiten. Sowohl in technischer als auch in wirtschaftlicher Sicht sind in den nächsten Jahren noch große Verbesserungen zu erwarten. Nicht zuletzt ist die Windkraft bzw. sind die erneuerbaren Energien im Allgemeinen heute ein bedeutender Wirtschaftsbereich mit vielen Arbeitsplätzen.

AUFGABEN

3 Vergleiche die Energiegewinnung durch Windkraft und Braunkohle bezüglich ihrer Nachhaltigkeit (M1 – M5). Nutze die Methode „Den Grad der Nachhaltigkeit beurteilen“ auf S. 31.

Digital+
WES-115816-025

Strom aus der Kraft der Sonne

M1 Solarwärmekraftwerke (hier in der Wüste Negev, Israel) haben einen höheren Wirkungsgrad als Photovoltaikanlagen, können aber nur in Gebieten mit hoher direkter Sonneneinstrahlung errichtet werden.

2019 wurde errechnet, dass 400 000 km² Solarfläche in Wüstengebieten theoretisch ausreichen würden, um den gesamten Primärenergiebedarf (Kohle, Erdgas, Erdöl, Wasserkraft usw.) der Erde zu decken. Welche Möglichkeiten, dieses hohe Potenzial der Sonne auszuschöpfen, gibt es?

Energiequelle Sonne

Die größte Energiequelle in unserem Sonnensystem ist die Sonne. Mit der Energie, die sie liefert, könnten alle Probleme der Energieversorgung der Welt gelöst werden. Trotz des Energieverlusts auf dem Weg bis zur Erdoberfläche ist die Energiemenge mehr als 5000-mal so groß wie der Energiebedarf der Menschen weltweit. Man kann die Energie der Sonne mithilfe von Solaranlagen nutzen. Das geht jedoch nur, wenn die Sonne scheint, also tagsüber. Es darf auch kein Schnee auf einer Solaranlage liegen. Zunehmend wichtig wird, dass man für die aus der Sonne gewonnene Energie Speichermöglichkeiten schafft.

Bei einer **Photovoltaik**anlage wird Licht in einem physikalischen Vorgang in elektrischen Strom umgewandelt. Dieser Strom wird in das Stromnetz eingespeist. Bei der **Solarthermie** wird zum Beispiel auf dem Hausdach durch die Sonnenwärme im Solarkollektor ein Wasser-Frostschutz-Gemisch auf bis zu 95 °C erhitzt. Diese Wärme wird für Warmwasser in Bad und Küche oder zum Heizen genutzt. Solaranlagen arbeiten am besten, wenn sie nach Süden ausgerichtet sind.

AUFGABEN

1 a) Bestimme die Regionen in Deutschland, in denen es die besten Bedingungen für Sonnenenergie gibt (M2).

b) Sonnenenergie hat einen großen Nachteil: Sie steht nicht immer und nicht überall in gleichem Maße zur Verfügung. Erläutere Gründe dafür (M2).

2 Ⓦ Erkunde Orte, an denen durch Solaranlagen Strom erzeugt wird:

A in der Nähe deiner Schule.

B in deiner Straße bzw. deinem Wohnort.

C in Betrieben in deiner Nähe.

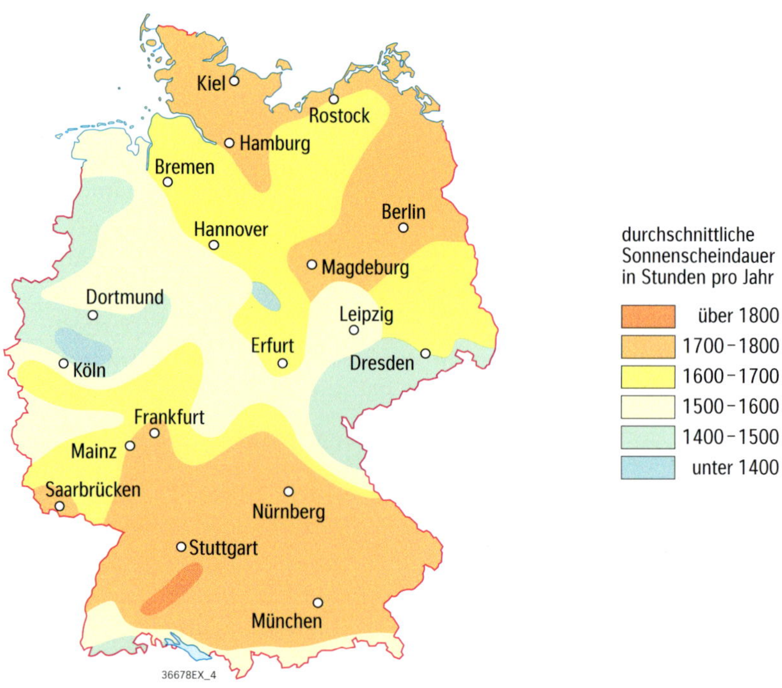

M2 Sonnenscheindauer in Deutschland

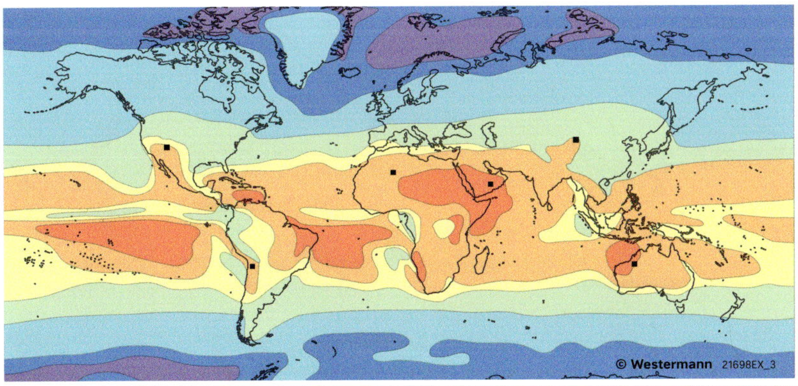

Die Globalstrahlung wird in W/m² gemessen. Für Deutschland ergibt sich ein für Tag/Nacht, geographischer Breite, Sonnenschein/Bewölkung gemittelter Wert von 110 W/m². Die Farben in der Karte zeigen die örtliche Sonneneinstrahlung auf der Erdoberfläche, gemittelt über die Jahre 1991–1993 (24 Stunden am Tag, unter Berücksichtigung der von Wettersatelliten ermittelten Wolkenabdeckung). Dunkel gekennzeichnet sind die Flächen, die zur Deckung des derzeitigen Weltbedarfs an Primärenergie allein durch Solarstrom ausreichend wären.

Quelle: Matthias Loster 2010, eigene Aktualisierung 2019

M3 Sonneneinstrahlung (Globalstrahlung) in W/m²

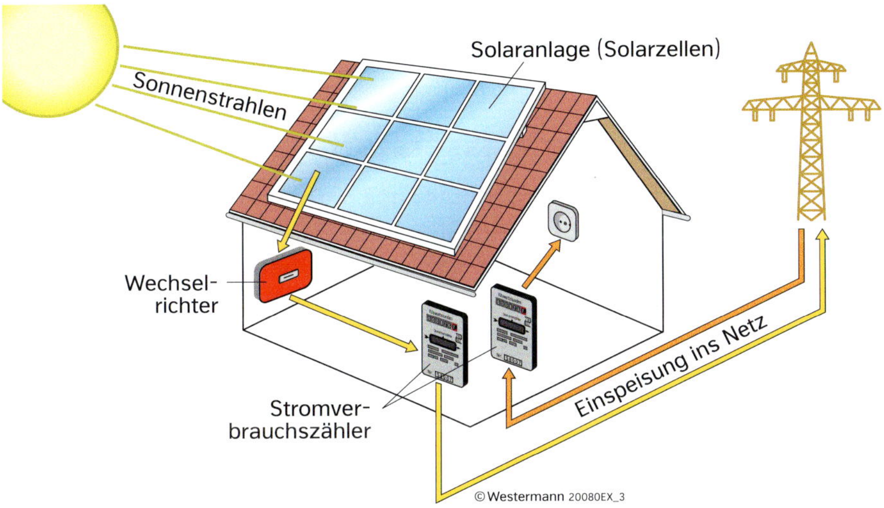

M4 Bestandteile einer Solaranlage auf einem Einfamilienhaus

Photovoltaik
Solarthermie

M6 Oben: Sonnenkollektoren für Solarthermie, unten: Photovoltaik

Nun, bei der Sonnenenergie muss man unterscheiden: Einerseits können Solarzellen das Sonnenlicht in Strom umwandeln. Diesen Vorgang der Umwandlung von Lichtenergie in elektrische Energie nennt man Photovoltaik. Den Strom kann man dann zum Beispiel im Haushalt nutzen oder in Batterien speichern. Andererseits gibt es die Sonnenkollektoren. Das sind schwarze, mit einer speziellen Flüssigkeit gefüllte Behälter. Die Sonnenstrahlen erwärmen den Behälter und damit auch die Flüssigkeit. Diesen Vorgang fasst man unter dem Begriff „Solarthermie" zusammen. Die dabei erhitzte Flüssigkeit kann wiederum Wasser erwärmen, das zum Duschen, für die Raumheizung oder eine Schwimmbadheizung genutzt werden kann.

M5 Solaranlagen-Expertin Michaela Graf erklärt.

AUFGABEN

3 E Beschreibe den Aufbau und die Funktionsweise einer Solaranlage (M4, M5).

4 Vergleiche die Energiegewinnung durch Sonnenenergie und Braunkohle bezüglich ihrer Nachhaltigkeit (M1 – M5). Nutze die Methode „Den Grad der Nachhaltigkeit beurteilen" auf S. 31.

Digital+
WES-115816-027

Der beste Energieträger – gibt es den?

M1 Keine weiten Wege – vom Maisfeld direkt zur Biogasanlage

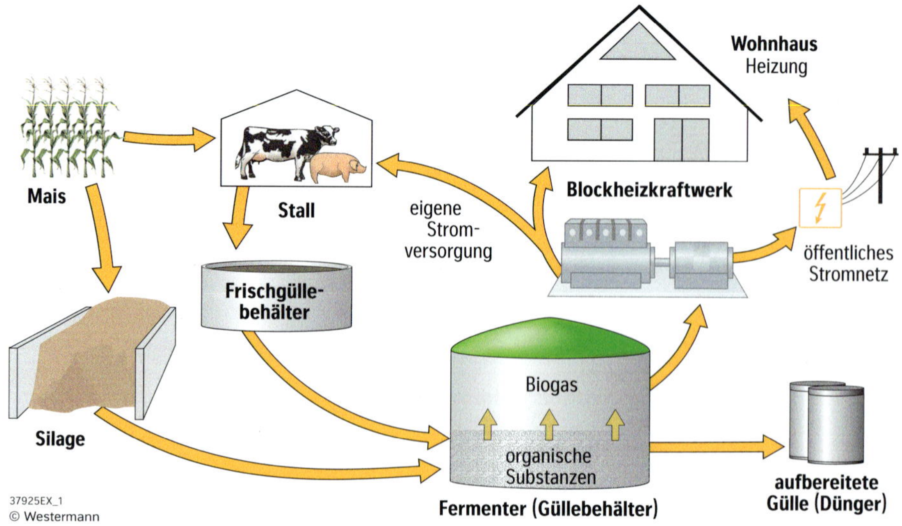

M2 Stromerzeugung durch Biogas

Eure Schule möchte sich in Zukunft nur noch mit erneuerbaren Energien versorgen. Wird ein Energieträger ausreichen oder ist ein Energiemix sinnvoll?

Biomasse und grüner Wasserstoff

Auch **Biogas** zählt zu den Möglichkeiten, Energie zu gewinnen. Biogas entsteht durch die Vergärung von Biomasse, also organischen Stoffen wie Gülle und Mist, aber auch von Weizen- und Getreideschrot. So werden Mais oder Raps von einigen Bauern nicht mehr als Nahrungsmittel angebaut, sondern als Energierohstoffe. Baut man auf einer ein Hektar großen Fläche Mais an und verwendet ihn in der Biogasanlage, kann man den Strombedarf von fünf Haushalten für ein Jahr decken.

Grüner Wasserstoff ist eine Art von Wasserstoff, der umweltfreundlich hergestellt wird. Er wird „grün" genannt, weil bei seiner Produktion keine schädlichen Emissionen entstehen. Allerdings wird für seine Herstellung viel elektrische Energie benötigt. In Ländern mit günstigen Voraussetzungen für die Nutzung von erneuerbaren Energiequellen kann grüner Wasserstoff daher gut erzeugt werden.

AUFGABEN

1 a) Erkläre die Funktionsweise eines der dargestellten Energieträger (M2 – M4).
b) Ⓢ Notiere tabellarisch die jeweiligen Vor- und Nachteile.

2 Führt eine Diskussion durch, welche Energieträger für euren Schulstandort am besten geeignet sein könnten.

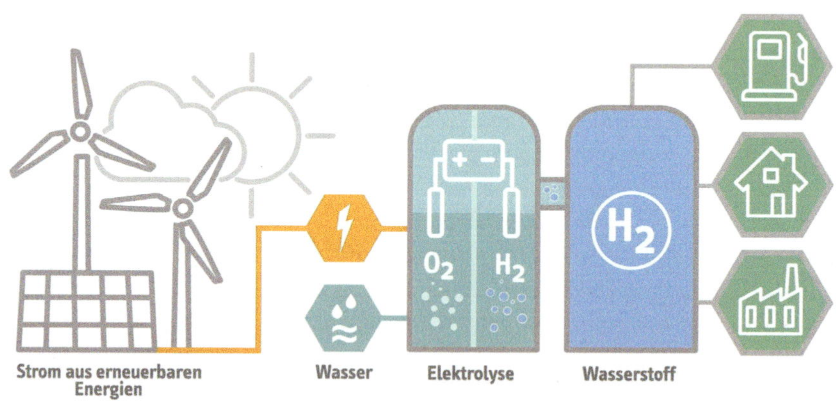

1. Strom wird durch erneuerbare Energien (Wind und Sonne) erzeugt.
2. Durch elektrischen Strom wird Wasser in seine Bestandteile Sauerstoff und Wasserstoff aufgespalten.
3. Nutzung des Wasserstoffs als Energieträger (Verkehr, Industrie) oder Energiespeicher in Kavernen (Hohlräume)

M3 Aus Windenergie kann „grüner" Wasserstoff gewonnen werden. Wasserstoff kann als Kraftstoff in Fahrzeugen, Flugzeugen und Schiffen eingesetzt werden.

Digital+
WES-115816-028

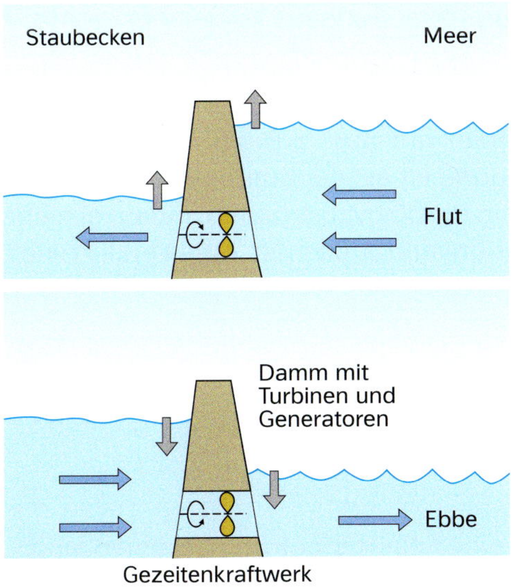

Bei Flut strömt Wasser von der Meerseite durch die Turbinen im Damm ins Staubecken. Die Turbinen werden durch die Wasserkraft angetrieben. Diese Bewegungsenergie wird in einem Generator in Strom (elektrische Energie) umgewandelt.

Bei Ebbe strömt das Wasser in die umgekehrte Richtung. Die Turbinen werden entsprechend umgestellt. Der Wasserdruck des erhöhten Wasserstands im Staubecken reicht aus, um das Wasser durch die Turbinen zu drücken.

12142EX_10

M4 Arbeitsweise eines Gezeitenkraftwerkes

„Gezeitenkraftwerke haben auch negative Auswirkungen auf die Umwelt. Durch die Staumauer wird der Wasseraustausch zwischen Meer und Fluss verändert. Die Flusssedimente gelangen nicht mehr ungehindert ins Meer, die Mündung „verlandet". Das hat auch Folgen für die Tierwelt, die dadurch andere Lebensbedingungen vorfindet. Weil der Tidenhub nun geringer ist, bedeutet das auch eine geringere Stromproduktion als zu Beginn des Kraftwerksbetriebes."

M5 Ein Umweltberater berichtet.

Gezeitenkraftwerke – Strom aus dem Meer

In Küstenbereichen, die von Ebbe und Flut geprägt sind, könnten zur Stromerzeugung **Gezeitenkraftwerke** gebaut werden. In einem Gezeitenkraftwerk wird der **Tidenhub**, also der Unterschied zwischen dem höchsten und niedrigsten Wasserstand während eines Gezeitenzyklus, genutzt. Die wechselnde Strömung bei Ebbe und Flut treibt Turbinen an, die Strom erzeugen. Diese Form der Stromgewinnung trägt zum Klimaschutz bei. Allerdings gibt es nur wenige Standorte, die sich für Gezeitenkraftwerke eignen. Weitere Nachteile sind die hohen Baukosten und der hohe Wartungsaufwand.

Biogas
grüner Wasserstoff
Gezeitenkraftwerk
Tidenhub

Wie führt ihr eine Diskussion?

So führt ihr eine Diskussion.

1 Interessengruppen festlegen
- Notiert mögliche Interessengruppen für die Diskussion.
- Legt fest, wer in welcher Interessengruppe mitarbeitet.
- Bestimmt eine Diskussionsleitung.

2 Vorbereitung
- Arbeitet das Material im Buch durch.
- Besorgt euch weitere Materialien (z. B. Zeitungen, Internet).
- Sammelt und notiert Argumente.
- Notiert auch Kompromisse.
- Einigt euch darauf, wer als Mitglied eurer Gruppe an der Diskussion teilnehmen soll.
- Gestaltet Namenskärtchen für die Diskussionsteilnehmer.
- Die Diskussionsleiterin oder der Diskussionsleiter informiert sich vorab über Argumente der Interessengruppen.

3 Durchführung
- Die Vertreter aus den Interessengruppen setzen sich zur Diskussionsrunde zusammen. Alle anderen sind Beobachtende der Diskussion.
- Führt die Diskussion durch. Achtet dabei darauf, dass ihr eure Argumente überzeugend präsentiert und auf die Argumente der anderen eingeht. Die Diskussionsleitung gibt Impulse.
- Die Beobachtenden notieren, wie die Diskussion geführt wird und welche Argumente überzeugend vorgebracht werden.
- Kommt zu einer Entscheidung, zum Beispiel durch eine Abstimmung.

4 Auswertung
- Die Teilnehmenden der Diskussion bewerten den Verlauf der Diskussion und ihren eigenen Beitrag.
- Die Beobachtenden geben den Teilnehmenden der Diskussion ein Feedback. Sie stellen heraus, welche Argumente besonders überzeugend eingebracht wurden.
- Verbesserungsvorschläge werden für eine spätere Diskussion festgehalten.

Wie führt ihr eine Expertenbefragung durch?

Experten sind fachlich qualifizierte Personen. Sie kennen sich in einem Problembereich oder Forschungsgebiet gut aus, z. B. als Beteiligte oder Betroffene. Ziel einer Expertenbefragung ist es, genauere Kenntnisse über ein Thema, ein Wissensgebiet oder ein Problem zu erhalten, indem gezielte Fragen gestellt werden und alles, was unverständlich ist, direkt erklärt wird.

1 3 2

So führt ihr eine Expertenbefragung durch.

(1) Vorbereitung und Durchführung

Ohne Vorinformationen ergibt eine Expertenbefragung keinen Sinn. Sie kann also immer erst nach der Recherche (z. B. Fachliteratur oder Internet) erfolgen.

Bevor die Expertenbefragung durchgeführt werden kann, müssen einige grundsätzliche Punkte geklärt werden:

- Zu welchem Thema und welchen Unterthemen sollen Informationen eingeholt werden?
- Welche Informationen sind dazu schon vorhanden? Was muss noch weiter recherchiert werden?
- Welche Expertin oder welcher Experte ist für die Fragestellung geeignet? Wo liegen die Schwerpunkte ihrer oder seiner Arbeit? Werden bestimmte Interessen vertreten? (Gibt es parteipolitische Bindungen?)
- Welche Fragen haben wir an die Experin oder den Experten?

(2) Dank und Autorisierung

Am Ende der Expertenbefragung sollte man nicht vergessen, sich für das Gespräch zu bedanken. Ist eine Veröffentlichung geplant (z. B. in der Schülerzeitung), muss das Gespräch autorisiert werden, das heißt, die befragte Person muss der Veröffentlichung zustimmen.

(3) Nachbereitung und Auswertung

Die Ergebnisse der Befragung werden zusammengefasst. Dabei könnt ihr folgendermaßen vorgehen:

beschreiben: Ziele, Inhalt, Rahmenbedingungen

untersuchen: Sind alle Sachverhalte beantwortet worden? Sind einige Fragen offen geblieben? Ist die Expertin oder der Experte einigen Fragen bewusst ausgewichen?

beurteilen: Aussagewert der Expertenbefragung (Welche Positionen und Interessen wurden vertreten? Waren diese zu einseitig?)

AUFGABE

1 Führt eine Expertenbefragung zu einem der thematisierten Energieträger durch. Ihr könnt auch selbst zu Expertinnen und Experten werden und euch gegenseitig befragen. Nutzt die Informationen des Kapitels und recherchiert weitere.

Eröffnungsfragen führen zum Thema hin: „Wir interessieren uns für …“

Informationsfragen sind Grundlage des Gesprächs: „Wir haben gelesen, dass …; Stimmen Sie dem zu?“

Bewertungsfragen verdeutlichen die Positionen der befragten Person: „Wie beurteilen Sie den Vorschlag …?“, „Woran liegt das Ihrer Meinung nach?“, „Welche Erfahrungen haben Sie damit gemacht?“

Sondierungsfragen vertiefen die Fragestellung: „Das haben wir so noch nie gehört. Können Sie uns dies näher erläutern?“

M1 Verschiedene Arten von Fragen

Wie beurteilst du den Grad der Nachhaltigkeit?

Nachhaltigkeit im Handeln bedeutet, dass wir heute unsere Lebensweise so gestalten, dass zukünftigen Generationen die natürlichen Ressourcen der Erde im gleichen Umfang wie uns zur Verfügung stehen. Unser wirtschaftliches Handeln muss sich an der Erhaltung der Umwelt und der Sicherung der Grundbedürfnisse der Menschen gleichermaßen orientieren. Mit einem Nachhaltigkeitsdreieck lässt sich die Nachhaltigkeit bestimmter Handlungen, Entscheidungen oder Wirtschaftsweisen grafisch veranschaulichen.

So beurteilst du den Grad der Nachhaltigkeit.

1 Einzelne Bereiche erfassen
Setze dich mit dem Thema auseinander, zu dem der Grad der Nachhaltigkeit beurteilt werden soll.

2 Einzelne Bereiche beurteilen
Beurteile die Nachhaltigkeit der einzelnen Bereiche, indem du analysierst, inwiefern
- die Menschen gut leben können,
- die Umwelt geschont wird,
- die Wirtschaft gefördert wird.

3 Einzelne Bereiche markieren
Markiere die einzelnen Bereiche, indem du auf jedem Strahl auf der Skala von 1 bis 5 ein Kreuz machst (1 = sehr wenig nachhaltig; 5 = sehr stark nachhaltig).

4 Erstellen des Beurteilungsdreiecks
Verbinde die Kreuze miteinander und male die entstandene Dreiecksfläche farbig aus.

5 Grad der Nachhaltigkeit beurteilen
Beurteile nun den Grad der Nachhaltigkeit durch die Betrachtung der Grafik. Anhand der entstandenen Flächengröße kannst du erkennen, in welchen Bereichen der Sachverhalt mehr oder weniger nachhaltig ist. Formuliere unter Berücksichtigung der drei Bereiche der Nachhaltigkeit eine Gesamtbeurteilung. Im besten Fall sind alle Seiten des Dreiecks gleich lang.

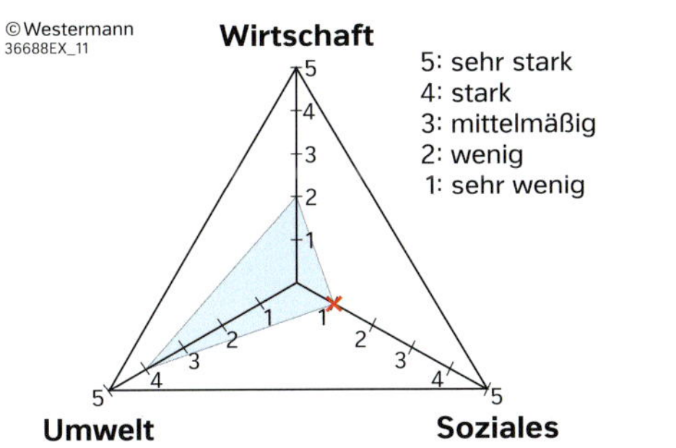

Lesehilfe: In dem ausgefüllten Nachhaltigkeitsdreieck wird der Bereich Umwelt sehr stark gefördert. Wohingegen der Bereich Soziales nur sehr wenig Berücksichtigung findet und auch der Bereich Wirtschaft nur wenig berücksichtigt wird.

M1 Beispiel eines unausgefüllten und ausgefüllten Nachhaltigkeitsdreiecks

AUFGABE

1 Beurteile, inwieweit die vorgestellten erneuerbaren Energieträger nachhaltig sind.

INFO

Humus

Humus ist abgestorbene organische Substanz, die durch die Zersetzung durch Bodenorganismen entsteht. Die Humusschicht ist Lebensraum für viele Lebewesen, die an der Umwandlung beteiligt sind. Aufgrund der Verbindung mit kleinen Tonmineralen hat Humus eine große Bedeutung für die Fruchtbarkeit des Bodens. Für die Pflanzen stellt er Kalium, Magnesium, Sulfat und andere Stoffe bereit. Humus kann Schwankungen im Wasser- und Nährstoffangebot sowie bei den pH-Werten ausgleichen. Außerdem reguliert Humus den Wärmehaushalt und fördert den Abbau von Schadstoffen.

Wenn man mit einem Spatenstich einen Querschnitt durch die obersten Bodenschichten freilegt, erkennt man an verschiedenen Standorten unterschiedliche Farben und Mächtigkeiten. Warum eigentlich – ist Boden nicht überall gleich?

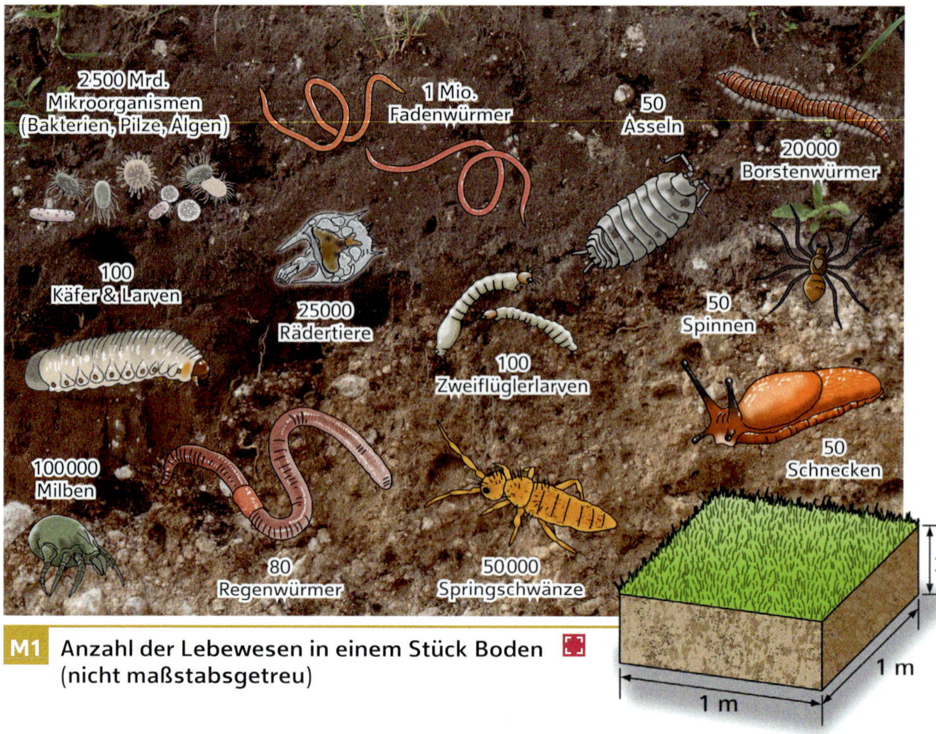

M1 Anzahl der Lebewesen in einem Stück Boden (nicht maßstabsgetreu)

Bedeutung des Bodens

Was landläufig oft als Erde bezeichnet wird, ist viel mehr als „der Dreck unter der Schuhsohle". Böden sind das Gemisch aus Verwitterungsrückständen der obersten Gesteinsschicht und den Abbauprodukten von Bodenlebewesen. Sie stehen durch die Verdunstung von Bodenwasser in Wechselwirkung mit der Lufttemperatur und der Luftfeuchtigkeit. Die Entwicklung von Böden ist ein langwieriger Prozess.

Böden haben viele Funktionen. Sie sind Grundlage für die landwirtschaftliche Produktion, bilden vielfältige Lebensräume für Pflanzen und Tiere und beherbergen zahlreiche Bodenorganismen. Der Boden enthält eine Vielzahl unterschiedlich großer Hohlräume, die mit Luft oder Wasser gefüllt sind. Wasserspeicherung und damit eine zeitlich verzögerte Abgabe an Bäche und Flüsse ist eine seiner Hauptfunktionen. Zudem ist der Boden in der Lage, Substanzen zu filtern, zu neutralisieren oder fest zu binden. Er wirkt daher als Schadstofffilter, insbesondere zum Schutz des Grundwassers.

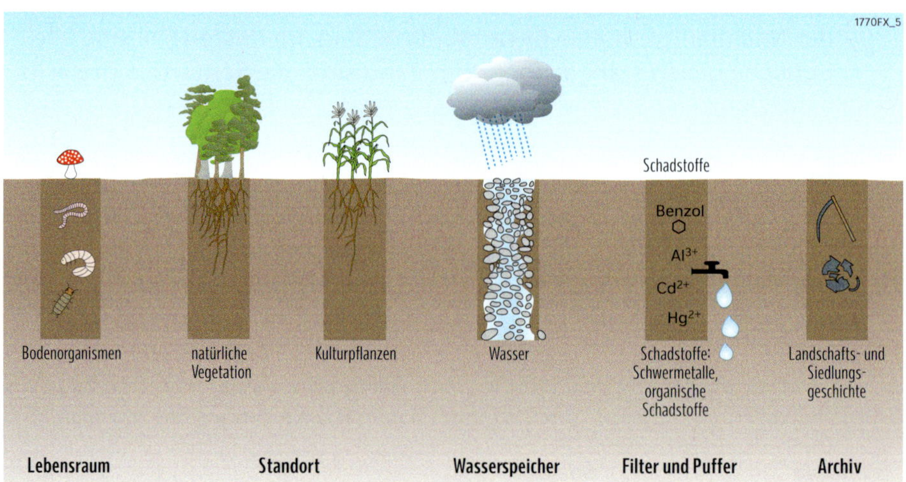

M2 Funktionen des Bodens

AUFGABEN

1 Beschreibe Funktionen des Bodens (M1, M2, Info).

2 Nimm Stellung zur Aussage: „Ohne Boden kein Leben" (M1, M2).

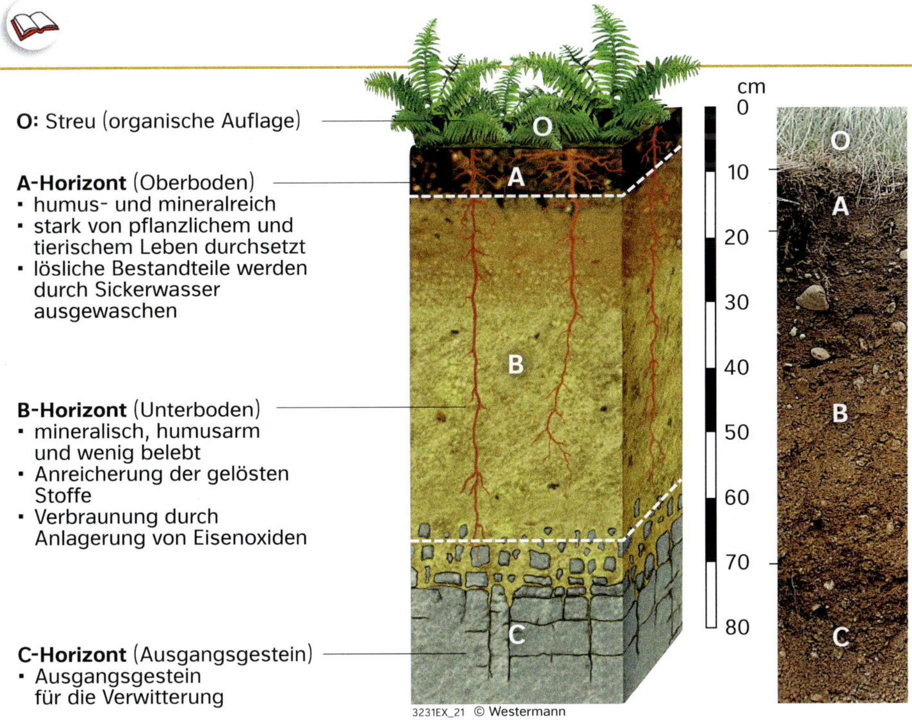

M3 Bodenhorizonte von Braunerde im Bodenprofil

INFO

Tonmineralneubildung

Tonminerale haben die Fähigkeit, Nährstoffe zu speichern. Je höher der Anteil der Tonminerale im Boden ist, um so höher ist die Bodenfruchtbarkeit. Tonminerale bilden sich aus Granit. Bei der Verwitterung wird der Granit in seine Mineralbestandteile Feldspat, Quarz und Glimmer aufgespalten. Bei weiterer chemischer Verwitterung lösen sich diese Minerale dann in Tonminerale auf. Wasser spaltet die chemischen Verbindungen auf. Einzelne Teilchen werden aus den Tonmineralen ausgewaschen und stehen dann den Pflanzen zur Aufnahme zur Verfügung.

Bodenarten und Bodentypen

Bodenart
Bodentyp

Gesteine sind das Ausgangsmaterial eines jeden Bodens. Durch ihre Verwitterung entstehen unterschiedliche Korngrößen als Ausgangsmaterial im Prozess der Bodenbildung. Die Unterscheidung der Böden nach ihren Korngrößen bestimmt die **Bodenart**. Es werden Sand mit Korngrößen von 0,063 mm bis 2 mm, Schluff mit 0,002 mm bis 0,063 mm und Ton mit Korngrößen von weniger als 0,002 mm unterschieden. Das beste Speichervermögen von Wasser und Nährstoffen hat Ton. Lehm ist ein Gemisch aus gleichen Anteilen von Sand, Schluff und Ton.
Durch Stoffverlagerungsprozesse, zum Beispiel durch Sickerwasser oder Bodentiere, sowie durch Humusbildung entstehen verschiedene **Bodentypen**. Diese sind die Endprodukte der Bodenbildung. Bodentypen unterscheiden sich in ihrem vertikalen Aufbau. Die einzelnen Horizonte sind durch bodenbildende Prozesse entstanden und unterscheiden sich in Farbe, Zusammensetzung und chemischen Eigenschaften. Bodentypen sind zum Beispiel Schwarzerde, Braunerde, Podsol oder Gley.

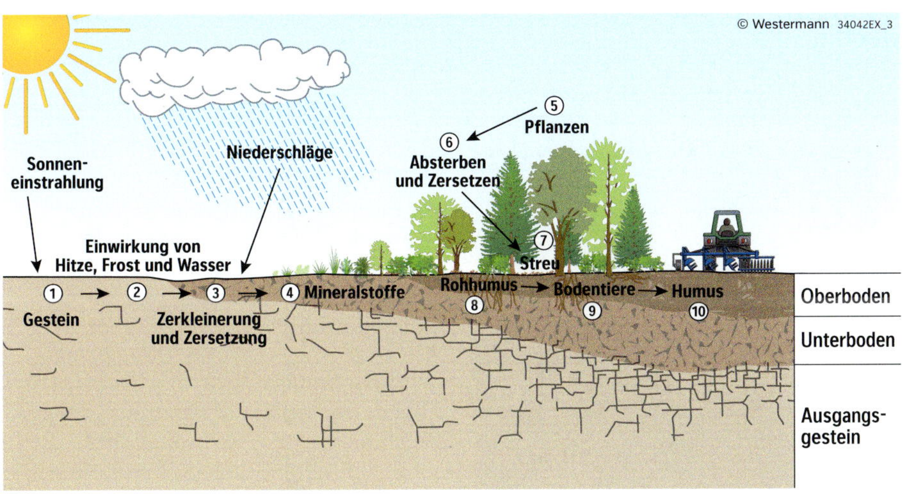

M4 Faktoren der Bodenbildung

AUFGABEN

3 Erläutere den Unterschied zwischen Bodenart und Bodentyp.

4 Beschreibe den Aufbau eines Bodenprofils (M3).

5 Nenne bodenbildende Prozesse (M4, Info).

6 Erkläre die Bodenbildung im Zusammenspiel der Faktoren (M4).

Digital+
WES-115816-033

A Oberboden
Ah durch Humus dunkelbraun gefärbt
Ae arm an Humus, Eisen- und Aluminiumoxiden (e – lateinisch = elure – auswaschen)

B Unterboden
Bv verbraunter und verlehmter Horizont
Bh durch Humuseinlagerungen gefärbt (graubraun bis schwarz)
Bs durch Eisen und Aluminium rostrot gefärbt

C Ausgangsgestein
noch nicht von der Bodenbildung beeinflusst

M1 Bodenprofile von Braunerde und Podsol

Obwohl wir alle täglich auf dem Boden laufen, bauen, wirtschaften oder fahren, nehmen wir ihn oft nur unbewusst wahr. Warum ist er dennoch eine zentrale und vor allem schützenswerte Ressource unseres Lebens?

Bodentypen

Braunerde ist der in Deutschland am häufigsten anzutreffende Bodentyp. Im Bodenprofil fällt vor allem die namensgebende braune Färbung auf. Der A-Horizont ist der Humushorizont. Er ist dunkler als der darunter liegende Bv-Horizont. Typischer Prozess dieser Bodenbildung ist die Verbraunung. Hierbei wird durch Oxidationsvorgänge Eisen freigesetzt und es kommt zur Bildung von Tonmineralen. Der Bv-Horizont geht ohne scharfe Grenze in den C-Horizont über. Im C-Horizont befindet sich das Ausgangsgestein, zum Beispiel Granit oder Gneis. Die Eigenschaften der Braunerde können durch verschiedene Bedingungen verändert werden. So kann beispielsweise die Humusauflage aus organischen Resten eines Mischwaldes oder Nadelwaldes gebildet sein. Für den Ackerbau auf Braunerden eignen sich Zuckerrüben und Mais.
Ein weiterer Bodentyp ist der Podsol. Podsol wird auch Bleicherde genannt. Dieser Bodentyp tritt in humiden Gebieten auf. Im A-Horizont gibt es eine Humusschicht über einer auffallend helleren Schicht. In dieser wurden Eisen- und Aluminiumverbindungen sowie Humus mit dem Sickerwasser ausgewaschen. Diese Schicht wird als Bleichhorizont Ae bezeichnet. Im darunterliegenden B-Horizont werden diese Stoffe wieder angereichert. Podsole sind nährstoffarm. Für die landwirtschaftliche Nutzung sind eine Bewässerung, intensive Kalkung und Düngung notwendig.

AUFGABEN

1 a) Bestimme unterschiedliche Regionen in Deutschland, die Böden mit sehr guter, guter und mittlerer/ärmerer Bodenqualität aufweisen (Atlas).

b) Ordne den Regionen eine landwirtschaftliche Nutzung zu (Atlas).

c) E S Stelle Vermutungen an, wo sich in Deutschland Regionen mit Braunerden befinden (Atlas).

INFO

Anthropogene Böden

Anthropogene Böden entstehen, wenn der Mensch das natürliche Bodenmaterial umlagert. Die Umlagerung erfolgt zum Beispiel durch Aufschüttungen bei künstlicher Geländeumgestaltung. Das normale Pflügen im Ackerbau, das bis etwa 30 cm Bodentiefe stattfindet, zählt noch nicht dazu. Verbreitet sind anthropogene Böden in Siedlungs-, Industrie- und Bergbaugebieten.

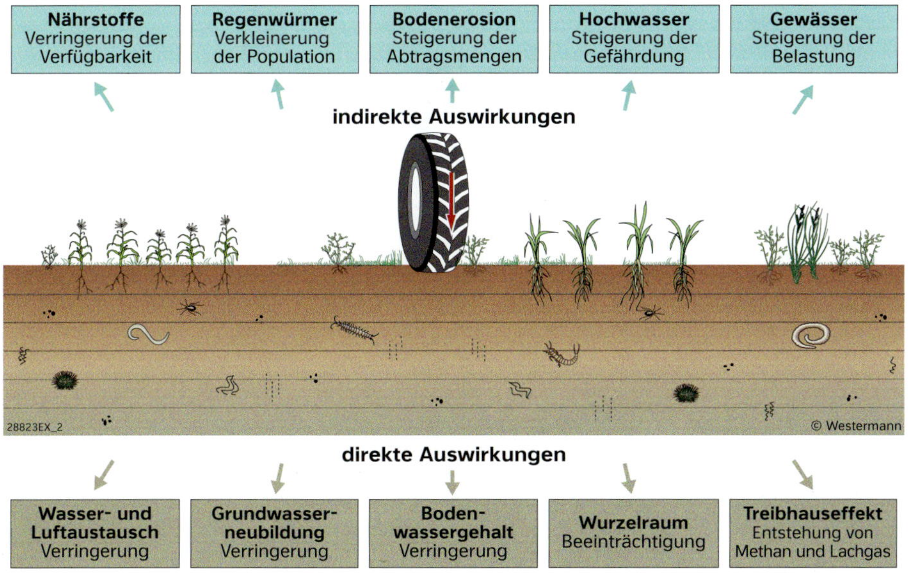

M2 Verdichtung als Beispiel der Bodendegradation

① keine Aufnahme von CO_2 aus der Atmosphäre

↓

Klimaänderung

② keine Verdunstung

↓

im Sommer kein Beitrag zur Luftkühlung

M3 Kausalketten zu Folgen der Bodendegradation für das Klima

Bodenzerstörung und Bodenschutz

Die durch den Menschen verursachte Verschlechterung von Bodeneigenschaften wird als **Bodendegradation** bezeichnet. Jede Nutzung des Bodens durch den Menschen ist mehr oder weniger mit Umweltbelastungen verbunden. Dazu gehören Bodenverdichtung und Bodenerosion ebenso wie die Versalzung oder Versauerung von Böden. Beim Abbau von Rohstoffen, bei der Lagerung von Abfällen oder bei der Versiegelung wird der Boden vollständig zerstört und unwiderruflich geschädigt.
Die Bodenversiegelung ist ein Beispiel für Bodenvernichtung. In Deutschland geht durch Bebauung und Straßenbau täglich eine Bodenfläche so groß wie 72 Fußballfelder verloren. Etwa sechs Prozent der Böden in Deutschland sind bereits versiegelt. Tageslicht und Sauerstoff erreichen den Boden nicht mehr. Zudem kann auf einem versiegelten Boden kein Wasser versickern. Dieses Problem wird besonders bei Starkregen deutlich, wenn auf den Straßen das Wasser steht und die Kanalisation nichts mehr aufnehmen kann.
Bodenschutz ist eine gesamtgesellschaftliche Aufgabe und bedeutet vor allem Schutz der Bodenfunktionen. Alle Belastungen des Bodens müssen auf ein nötiges Minimum reduziert werden. Viele Menschen setzen sich bereits heute für den Bodenschutz ein, zum Beispiel Altlastensanierer, Land- und Forstwirte, aber auch Städteplaner.

Bodendegradation

INFO

Gesetze zum Schutz der Böden

1985 wurde die Bodenschutzkonzeption der Bundesregierung verabschiedet. Zum ersten Mal formuliert diese Konzeption einen ganzheitlichen Ansatz für den Bodenschutz. Mit der Verkündung des Bundesbodenschutzgesetzes 1998 wurde der Boden nach Wasser und Luft als drittes Umweltmedium unmittelbar durch Gesetz des Bundes unter Schutz gestellt. Zweck des Gesetzes ist es, die Funktionen des Bodens nachhaltig in ihrer Leistungsfähigkeit zu erhalten oder wiederherzustellen.
Beispiele dafür sind Vorschriften für die sachgerechte Entsorgung aller Formen von Bauschutt, Schadstoffen oder Elektrogeräten. Auch beim Bau von Freiflächen-Photovoltaik-Anlagen müssen Vorschriften zum Schutz der Böden beachtet werden.

AUFGABEN

2 Erstelle ein Poster für eine Ausstellung zum Thema „Böden müssen geschützt werden" (M2, M3, Info, Internet).

3 Begründe, warum die folgenden Beispiele dem Bodenschutz dienen (Info, Internet):
- Bodenversiegelung entfernen und vermeiden,
- Auftausalze durch Sand und Splitt ersetzen,
- auf chemische Pflanzenschutzmittel verzichten.

Digital+
WES-115816-035

Wahlthema: Holz aus Nordeuropa

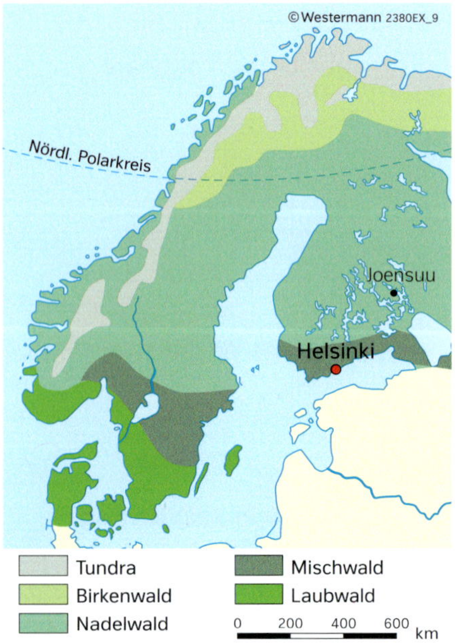

M1 Vegetationsgrenzen

M2 Holzerntemaschine

In Nordeuropa gibt es ausgedehnte Nadelwälder. Warum werden diese auch als „grünes Gold“ bezeichnet? Was muss getan werden, um diesen Reichtum zu erhalten?

Das „grüne Gold“ aus Nordeuropa

Weite Teile Nordeuropas sind vom nördlichen Nadelwald bedeckt. Dieser ist gut an das kalte Klima angepasst und gehört zum größten zusammenhängenden Waldgebiet der Erde. Hier wachsen nur wenige Baumarten, vorrangig Fichten und Kiefern, Lärchen und Birken. Das Holz zeichnet sich durch eine besondere Härte und Widerstandsfähigkeit aus. Ursache sind die niedrigen Temperaturen. Die Wachstumsphase in den Sommermonaten ist kurz. Die Bäume wachsen daher sehr langsam. Dadurch hat dieses Holz eine hohe Qualität.
Das waldreichste Land Nordeuropas ist Finnland. Rund 78 Prozent der Landesfläche sind mit Wald bedeckt. Daher hat die Holzindustrie hier eine lange Tradition. Früher wurde das Holz hauptsächlich zum Heizen und Bauen verwendet. Heute ist neben der Holzindustrie auch die Papierindustrie ein wichtiger Bestandteil der finnischen Wirtschaft. Finnische Unternehmen gehören zu den führenden Unternehmen weltweit, die Holzprodukte, Zellstoff und Papier herstellen. Der Holzreichtum sichert nicht nur Arbeitsplätze und Einkommen in der Holzindustrie, sondern auch in vielen anderen Wirtschaftsbranchen.

In den langen und sehr kalten Wintern gefriert der Boden circa zwei Meter in die Tiefe. Im Frühjahr taut er auf, wird sehr sumpfig und ist nicht befahrbar. Schwere Holzerntemaschinen oder Holztransporter würden im Boden einsinken. Das Fällen der schlagreifen Bäume beginnt erst, wenn der Boden gefroren ist. Für das Flößen bedarf es aufgetauter Flüsse.

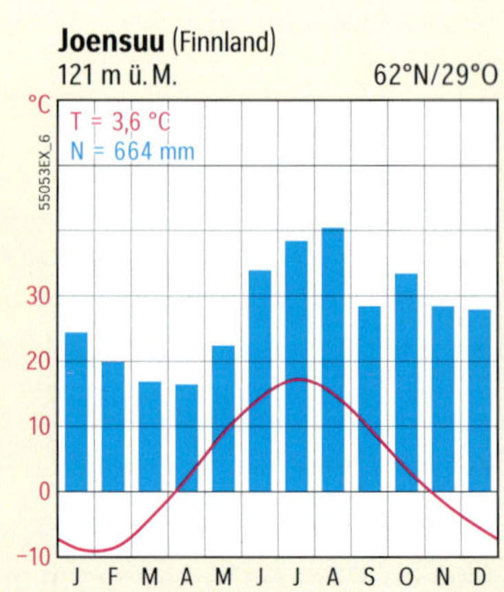

M3 Klimaabhängigkeit bei der Holzernte

AUFGABEN

1 Benenne die Klimazone, in der die Nadelwälder Nordeuropas liegen (Atlas).

2 Begründe, welche Monate zur Holzernte geeignet sind (M3).

3 Beschreibe mithilfe einer Wirtschaftskarte von Finnland die Lage der Industriestandorte (M6, Atlas).

M4 Flößen in Finnland

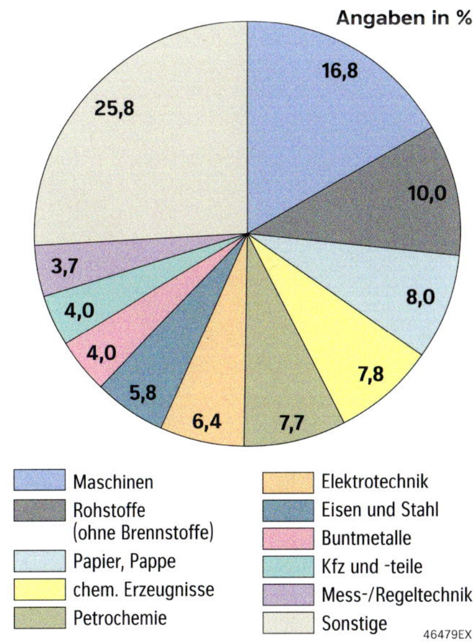

M6 Wichtige Exportgüter Finnlands (2022)

Notwendigkeit einer nachhaltigen Holzwirtschaft

In den vergangenen Jahrzehnten stieg die Jahresdurchschnittstemperatur in Finnland an. Das schwächt die Wälder und macht sie anfälliger für Waldbrände, Sturmschäden und Insektenbefall. Damit auch zukünftige Generationen die Wälder nutzen können, ist ein verantwortungsvoller und nachhaltiger Umgang mit dem Rohstoff Holz wichtig.
Der finnische Staat hat dazu zusammen mit der Holzindustrie Zukunftspläne ausgearbeitet. Waldbesitzer können beispielsweise finanzielle Förderungen für nachhaltiges Waldmanagement, Verbesserungsmaßnahmen und Naturschutz beantragen.
Zur Erhaltung des Holzreichtums, der Arbeitsplätze und des Einkommens ist es wichtig, keinen Raubbau am Wald zu betreiben. Nachhaltige Holzwirtschaft bedeutet vor allem Walderneuerung. Es dürfen nur so viele Bäume gefällt werden, wie nachwachsen können. Zudem werden selbst auf kleinen Flächen nie alle Bäume gefällt. Einige alte Bäume müssen als Samenbäume stehen bleiben. Gerodete Flächen müssen neu bepflanzt werden. Bei der Aufforstung wird auch auf die Erhaltung der Artenvielfalt geachtet und nicht nur eine Baumart gepflanzt.

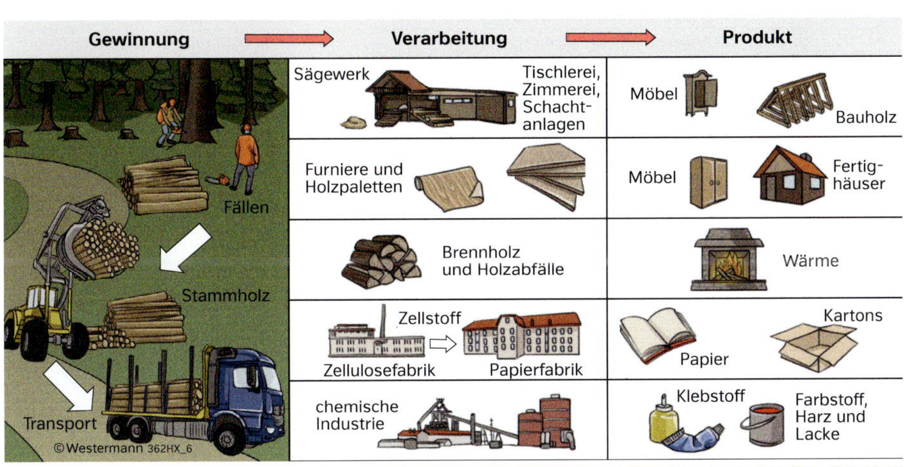

M5 Holz – ein vielseitiger Rohstoff

AUFGABEN

4 Ⓢ Wähle aus M5 ein Endprodukt aus und beschreibe den Weg des Holzes von der Gewinnung bis zum fertigen Produkt (M2, M4, M5).

5 Erkläre, warum die Wälder als das „grüne Gold“ Skandinaviens bezeichnet werden (M5, M6).

6 Begründe die Notwendigkeit einer nachhaltigen Holzwirtschaft.

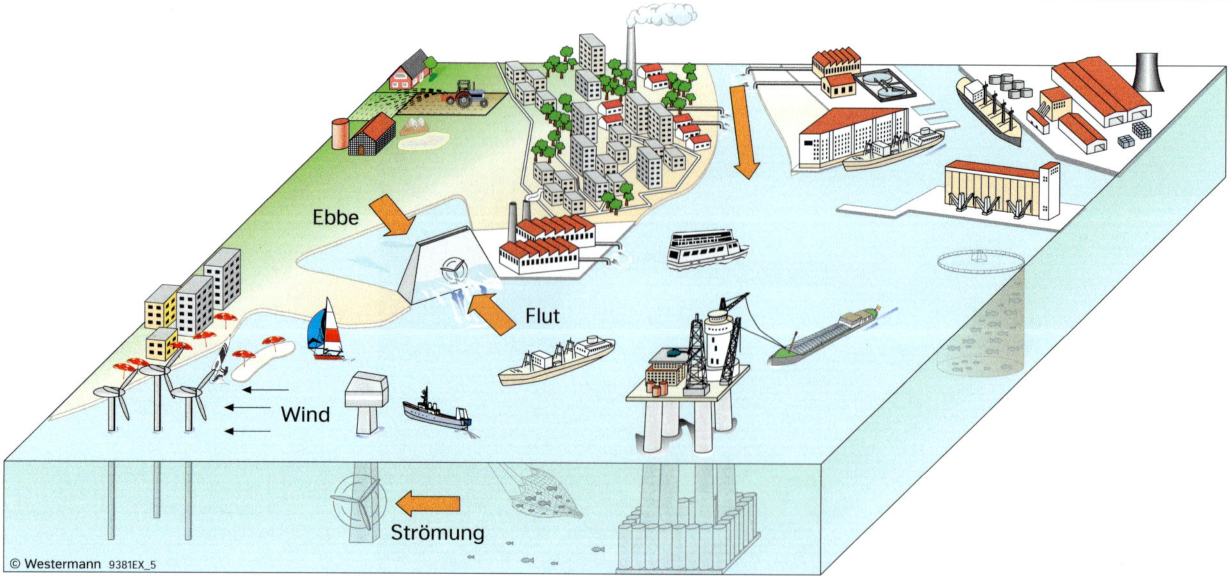

M1 Nutzungsmöglichkeiten des Weltmeeres

Da das Weltmeer als Verkehrsweg, Freizeitraum, Rohstoff-, Energie- und Nahrungsquelle genutzt wird, braucht es Abstimmungen und Regelungen zwischen den Staaten. Welche Nutzungsmöglichkeiten gibt es und wie ist die Nutzung geregelt?

Die vielfältige Nutzung des Weltmeeres

Die Nutzung des Weltmeeres hat eine lange Tradition. Wurde das Weltmeer früher hauptsächlich als Nahrungsquelle und Verkehrsraum genutzt, so ist es heute auch Rohstoffquelle, Energielieferant und Freizeitraum, Forschungsgebiet und Abfalldeponie.
Auf der „Dritten Seerechtskonferenz der Vereinten Nationen“ wurde im Jahr 1982 das Seerechtsübereinkommen verabschiedet und das Weltmeer in drei Zonen eingeteilt: die 12-Meilen-Zone (Küstenmeer), die 200-Meilen-Zone (Ausschließliche Wirtschaftszone) und die Hohe See.
Hoheitsgewässer reichen bis zu zwölf Seemeilen ins Meer hinaus. Hier gelten die Gesetze des angrenzenden Küstenstaates. Dieser kann durchfahrende Schiffe kontrollieren oder auch Zölle erheben. Die Wirtschaftszone schließt sich an die Hoheitsgewässer an und hat eine Ausdehnung von 200 Seemeilen. Nur der angrenzende Küstenstaat hat das Recht, die natürlichen Ressourcen seiner Wirtschaftszone im Meer und am Meeresboden zu nutzen. Haben mehrere Küstenstaaten einen Anteil an einer Wirtschaftszone oder auch einem Hoheitsgewässer, werden diese Zonen aufgeteilt. Die internationalen Gewässer (Hohe See) beginnen jenseits der 200-Seemeilen-Grenze und gehören keinem Staat. Internationale Organisationen regeln die Nutzung und Erforschung dieser Zone.

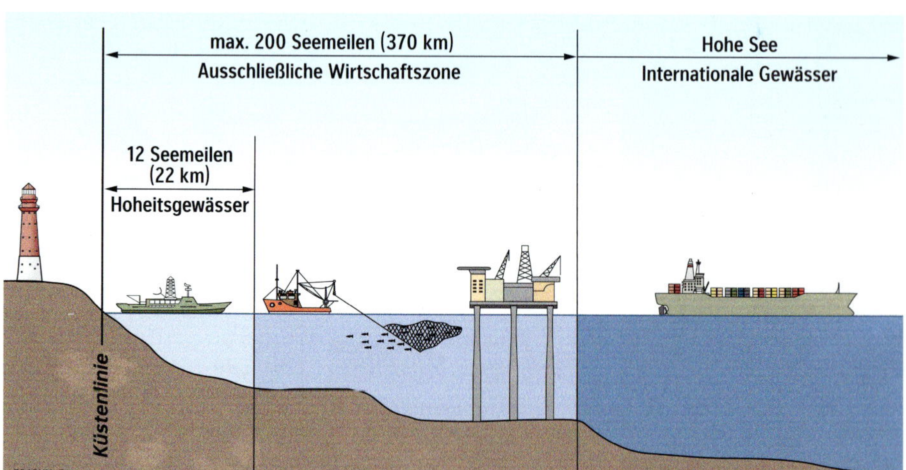

M2 Politische Gliederung des Weltmeeres (1 Seemeile = 1,85 Kilometer)

AUFGABEN

1 Nenne Nutzungsmöglichkeiten des Weltmeeres (M1).

2 a) Erläutere die politische Gliederung des Weltmeeres (M2).

b) Ⓔ Nenne Staaten, deren Hoheitsgewässer oder Wirtschaftszonen sich überschneiden (M2, Atlas).

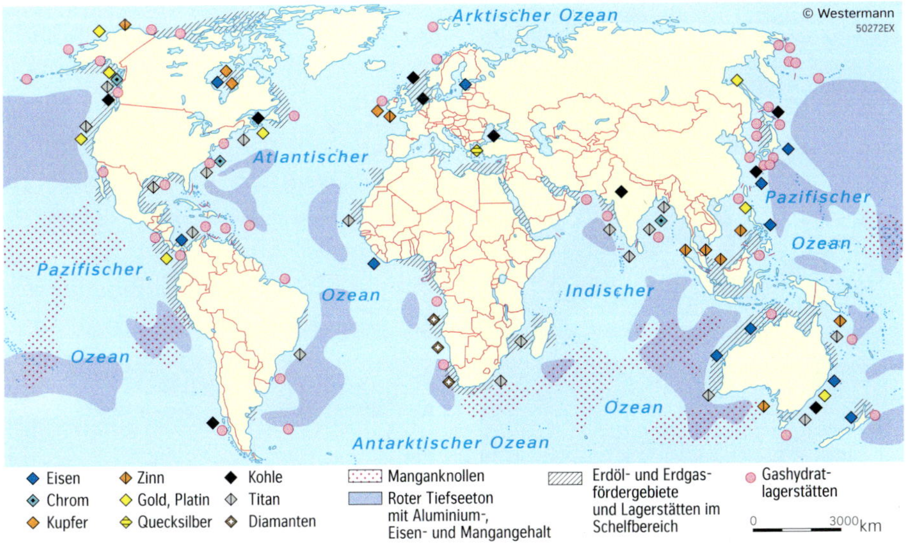

M3 Rohstoffe aus dem Weltmeer (Auswahl)

M5 Manganknollen in der Tiefsee

Das Weltmeer als Rohstoff- und Energiequelle

Die Rohstoffe des Weltmeeres werden auf unterschiedliche Art und Weise gewonnen. Dies ist oft aufwendig und erfordert neue Technologien. In küstennahen Gebieten werden Sand und Kies, Erdöl, Erdgas sowie Zinn, Titan, Gold und Diamanten abgebaut. Manganknollen, Kobaltkrusten sowie Gashydrate lagern in der Tiefsee.

Spezialschiffe, die mit einem großen Rohr ausgestattet sind, saugen Sand und Kies in Tiefen von 20 bis 60 m vom Meeresboden ab. Das gewonnene Material wird genutzt, um Küsten zu sichern oder auch Hafenflächen zu erweitern.

Seit Jahrhunderten wird in Trockengebieten durch die Verdunstung von Meerwasser Kochsalz gewonnen. Meerwasser wird in flache Becken, sogenannte Salzgärten, eingeleitet. Mit der Zeit verdunstet das Meerwasser und Salz bleibt zurück. Der „Salzgärtner" erntet es dann.

Metallische Klumpen liegen dicht an dicht auf dem Meeresboden in 3000 m bis 6000 m Tiefe. Solche Manganknollen enthalten zahlreiche begehrte Metalle, sodass ein industrieller Abbau sich trotz des großen Aufwands und der damit verbundenen hohen Kosten lohnen könnte. Allerdings vermutet man, dass es dabei zu immensen ökologischen Auswirkungen in der Tiefsee kommen würde.

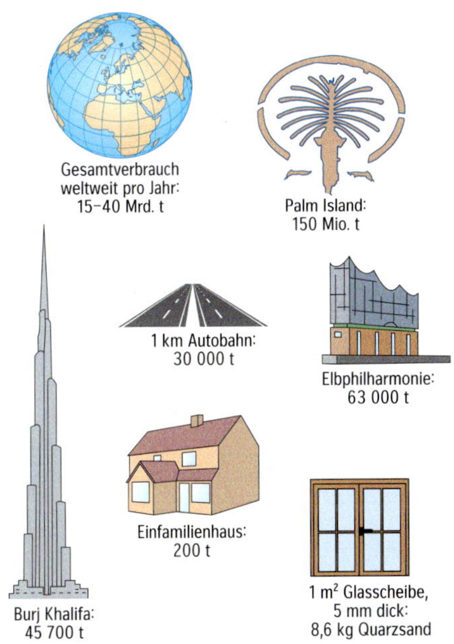

M6 So viel Sand steckt in ...

M4 Salzernte auf den Kanaren

AUFGABEN

3 Erläutere die Bedeutung des Weltmeeres als Rohstoffquelle (M3 – M5, Atlas).

4 Erstelle zu einem Rohstoff aus dem Meer einen Steckbrief zu Abbaugebiet, Abbautechnik, Verwendung (M3, M6, Internet).

Digital+
WES-115816-039

Wahlthema: Das Weltmeer als Nahrungsquelle

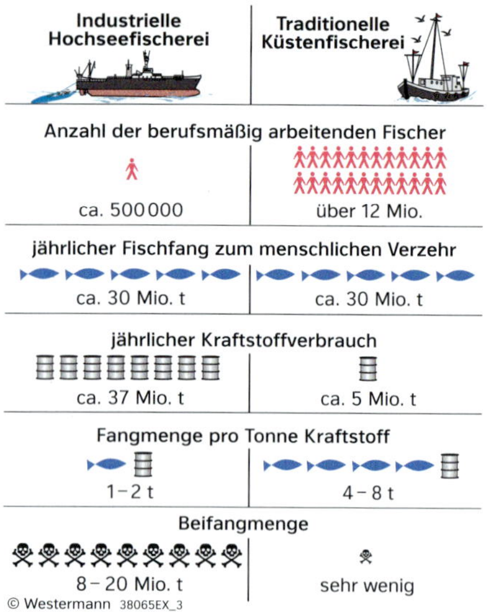

M1 Vergleich von Fischereiarten

M2 Industrielle Hochseefischerei

M3 Traditionelle Küstenfischerei

Die Fischereiwirtschaft fängt zu viele Fische im Weltmeer. Aquakulturen sollen die Nachfrage nach Fisch bedienen. Ist das eine Lösung für die Überfischung der Fischbestände?

Das Weltmeer als Nahrungsquelle

Das Weltmeer ist eine wichtige Nahrungsquelle. In den letzten 50 Jahren hat sich der Fischverbrauch pro Kopf verdoppelt, da Fisch zu den wichtigsten Eiweißlieferanten in der Ernährung des Menschen zählt.
Das Weltmeer ist Fanggebiet für die Küsten- und Hochseefischerei. Reiche Fischgründe finden sich überwiegend dort, wo kalte und warme Meeresströmungen aufeinandertreffen und durch ausreichend Plankton viel Nahrung zur Verfügung steht. Diese fischreichen Gewässer werden heute intensiv befischt. Das führt zur **Überfischung** vieler Regionen, was bedeutet, dass mehr Fisch gefangen wird, als durch natürliche Vermehrung nachwachsen kann. Ein weiteres Problem stellt der **Beifang** dar. Er kann das Vier- bis Zehnfache der gewünschten Fangmenge betragen. Der unerwünschte Beifang wird meist als Abfall wieder über Bord geworfen. Er überlebt es häufig nicht und ist damit für den Bestand verloren.
Um diesen Problemen entgegenzuwirken, wurden Fangmengen festgelegt, Schutzzonen eingerichtet und durchlässigere Netze zur Reduzierung des Beifangs eingeführt. Um die natürlichen Fischbestände zu schonen, werden Fische zunehmend in Aquakulturen gezüchtet.

Gebote und Verbote

Die Europäische Union reguliert den Fischfang durch Bestimmungen:

- Festlegung von Höchstfangmengen und Fangquoten, einer Mindestmaschenweite für Netze, von Mindestfanggrößen der Fische
- Ausweisung von Schongebieten und Schonzeiten
- Begrenzung der Fischereiflotten
- Einführung eines Rückwurfverbots von Beifang und Anrechnung auf die Fangquote

Kontrolle

Die EU sammelt Daten zur Fischerei und überwacht die Einhaltung der Gesetze.

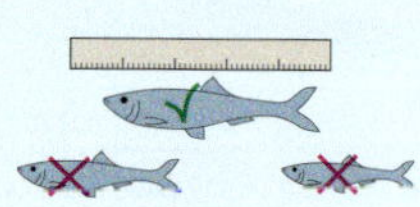

Gezielte Förderung

Die EU unterstützt verantwortungsbewusst handelnde Küstenfischerei finanziell.

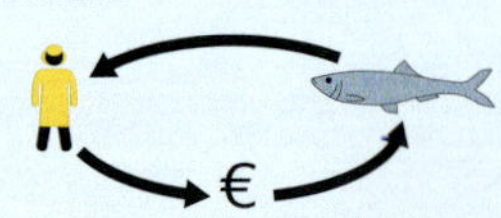

M4 Maßnahmen zu nachhaltigem Fischfang in der Europäischen Union

AUFGABEN

1 a) Erläutere die Bedeutung des Weltmeeres als Nahrungsquelle (M1 – M3).

b) Lokalisiere Gebiete, die besonders stark befischt werden (Atlas).

c) Beurteile die Küsten- und Hochseefischerei hinsichtlich ihrer Nachhaltigkeit (M1 – M4).

2 Beurteile, ob die Maßnahmen der EU zum Kampf gegen Überfischung beitragen (M4).

M5 Garnelenzucht in Aquakulturen in Indonesien

M6 Lachszucht in Aquakulturen in Chile

INFO

Ökologische Aufzucht

Zunehmend werden Lösungen für eine ökologische Aufzucht gesucht. Dabei wird auf Fischmehl und -öl als Futter verzichtet. Statt regelmäßig Antibiotika bekommen Fische Impfungen gegen Krankheiten. Zudem wird die Anzahl der Fische im Käfig begrenzt. Außerdem wird an neuen Technologien wie der Zucht in geschlossenen Kreislaufsystemen und verbesserten Wasserreinigungsanlagen geforscht. Diese Lösungsansätze sind oft teurer, energieintensiver und anspruchsvoller für die Betriebe.

Aquakulturen – Intensivtierhaltung im Meer

Jährlich werden fast 100 Millionen Tonnen Fisch und Meeresfrüchte in Aquakulturen gezüchtet, die damit immer größere Bedeutung gewinnen. Mit der Zucht in Aquakultur werden zusätzliche Nahrungsquellen erschlossen, aber auch neue Probleme erzeugt. Durch die große Anzahl von Tieren auf engstem Raum gelangen viele Nahrungsreste und Ausscheidungen aus den Zuchtkäfigen ins Meerwasser. Dadurch wird das Wasser überdüngt. Der Platzmangel in den Aquakulturen führt zu Verletzungen, Erkrankungen oder einem erhöhten Parasitenbefall der Fische. Dem wird mit einem vermehrten Einsatz von Antibiotika und anderen Chemikalien entgegengewirkt. Krankheiten und Parasiten bedrohen jedoch auch die Wildfische und deren Bestand geht zurück. Zudem ist der Bedarf an Futtermitteln enorm. Um ein Kilogramm Lachs aus Aquakulturen zu erhalten, müssen 2,5 – 5 kg Wildfang verfüttert werden, bei Thunfisch sogar bis zu 20 kg.
Für die Fischfarmen in Südostasien werden künstliche Teiche an den Küsten angelegt, wofür der natürliche Lebensraum vieler Tiere und Pflanzen zerstört wird. Die traditionelle Küstenfischerei, die Lebensgrundlage der lokalen Bevölkerung, wird immer mehr verdrängt.

Überfischung
Beifang

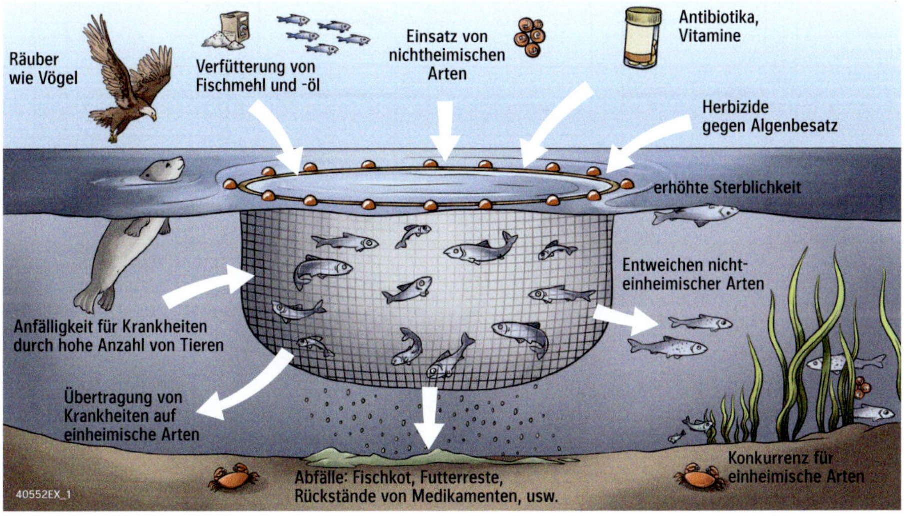

M7 Funktionsweise von Aquakulturen im Meer

AUFGABEN

3 a) Beschreibe die Lage von Aquakulturgebieten (Atlas).

b) Ⓢ Vergleiche die Fischproduktion durch Fischfang und Aquakultur (Atlas).

4 Stelle Vor- und Nachteile von Aquakulturen gegenüber (M5 – M7, Info).

5 Beurteile die Aquakulturen hinsichtlich ihrer Nachhaltigkeit (M7, Info).

Digital+
WES-115816-041

Rund um die Energie

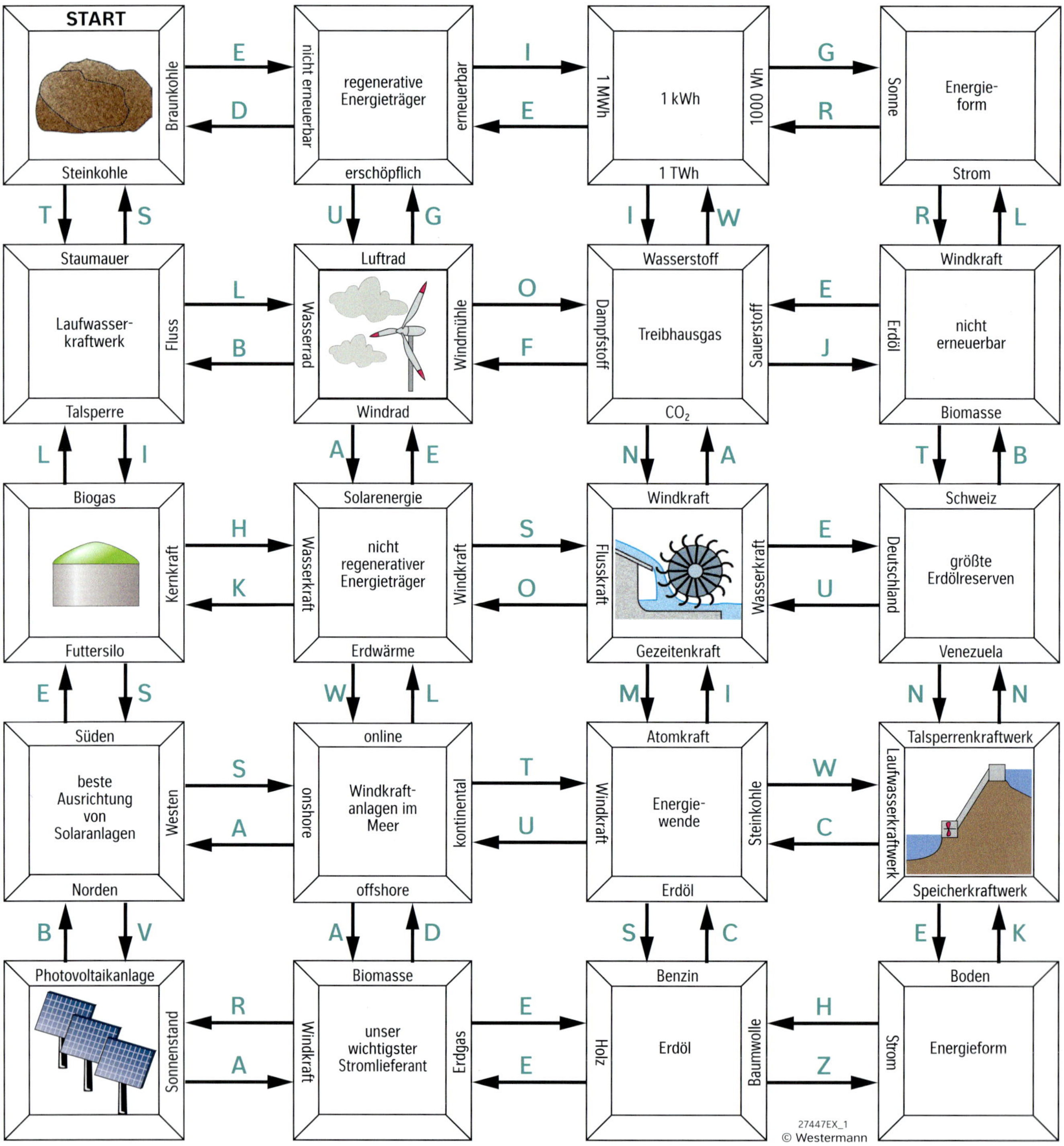

AUFGABEN

1 Folge dem Energieweg.

- Schritt 1: Beginne bei „Start".
- Schritt 2: Wähle die richtige Lösung aus den gegebenen Möglichkeiten.
- Schritt 3: Folge dem Pfeil zur nächsten Aufgabe.
- Schritt 4: Notiere den Buchstaben der richtigen Lösung.
- Schritt 5: Wiederhole diese Schritte, bis du auf ein Feld gelangst, bei dem alle Lösungen falsch sind. Wenn du am Ziel bist, lies die Lösungsbuchstaben von hinten nach vorne. Sie ergeben einen Lösungssatz.

Wortwolke – Grundbegriffe zum Umgang mit Ressourcen

Braunkohle
Naturraum
Biogas
Bodenart
Photovoltaik
Kulturlandschaft
Gezeitenkraftwerk
Offshore-Windpark
Pipeline
Energieträger
offshore
Barrel
Raffinerie
Beifang
Rohstoff
Onshore-Windpark
Bodentyp
Inkohlung
onshore
Energie
erneuerbare
nicht-erneuerbare
Überfischung
grüner Wasserstoff
Primärenergieträger
Bodendegradation
Windkraft
Kohlenwasserstoff
Ressource
Rekultivierung
Tidenhub
Energiewende
Solarthermie

AUFGABEN

2 Löst die Wortwolke.

Bildet Gruppen mit höchstens vier Schülern. Startet, indem Schüler 1 zwei Begriffe aus der Wortwolke auswählt und in einem Satz so verbindet, dass ihr Zusammenhang klar wird. Anschließend knüpft Schüler 2 an: Er nimmt den zuletzt genannten Begriff und verknüpft ihn in einem neuen Satz mit einem weiteren Begriff aus der Wortwolke. Setzt die Kette so fort, bis alle Begriffe verwendet wurden.

Klimawandel und Klimaschutz

„Wir haben die Zukunft der Erde in der Hand."

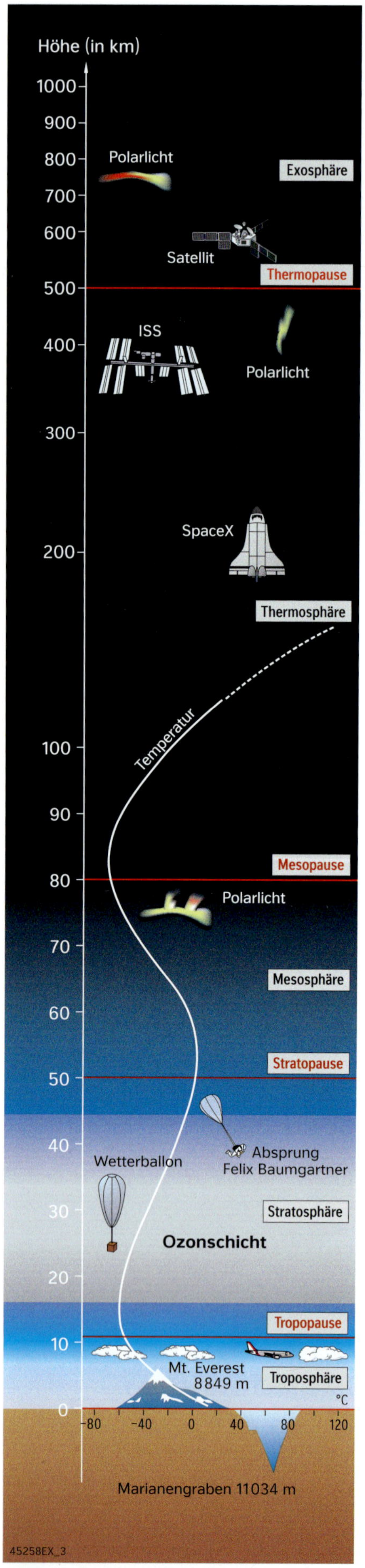

M1 Aufbau der Atmosphäre (nicht maßstabsgetreu)

M2 Die Atmosphäre der Erde – vom Weltall aus gesehen

Atmosphäre der Erde

Durch die **Atmosphäre** wird das Leben auf der Erde ermöglicht und geschützt. Den Lebewesen dient die Luft in der Atmosphäre zum Atmen und sie sind durch die Atmosphäre vor zu großer Hitze durch direkte Sonneneinstrahlung, aber auch vor Kälte geschützt. Außerdem hält die Atmosphäre schädliche kosmische Strahlung zurück.

Die Lufthülle besteht aus einem Gasgemisch und ist mehrschichtig aufgebaut. Die unterste Schicht, die **Troposphäre**, ist durchschnittlich zwölf Kilometer mächtig. Über tropischen Gebieten erreicht diese Schicht wegen der dort stärkeren Ausdehnung der Luft 14 bis 17 km Höhe, über den Polargebieten dagegen nur 7 bis 9 km. In der Troposphäre treten auch flüssige und feste Bestandteile wie Wassertröpfchen, Eiskristalle und Staub auf. Hier spielt sich das Wettergeschehen ab. Die Troposphäre wird durch die **Tropopause** begrenzt.

Die Atmosphäre steht in ständigem Austausch mit den anderen Sphären der Erde. So wird die Atmosphäre ebenso wie die anderen Sphären vom Wasserkreislauf durchdrungen. Einerseits hängen Hydrosphäre und Biosphäre in starkem Maße vom Klima ab, andererseits beeinflussen die Verteilung von Land und Meer sowie das Relief auch das Klima.

Neben den Hauptbestandteilen Stickstoff und Sauerstoff besteht die Luft aus Argon und Spurengasen. In der Luft sind unterschiedliche Anteile von Kohlenstoffdioxid, Wasserstoff, Ozon, Methan, Kohlenmonoxid, Helium, Neon, Krypton und Xenon in Spuren vorhanden. Zu den natürlichen Treibhausgasen zählen Wasserdampf, Kohlenstoffdioxid, Ozon und Methan.

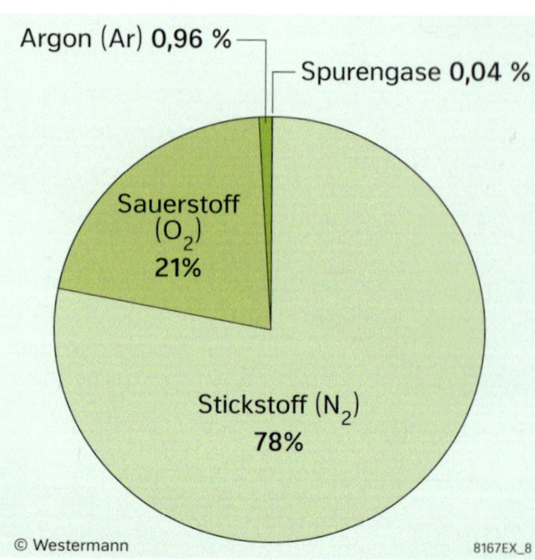

M3 Zusammensetzung der Luft in der Troposphäre

M4 Felix Baumgartner während seines Sprungs aus der Stratosphäre

INFO

Waghalsige Sprünge

- 16. August 1960:
Joe Kittinger sprang aus 31 333 m Höhe aus der Gondel seines Ballons, 4:36 Minuten freier Fall, bis heute längster freier Fall.
- 14. Oktober 2012:
Felix Baumgartner sprang aus 38 969 m Höhe aus der Kapsel seines Ballons, 1 357,6 km/h, damit höchste Geschwindigkeit.
- 24. Oktober 2014:
Alan Eustace sprang aus 41 419 m Höhe ab, damit größte Höhe.

Eigenschaften der Atmosphäre

Atmosphäre
Troposphäre
Tropopause

Die Fallschirmsprünge von Joe Kittinger, Felix Baumgartner und Alan Eustace machten deutlich, dass unsere Atmosphäre besondere Eigenschaften hat. Die Sprünge wurden von Luftteilchen in der unteren Atmosphäre abgebremst. In der Troposphäre ist die Dichte der Luft am höchsten. Hier konzentriert sich der überwiegende Teil der Gasmasse der Lufthülle. Die gesamte Lufthülle unterliegt der Anziehungskraft der Erde (Gravitation), die mit zunehmender Entfernung von der Erdoberfläche schwächer wird. Daher nimmt auch die Dichte der Lufthülle von innen nach außen ab.
Viele Eigenschaften der Luft sind für das Wetter in der Troposphäre verantwortlich. Luft dehnt sich bei Erwärmung aus. Das führt dazu, dass bei unterschiedlicher Erwärmung der Luft verschiedene Druckgebiete entstehen. Luft kann strömen, was wiederum eine Ursache für die Entstehung von Wind ist. Außerdem kann Luft Wasserdampf aufnehmen. So entstehen Wolken, die zu Niederschlägen führen können.
Merkmale der Troposphäre sind Lufttemperatur, Luftfeuchtigkeit und Luftdruck. Im untersten Bereich der Lufthülle finden vielfältige starke vertikale und horizontale Luftbewegungen statt, die räumlich und zeitlich sehr unterschiedlich ausgeprägt sind.

Ozon ist ein Gas mit der chemischen Formel O_3. Für das Leben auf der Erde ist die Ozonschicht in der Stratosphäre wichtig. In ihr wird die in ihrer ursprünglichen Stärke lebensgefährliche ultraviolette Strahlung weitgehend absorbiert. Die Ozonschicht wirkt wie ein Filter. Ultraviolette Strahlung schädigt bei Lebewesen zum Beispiel das Erbgut und kann beim Menschen Hautkrebs verursachen.
In den 1980er-Jahren wurde erstmals eine Ausdünnung der Ozonschicht beobachtet und als Ozonloch bezeichnet. Unter anderem wurden industriell hergestellte Fluorchlorkohlenwasserstoffe, sogenannte FCKW, als Verursacher ermittelt. Das Montrealer Protokoll 1989 verbot die Herstellung von FCKW. Heute ist eine Erholung der Ozonschicht zu beobachten.

M5 Ozonschicht

AUFGABEN

1 a) Beschreibe den Aufbau der Atmosphäre (M1, M2).

b) Beschreibe die Zusammensetzung der Luft (M3).

2 Nenne Gründe, warum die höchsten Gipfel der Erde lebensfeindliche Regionen sind.

3 Ⓔ Lies den Text zu den Eigenschaften der Atmosphäre. Ermittle und kläre die physikalischen Einflussfaktoren, die bei einem Sprung eines Menschen aus der Stratosphäre wirken.

4 Recherchiere die gegenwärtige Ausdehnung des Ozonlochs (M5, Internet).

Digital+
WES-115816-047

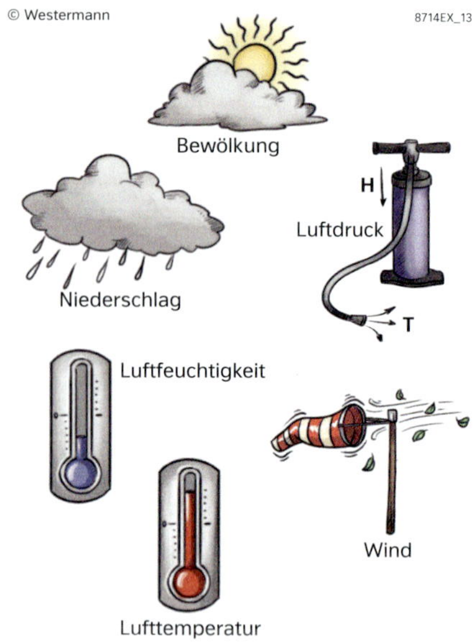

M1 Klimaelemente

M2 Beliebte Sportarten unter freiem Himmel

Wenn Menschen sich treffen, ist das Wetter häufig ein wichtiges Gesprächsthema, da viele Aktivitäten vom Wetter abhängig sind. Fällt den Menschen nichts anderes ein, worüber sie reden können, oder warum ist das Wetter so wichtig?

Wetter und Witterung

Wetter beschreibt den Zustand der Troposphäre an einem bestimmten Ort zu einem bestimmten Zeitpunkt, über Stunden oder wenige Tage. Wetter ist jederzeit spürbar, zum Beispiel als Regen, Kälte oder Nebel. Es kann sich sehr schnell ändern und lokal stark unterscheiden. Ein Regenschauer kann zum Beispiel nur in einem Teil einer Stadt auftreten.
Alle messbaren oder zu beobachtenden Elemente des Wetters wie Lufttemperatur, Luftdruck, Luftfeuchtigkeit, Windstärke, Windrichtung, Bewölkung, Niederschlagsart oder Niederschlagsmenge kennzeichnen den Zustand der unteren Atmosphäre. Sie werden als Wetter- oder Klimaelemente bezeichnet. Diese Klimaelemente stehen miteinander in Verbindung und beeinflussen sich gegenseitig.
Das Wetter verändert sich in kürzeren oder längeren Zeitabschnitten. Der durchschnittliche Charakter eines Wetterablaufes an einem Ort über mehrere Tage bis zu mehreren Wochen wird als **Witterung** bezeichnet. Deren Merkmale werden durch die jeweils vorherrschende Wetterlage bestimmt. Der betrachtete Zeitraum ist wesentlich kürzer als beim Klima. Die Witterung bleibt über den Zeitraum relativ konstant und kann beispielsweise als Schönwetterperiode wahrgenommen werden.

M3 Windpark an der Ostseeküste

AUFGABEN

1 Beschreibe, wie Klimaelemente dein Leben beeinflussen (M1).

2 Ⓦ Begründe die Abhängigkeit vom Wetter für:

A Sportarten und Freizeitbeschäftigungen (M2).

B Wirtschaftsbereiche (M3 – M5).

Industrie
Raketenstarts müssen manchmal wegen Wettererscheinungen verschoben werden. Die Bauweise von Industrieanlagen muss oft an die klimatischen Bedingungen angepasst werden.

Landwirtschaft
Der Anbau von Pflanzen ist abhängig von Temperaturen, Niederschlägen und Sonnenscheindauer. Wo die Bedingungen nicht optimal sind, helfen Bewässerung oder Gewächshäuser.

Verkehr
Beim Bau von Brücken, Straßen und Eisenbahnstrecken müssen klimatische Besonderheiten beachtet werden. Oft wird zum Beispiel durch große Schneemengen der Verkehr behindert.

Tourismus
Gebiete mit warmen und trockenen Sommern mit langer Sonnenscheindauer sind bevorzugte Urlaubsgebiete.
Im Winter ist die Schneesicherheit wichtig für die Wintersportorte.

M4 Klima und Wirtschaft stehen in engem Zusammenhang.

Klima

Als **Klima** wird der durchschnittliche Zustand der Troposphäre an einem Ort über einen längeren Zeitraum, meist 30 Jahre, bezeichnet. Dabei werden alle Klimaelemente in die Beobachtung einbezogen. Für die Kennzeichnung des Klimas nutzen die Meteorologen verschiedene Mittelwerte der Temperatur und der Niederschlagsmenge. Diese Mittelwerte werden aus den Ergebnissen langjähriger Messungen und Beobachtungen errechnet. Klima ist also die Statistik der Messdaten.
Weiterhin ist der typische durchschnittliche Jahresablauf der Wetterereignisse in den jeweiligen Gebieten ein wichtiges Klimamerkmal. Dazu gehören zum Beispiel typische Wetterlagen, die vom Auftreten bestimmter Luftmassen abhängig sind. So wird unterschieden, ob es überwiegend arid oder humid ist.
Das Wetter ändert sich täglich. Doch jede Region der Erde hat ein bestimmtes Witterungsmuster, das sich im Jahresverlauf wiederholt. Daher gibt es nicht ein weltweites Klima, sondern mehrere Klimate.
Gebiete mit annähernd gleichen klimatischen Verhältnissen werden als Klimazonen bezeichnet. Sie verlaufen in Ost-West-Richtung nahezu gürtelartig um die Erde.

Wetter
Witterung
Klima

Klima und Forstwirtschaft stehen in einem engen Zusammenhang. Beispielsweise können sich durch die Häufung trockener und heißer Jahre bestimmte Borkenkäfer massenhaft vermehren und ganze Fichtenbestände können dadurch bis zum Absterben geschädigt werden. Aber auch andere Baumarten wie Buche, Eiche und Kiefer können nicht optimal gedeihen. Darum entwickeln Förster und Wissenschaftler Konzepte für die Pflanzung von Baumarten, die in Zukunft sowohl mit Trockenheit als auch mit stärkeren Winden zurechtkommen. Sie orientieren sich dabei an Baumzusammensetzungen aus Gegenden, die bereits trockener sind, wie zum Beispiel Südfrankreich.

M5 Anpassung der Forstwirtschaft an das Klima

AUFGABEN

3 a) Ordne den folgenden Aussagen die Begriffe „Wetter“, „Witterung“ und „Klima“ zu.
- Wir leben in der gemäßigten Zone.
- Der Sommer war sonnig und trocken.
- Gestern regnete es.

b) Begründe deine Zuordnungen.

Klimaelement Lufttemperatur

INFO

Lufttemperaturmessung

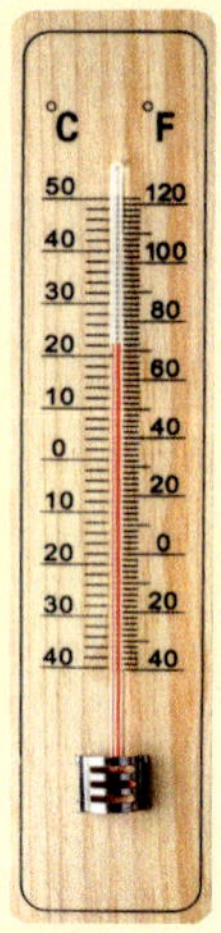

Die Messung der Lufttemperatur erfolgt mit einem Thermometer. Die Einheit ist Grad Celsius °C oder Grad Fahrenheit °F.
Die Tagesmitteltemperatur berechnet sich durch Bilden des Mittelwertes aller zur vollen Stunde gemessenen Lufttemperaturwerte.

M1 Sonne als Motor des Wetters auf der Erde

Wer das Wetter als sehr warm empfindet, nennt es manchmal „Affenhitze". Ist nur die Sonnenstrahlung für die Lufttemperatur verantwortlich, oder welche Faktoren spielen noch eine Rolle bei der Erwärmung der Luft?

Erwärmung der Luft

Stell dir vor, du fliegst an einem Julitag in den Sommerferien bei 23 °C Lufttemperatur in den Urlaub. Wenige Minuten nach dem Start befindest du dich bereits in einer Höhe von zehn Kilometern. Die Sonne scheint in gleißendem Licht. Obwohl du doch der Sonne näher bist als vor dem Abflug, herrscht eine Außentemperatur von –50 °C.
Die Abnahme der Temperatur mit zunehmender Höhe über der Erdoberfläche erfolgt dadurch, dass die Luft der Troposphäre nicht direkt, sondern indirekt von der Erdoberfläche aus, also von unten nach oben erwärmt wird.
Eine wichtige Rolle bei der Erwärmung der Luft spielen die Treibhausgase. Das sind Gase, die verhindern, dass die Wärmestrahlung der Erde in den Weltraum entweicht. Bei der Absorption der Wärmestrahlung durch die Gase erwärmen sich diese und strahlen dann die Wärmeenergie wieder ab. So gelangt die Strahlung wieder zurück zur Erdoberfläche und erwärmt die Luft auf durchschnittlich 15 °C. Dieser Vorgang ist der **natürliche Treibhauseffekt.** Durch Einflüsse des Menschen wird dieser natürliche Treibhauseffekt zusätzlich verstärkt.

höchste gemessene Temperatur

weltweit	Deutschland
Death Valley (USA), 10.7.1913	Duisburg-Baerl (NRW), 25.7.2019
56,7 °C	41,2 °C

niedrigste gemessene Temperatur

weltweit	Deutschland
Station Wostok (Antarktis), 21.7.1983	Hüll (Bayern), 12.2.1929
–89,2 °C	–37,8 °C

M2 Temperaturrekorde

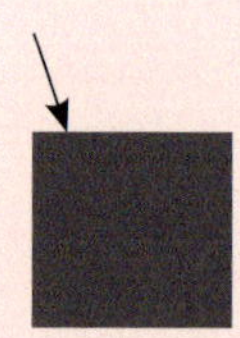

dunkle Körper:
vollständige Absorption (Aufnahme), starke Erwärmung

Albedo = 0 %

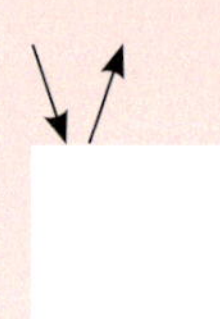

helle Körper:
vollständige Reflexion, keine Erwärmung

Albedo = 100 %

M3 Albedowerte in Abhängigkeit von der Farbe

AUFGABEN

1 Erkläre die Ermittlung der Tagesmitteltemperatur (Info).

2 a) Lokalisiere die Temperaturrekorde in M2 (Atlas).

b) Recherchiere Temperaturrekorde in Brandenburg (Internet).

① Kurzwellige Lichtstrahlen der Sonne treffen auf die Erdoberfläche.

② Die Sonnenstrahlen werden teilweise von Wolken reflektiert.

③ Beim Auftreffen auf Oberflächen wird kurzwellige in langwellige Strahlung umgewandelt. Treffen die Sonnenstrahlen auf helle Flächen, so werden sie größtenteils reflektiert.

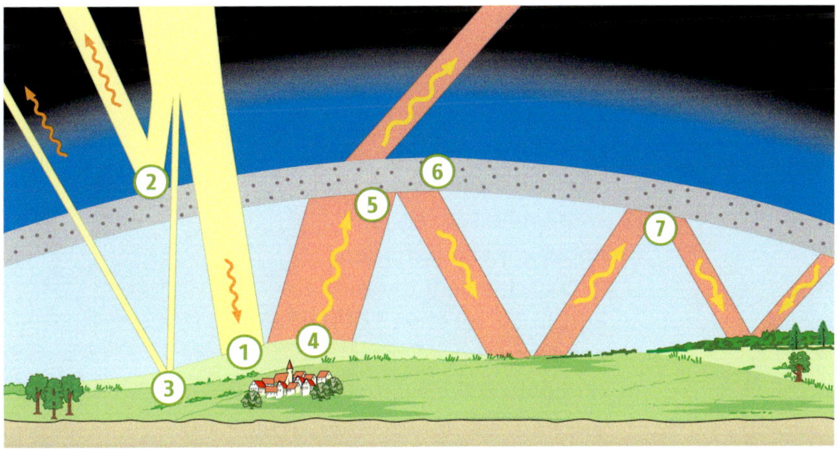

④ Treffen die Sonnenstrahlen auf dunkle Flächen, so werden sie aufgenommen (absorbiert) und größtenteils in langwellige Wärmestrahlung umgewandelt.

⑤ Diese Wärme wird an die unteren Luftschichten abgegeben. Die Atmosphäre erwärmt sich von unten, von der Erdoberfläche aus.

⑥ Wasserdampf und Staubpartikel verringern eine Abstrahlung in den Weltraum.

⑦ Der Treibhauseffekt setzt ein. Es erfolgt eine Absorption der Wärmestrahlung durch Treibhausgase und ein Zurückstrahlen der Wärme zur Erdoberfläche.

M4 Der natürliche Treibhauseffekt – wie in einem Gewächshaus

Klimaelement Lufttemperatur

Unsere Erde bezieht fast die gesamte Energie von der Sonne. Diese ist für die Erwärmung unseres Planeten verantwortlich.

Als **Lufttemperatur** wird die Temperatur der bodennahen Troposphäre bezeichnet. Im Tages- und Jahresverlauf schwanken die Temperaturwerte der Luft. Sie sind von verschiedenen Faktoren abhängig. Dazu gehören zum Beispiel die Strahlungsintensität, die Sonnenstrahlungsdauer oder die Beschaffenheit der Erdoberfläche. So haben beispielsweise hellere Flächen wie Schnee ein größeres Reflexionsvermögen als dunklere Flächen (**Albedo**). Ebenso ist der Einstrahlungswinkel der Sonne von entscheidender Bedeutung. Die einfallenden Sonnenstrahlen werden beim Auftreffen auf eine Oberfläche zum Teil in Wärmestrahlung umgewandelt. Dies geschieht umso stärker, je steiler die Sonnenstrahlen auftreffen. Bei senkrechtem Lichteinfall ist die Wärmewirkung am größten.

Die von der Sonne bezogene Energie reicht allerdings nur dafür aus, die Erdoberfläche auf durchschnittlich −18 °C zu erwärmen. Ohne die Atmosphäre in ihrer gegenwärtigen Zusammensetzung wäre die Erde eine Eiswüste.

natürlicher Treibhauseffekt
Lufttemperatur
Albedo

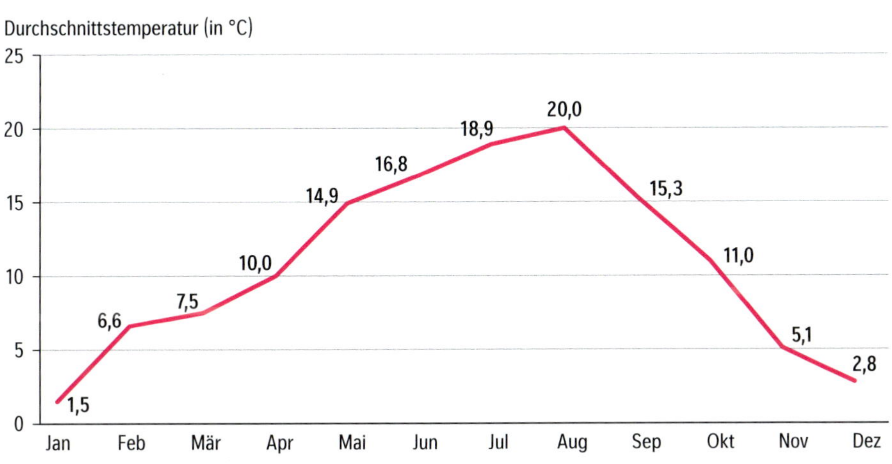

M5 Monatliche Durchschnittstemperaturen in Brandenburg für das Jahr 2024

AUFGABEN

3 Erläutere den Vorgang der Erwärmung der Erdoberfläche (M4).

4 Berechne:

a) die Jahresdurchschnittstemperatur in Brandenburg für das Jahr 2024 (M5).

b) die Temperaturdifferenz, also $\Delta T = T_{max} - T_{min}$ (M5).

Digital+
WES-115816-051

INFO

Luftdruckmessung

Die Messung des Luftdrucks erfolgt mit einem Barometer. Die Einheit ist Pascal (Pa) oder Hektopascal (hPa). Pascal entspricht Newton pro Quadratmeter.

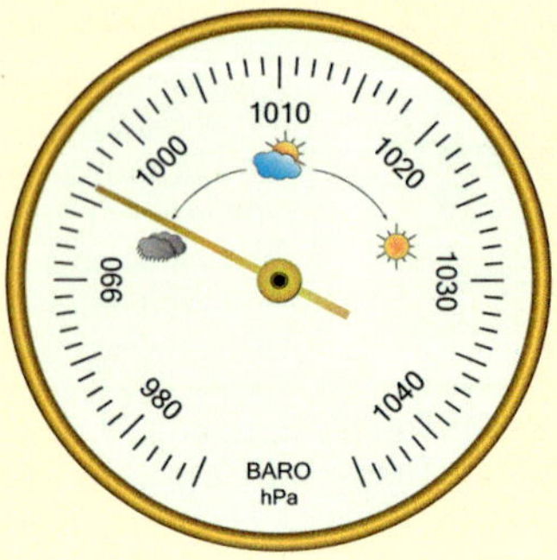

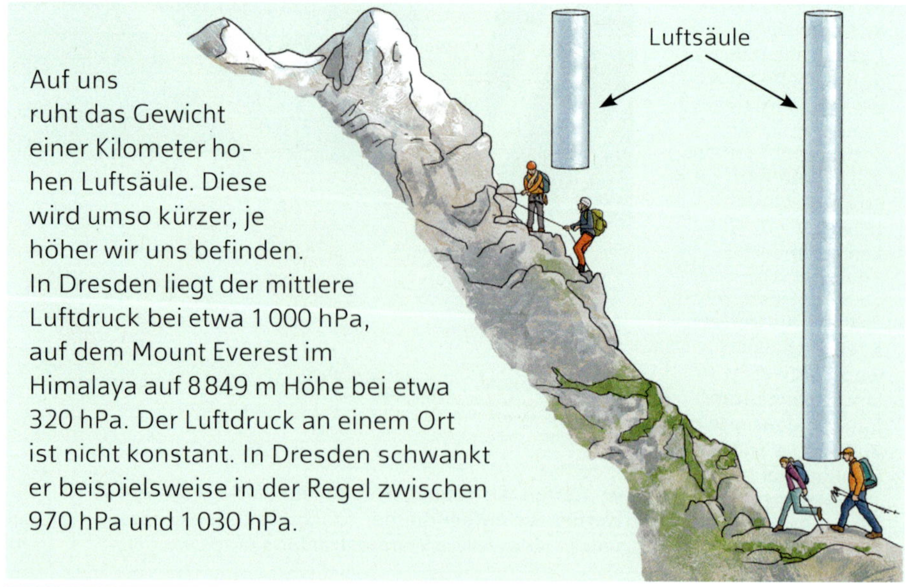

M1 Veränderung des mittleren Luftdrucks mit zunehmender Höhe

Ein Strandtag an der Ostsee – am Vormittag wird bei Windstille ein Sonnenzelt aufgestellt, im Verlauf des Nachmittages wird es immer windiger und vom Zelt muss die Ausrichtung geändert werden – warum weht der Wind so plötzlich, obwohl sich das Wetter nicht sichtbar geändert hat?

Klimaelement Luftdruck

Der **Luftdruck** ist der Druck, den die Luftsäule über der Erdoberfläche aufgrund der Gewichtskraft auf die Erdoberfläche ausübt. Ohne Messgerät kannst du den Luftdruck nicht wahrnehmen. Aber schnelle Luftdruckänderungen, zum Beispiel beim Fliegen oder Fahrstuhl fahren, kennst du sicherlich. Der Luftdruck auf Meereshöhe beträgt normgemäß 1 013 hPa. Wenn diese Gewichtskraft durch absinkende Luft über abgekühltem Boden verstärkt wird, so erhöht sich der Druck und es entsteht ein thermisches Hochdruckgebiet. Bei entgegengesetzt wirkender Kraft, also bei aufsteigender Warmluft, sinkt der Druck am Boden und es entsteht ein thermisches Tiefdruckgebiet. Zu beachten ist, dass der atmosphärische Druck mit zunehmender Höhe abnimmt. In den unteren Troposphärenbereichen beträgt die höhenabhängige Luftdruckabnahme rund 1,2 hPa je 10 m Höhendifferenz im Tiefland. Sie verlangsamt sich mit zunehmender Höhe. Bis zum Gipfel der Zugspitze verringert sich der Luftdruck auf etwa 700 hPa. Flugzeuge sind eine Art Druckkabine, weil außerhalb nur noch etwa 300 hPa herrschen.

AUFGABEN

1 a) Entscheide, welche Aussagen zum Luftdruck zutreffen (M1, Info).

- „Der Luftdruck wird mittels Barometer gemessen."
- „Der Luftdruck nimmt mit zunehmender Höhe zu."
- „Der Luftdruck nimmt mit zunehmender Höhe ab."

b) Begründe deine Entscheidungen.

2 Beschreibe die Entstehung von thermischen Hoch- und Tiefdruckgebieten (M2).

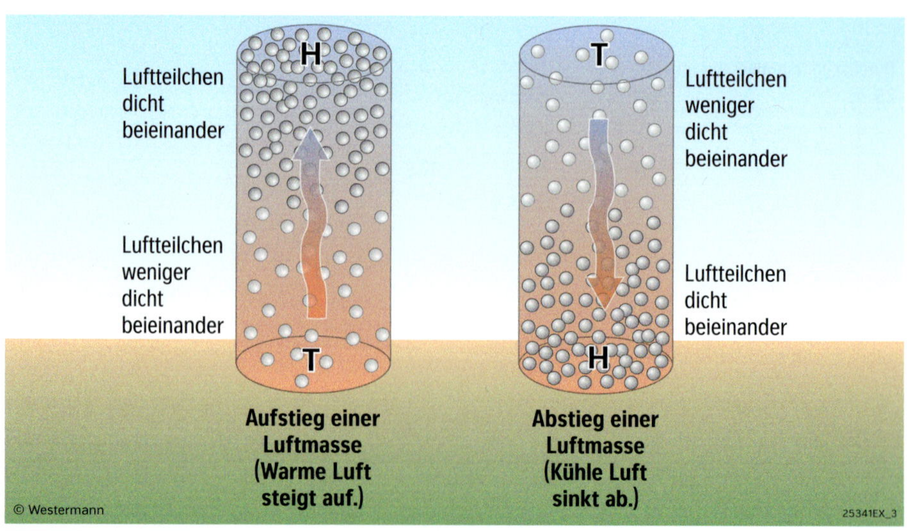

M2 Entstehung thermischer Druckgebilde

M3 Stürme entstehen durch unterschiedliche Luftdruckverhältnisse.

INFO

Messung von Windstärke und Windrichtung

Die Messung der Windgeschwindigkeit erfolgt mit einem Anemometer.
Mit einer Windfahne oder einem Windsack wird die Windrichtung bestimmt.
Die gebräuchlichste Maßeinheit für die Windstärke ist km/h.

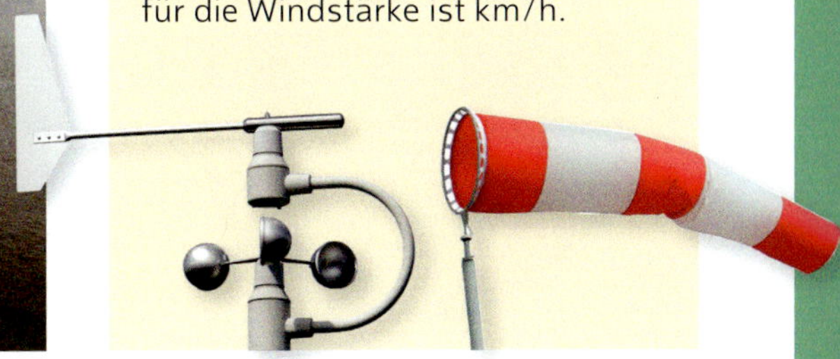

Entstehung von Wind

Wind ist die Ausgleichsströmung der Luft zwischen Gebieten unterschiedlichen Luftdrucks. Dieser Ausgleich wird durch die Eigenschaft von Gasen verursacht, sich stets gleichmäßig im Raum auszubreiten. Wind weht daher immer vom Hoch- zum Tiefdruckgebiet.
Dieser Vorgang ist im Sommer an der Küste gut zu beobachten. Im Verlauf des Tages wird der Wind vom Meer her immer stärker, flaut zum Abend hin ab und wechselt nachts in die entgegengesetzte Richtung.
Die Luft strömt nicht gleichmäßig vom Hoch zum Tief. Ursachen dafür sind die Erdrotation und das Relief.
Winde mit Geschwindigkeiten um 90 km/h werden als Sturm bezeichnet, mit mehr als 120 km/h als Orkan. Solche Stürme können schwere Schäden anrichten. Sturmwarnungen durch den Wetterdienst haben deshalb eine große Bedeutung für die Wirtschaft, den Verkehr und Siedlungen.
Die Windgeschwindigkeit beeinflusst die Transportkraft des Windes. Bereits bei einer Geschwindigkeit von weniger als einem Kilometer pro Stunde werden feinste Staubteilchen transportiert.

Luftdruck
Wind

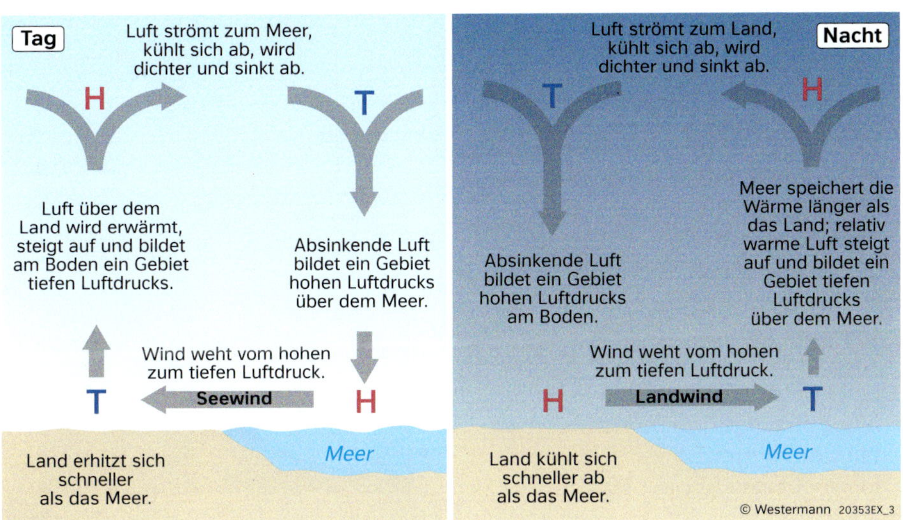

M4 Seewind und Landwind an der Küste

AUFGABEN

3 Nenne Messgeräte und Einheiten der Windmessung (Info).

4 Beschreibe die Entstehung von Wind (M3, M4).

5 Ⓢ Erkläre das System des Land- und Seewindes an der Küste (M4).

INFO

Luftfeuchtigkeitsmessung

Die Messung der absoluten Luftfeuchtigkeit erfolgt mit einem Hygrometer. Die Einheit ist g/m³. Die relative Luftfeuchtigkeit wird in Prozent angegeben.

M1 Nebel entsteht bei sehr hoher Luftfeuchtigkeit.

Nebel ist einer Wolke sehr ähnlich, der Kontakt zum Boden ist ein entscheidender Unterschied. Umgangssprachlich gibt es verschiedene Wolkenarten, zum Beispiel Gewitterwolken und Schäfchenwolken. Wie entstehen diese und auf welcher Höhe sind sie im Vergleich zum Nebel?

Klimaelement Luftfeuchtigkeit

Wasser ist der einzige Stoff, der in der Atmosphäre in allen drei Aggregatzuständen vorkommt – gasförmig als Wasserdampf, flüssig als Wassertropfen oder fest als Eiskristalle. Der Wasserdampfgehalt der Luft wird als **Luftfeuchtigkeit** bezeichnet. Wasserdampf entsteht durch die Verdunstung von Wasser. Für die Angabe des Anteils des Wasserdampfes in der Luft gibt es mehrere Möglichkeiten:

- LF_{abs}, die absolute Luftfeuchtigkeit, ist die tatsächlich in der Luft enthaltene Wasserdampfmenge.
- LF_{max}, die maximale Luftfeuchtigkeit, ist die von der Luft höchstmöglich aufnehmbare Menge an Wasserdampf.
- LF_{rel}, die relative Luftfeuchtigkeit ist das Verhältnis zwischen absoluter und maximaler Luftfeuchtigkeit.

Wenn die maximale Menge an Wasserdampf erreicht ist, die die Atmosphäre aufnehmen kann, dann ist sie mit Wasserdampf gesättigt. Dann sind 100 Prozent relative Luftfeuchtigkeit erreicht. Die maximale Luftfeuchtigkeit hängt von der Temperatur der Luft ab. Je höher die Lufttemperatur ist, desto mehr Wasserdampf kann aufgenommen werden. Der Temperaturwert, bei dem 100 Prozent Luftfeuchtigkeit erreicht sind, heißt Taupunkt.

AUFGABEN

1 Erkläre die Begriffe „absolute“, „maximale“ und „relative Luftfeuchtigkeit“.

2 a) Berechne LF_{rel} bei einer Temperatur von 20 °C, wenn LF_{abs} 7,5 g/m³ beträgt (M2).

b) Berechne LF_{rel} bei einer Temperatur von 15 °C, wenn LF_{abs} 12,8 g/m³ beträgt (M2).

c) Vergleiche die Ergebnisse (M2).

d) Beschreibe die Vorgänge (M1).

Die Taupunktkurve zeigt die Abhängigkeit der maximalen Luftfeuchtigkeit von der Lufttemperatur. So kann beispielsweise 30 °C warme Luft 30,4 g/m³ Wasserdampf aufnehmen. Beträgt die absolute Luftfeuchtigkeit 9,4 g/m³, so liegt die relative Luftfeuchtigkeit bei 31 Prozent. Die relative Luftfeuchtigkeit (LF_{rel}) berechnet man mit der Formel:

$LF_{rel} = LF_{abs} : LF_{max} \cdot 100$ (in %).

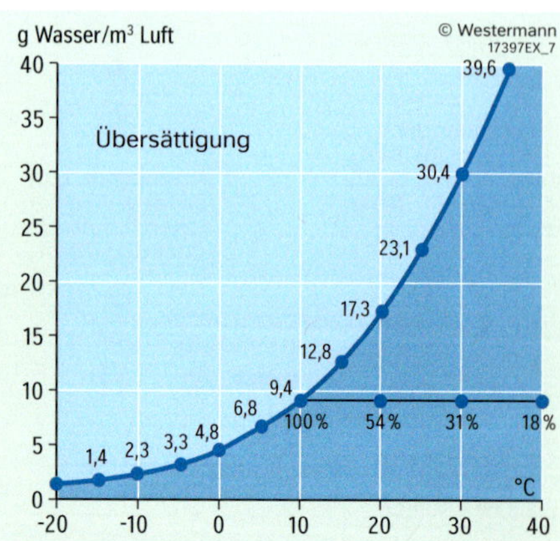

M2 Luftfeuchtigkeit bei unterschiedlichen Temperaturen – Taupunktkurve

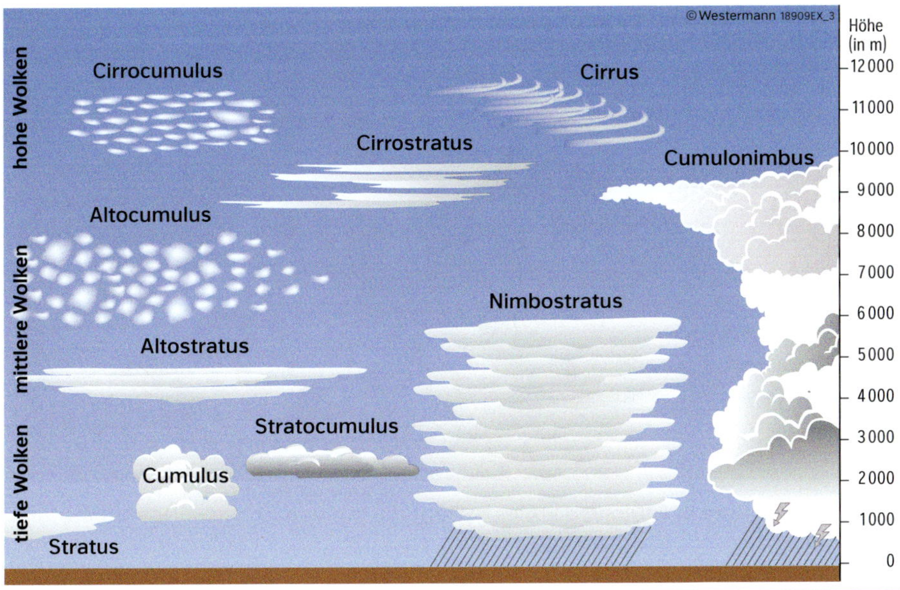

M3 Wolkenarten

M5 Wolken

Entstehung von Wolken

Luftfeuchtigkeit

Eine Wolke ist eine Ansammlung von sehr feinen Wassertröpfchen oder Eiskristallen in der Atmosphäre.
Steigt warme, feuchte Luft auf und kühlt sich ab, bilden sich Wolken. Dabei bleibt zunächst die absolute Luftfeuchtigkeit gleich, aber die maximale Luftfeuchtigkeit verringert sich wegen der geringen Temperaturen. So nimmt die relative Luftfeuchtigkeit immer weiter zu, bis der Taupunkt erreicht ist. Die Luft ist nun mit Wasserdampf gesättigt und die Kondensation von überschüssigem Wasserdampf beginnt. Es bilden sich Wassertröpfchen um Kondensationskerne. Das sind unter anderem feinste Staubteilchen, die in der Troposphäre vorhanden sind. Ein Kubikzentimeter Luft kann zwischen 100 bis 10000 Kondensationskerne enthalten.
Die Abkühlung der Luft bis zum Taupunkt wird entweder durch Luftaufstieg in höhere, kühlere Bereiche oder durch eindringende kältere Luftmassen bewirkt. Konvektion ist das vertikale Aufsteigen von warmer Luft bei gleichbleibender Abwärtsbewegung der kalten Luft. Warmluft kann aber auch horizontal über kältere Luft aufgleiten oder durch einen breiten Kaltluftkeil vom Boden abgehoben werden. Behindern Gebirge die Bewegung von Luftmassen, wird so auch die Warmluft zum Aufstieg gezwungen und die Wolkenbildung setzt ein.

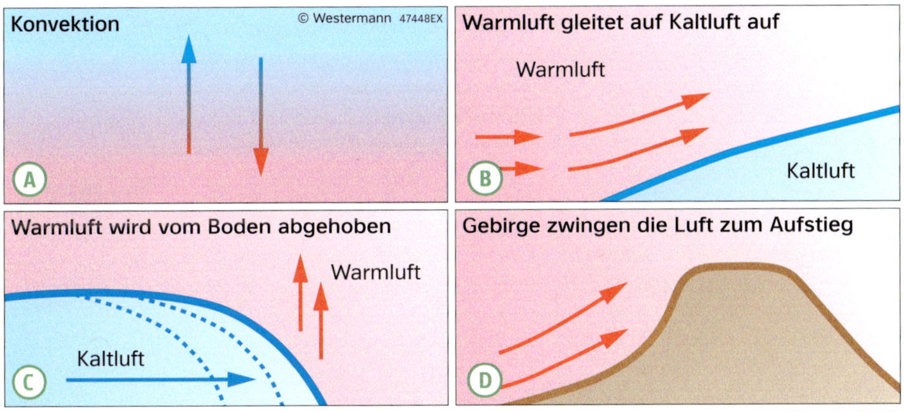

M4 Möglichkeiten der Abkühlung der Luft

AUFGABEN

3 Beschreibe die Entstehung von Wolken (M4).

4 Bestimme die Wolkenarten in M5 (M3).

Digital+
WES-115816-055

Einflussfaktoren auf das Klima

M1 Extreme Temperaturen im Death Valley (USA) im Juli 2021

M2 Danakilwüste in Äthiopien – hier beträgt die Jahresdurchschnittstemperatur 34,4 °C.

In manchen Orten der Erde herrschen extremste klimatische Bedingungen. Manchmal werden über 50 °C oder unter −80 °C gemessen. Es gibt Orte, in denen Jahrzehnte lang kein Niederschlag fällt, und andere, in denen die 50-fache Regenmenge von Cottbus erreicht wird. Wie kommt es zu diesen enormen Unterschieden?

Klimafaktoren – Einfluss auf Wetter und Klima

Unsere Erde wird von der Sonne erwärmt. Diese hat den größten Einfluss auf unser Klima. Es gibt aber noch weitere Faktoren, die das Klima eines Gebietes beeinflussen. So ergeben sich große Klimaunterschiede auf der Erde.

Jeder Raum der Erde hat Eigenschaften, die das Klima beeinflussen. Dazu gehören zum Beispiel die Lage zum Meer, die Höhenlage oder die geografische Breitenlage. Diese und weitere Eigenschaften werden als **Klimafaktoren** bezeichnet. Sie haben beispielsweise Einfluss auf die Lufttemperatur, Windverhältnisse oder die Niederschlagsmenge.

Die Klimafaktoren beeinflussen sich gegenseitig und ändern sich in kürzeren (z. B. jahreszeitlich) oder in größeren Zeitabständen. Es gibt nicht nur natürliche Faktoren, die das Klima bestimmen. Auch der Mensch beeinflusst durch seine Besiedlungsformen und wirtschaftliche Nutzung das Wetter und das Klima einer Region. So ist es zum Beispiel in Städten durchschnittlich wärmer als in Wäldern.

AUFGABEN

1 a) Wähle drei der vorgestellten Orte aus. Beschreibe jeweils die Lage des Ortes und das dargestellte Klimaextrem (M1, M2, M4, M6, M7, Atlas).

b) Ⓢ Nenne mögliche Folgen von drei der auf den Fotos dargestellten Klimaextreme für das Leben der Menschen (M1, M2, M4, M6, M7).

2 Nenne die Klimafaktoren und erkläre in maximal zwei Sätzen ihre Wirkung. Erstelle dazu eine Tabelle (M3, M5).

3 Ⓔ „Es gibt nicht nur natürliche Klimafaktoren, sondern auch der Mensch spielt eine Rolle." Erkläre diese Aussage.

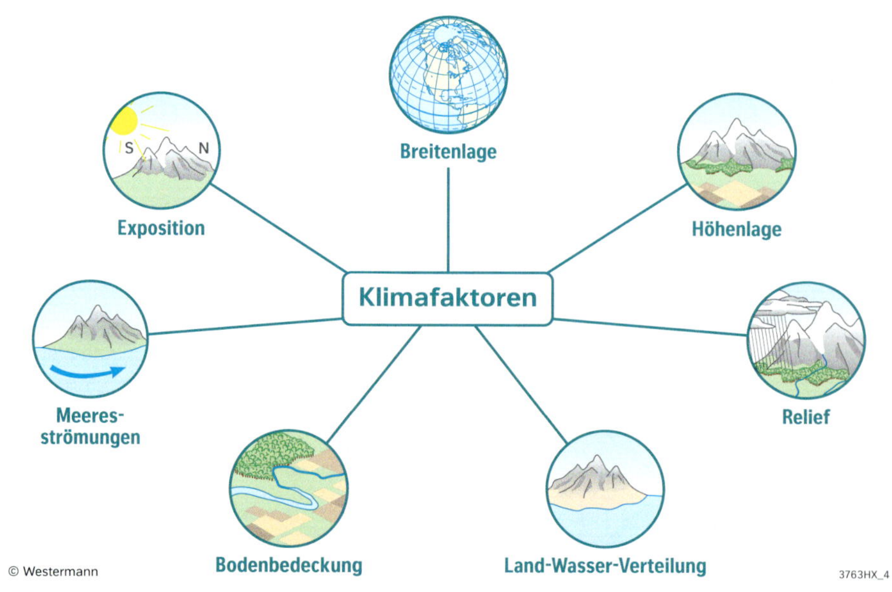

M3 Die Klimafaktoren

M4 Eine Rekordtemperatur von – 98,6 °C wurde in der Antarktis mit Satellit gemessen.

M7 In der Hochebene Foc-Foc auf der Insel Réunion fielen 1966 innerhalb von 24 Stunden 1 825 mm Regen.

Höhenlage
Mit zunehmender Höhe verändern sich die Temperaturen und Niederschläge.

Bodenbedeckung
Die Art der Bodenbedeckung einer Fläche beeinflusst die Sonneneinstrahlung. So ist es z. B. im Sommer (mittags) im Wald kühler als auf einer freien Fläche.

Exposition
Hänge, die nach Süden gerichtet (exponiert) sind, haben höhere Durchschnittstemperaturen als Nordhänge.

Land-Wasser-Verteilung
Je weiter ein Gebiet vom Meer entfernt liegt, desto größer sind die Temperaturunterschiede zwischen Sommer und Winter. Außerdem werden die Niederschläge geringer.

Meeresströmungen
Das Klima in Küstenregionen wird von Meeresströmungen beeinflusst. Der warme Golfstrom führt zum Beispiel zu höheren Temperaturen in Nordeuropa.

Relief
Gebiete im Luv eines Gebirges haben höhere Niederschläge als Gebiete im Lee. Es kommt so zum Stauregen und Regenschatten.

Breitenlage
Durch unterschiedliche Einstrahlungswinkel der Sonne kommt es in den Tropen im Vergleich zu den Polargebieten zu höheren Temperaturen.

M5 Merkmale der Klimafaktoren

Klimafaktor

M6 Bei der Wetterstation Quillagua (Chile) in der Atacama-Wüste fielen zwischen 1981 und 2010 insgesamt nur 6,3 mm Regen.

AUFGABEN

4 Ordne folgenden Gegebenheiten jeweils einen Klimafaktor zu (M5):

a) Auf einem Platz in einer Stadt ist es mittags heißer als auf einem Maisfeld.

b) Auf dem Südhang ist der Schnee schon weggetaut, auf dem Nordhang kann man noch Ski fahren.

c) Wenn ein Bergwanderer einen Gipfel besteigt, muss er warme Bekleidung mitnehmen.

d) Im Sudan gibt es höhere Jahresdurchschnittstemperaturen als in Norwegen.

Die Klimazonen Europas

M1 Die Klimazonen Europas verlaufen fast parallel zu den Breitenkreisen in Ost-West-Richtung. Die Klimamerkmale innerhalb einer Klimazone sind nicht immer gleich, deshalb wurden zusätzlich Klimatypen (z. B. Übergangsklima) festgelegt.

Juri aus Kiew (Ukraine) muss sich im März auf seinem Schulweg warm anziehen, es herrschen eisige Temperaturen.
Judith aus Valentia (Irland) freut sich, dass es über 10 °C sind und die Pflanzen schon grün sind. Wie sind diese Unterschiede zu erklären, obwohl beide Orte die gleiche Breitenlage haben?

Land-Wasser-Verteilung

Es gibt Orte auf gleicher Breitenlage, die sehr unterschiedliche Temperaturwerte aufweisen. Eine Erklärung dafür gibt das Temperaturverhalten von Wasser und Land: Landmassen können sich schnell erwärmen, geben die Wärme aber auch rasch wieder ab. Wasser erwärmt sich viel langsamer als Festland. Daher ist im Sommer die Luft in Meeresnähe kühler als im Landesinneren. Da das Wasser die Wärme jedoch viel länger speichert und langsamer an die Umgebungsluft abgibt als Landfläche, ist es im Winter in küstennahen Gebieten meist wärmer.
Luftmassen, die sich über dem Meer befinden, nehmen Feuchtigkeit auf. Wenn die Winde überwiegend vom Meer auf das Land wehen, wird diese feuchte Luft an die Küste transportiert. Die küstennahen Orte weisen hohe Niederschlagsmengen auf. Je weiter die Luftmassen ins Landesinnere gelangen, desto mehr regnen sie sich ab. In meeresfernen Gebieten sind die Niederschlagsmengen daher geringer als direkt am Meer.
Mit **Maritimität** wird der Einfluss des Meeres auf das Klima bezeichnet. Diese nimmt mit zunehmender Entfernung vom Ozean ab. Mit **Kontinentalität** wird der klimatische Einfluss der Landmassen beschrieben. Diese nimmt mit der Entfernung vom Ozean zu.

AUFGABEN

1 Erkläre die Begriffe „Maritimität“ und „Kontinentalität“ (M2).

2 a) Beschreibe die Lage von Valentia und Kiew (Atlas).

b) Erkläre die Temperaturunterschiede im Januar (Atlas).

c) Erläutere die Verteilung der Klimatypen innerhalb der gemäßigten Zone in Europa (M1).

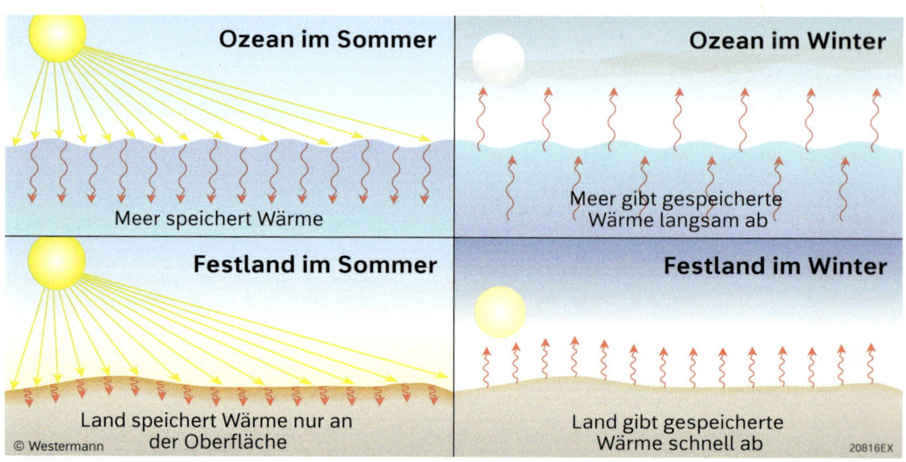

M2 Temperaturverhalten von Wasser und Land

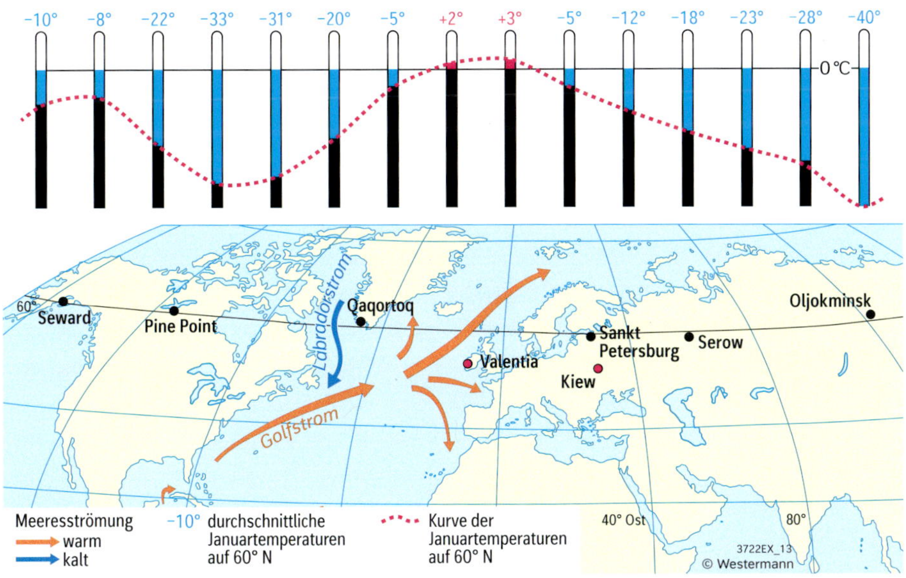

M3 Einfluss von Meeresströmungen und der Land-Meer-Verteilung auf die Lufttemperatur

M5 Palmen in Irland

Meeresströmungen

Meeresströmungen transportieren riesige Mengen Wasser über Tausende Kilometer. Diese Meeresströmungen gibt es in den oberen und auch in den unteren Meeresschichten. Dadurch entstehen oft Kreisläufe von Meeresströmungen, die das Klima auf der Erde erheblich beeinflussen. Die Meeresströmungen transportieren unterschiedlich temperierte Wassermassen. Die Wassermassen erwärmen bzw. kühlen die darüberliegende Luft. Mit den kalten Meeresströmungen, wie zum Beispiel dem Labradorstrom in Kanada, werden kalte Wassermassen aus den arktischen Gewässern nach Süden transportiert und bringen niedrige Lufttemperaturen. Warme Meeresströmungen wie der Golfstrom in Nord- und Westeuropa bringen höhere Temperaturen aus ihrer Ursprungsregion, in diesem Fall aus dem Golf von Mexiko, mit. Durch sein warmes Wasser vereisen die Häfen an der norwegischen Atlantikküste so gut wie nie und in Irland wachsen Palmen.

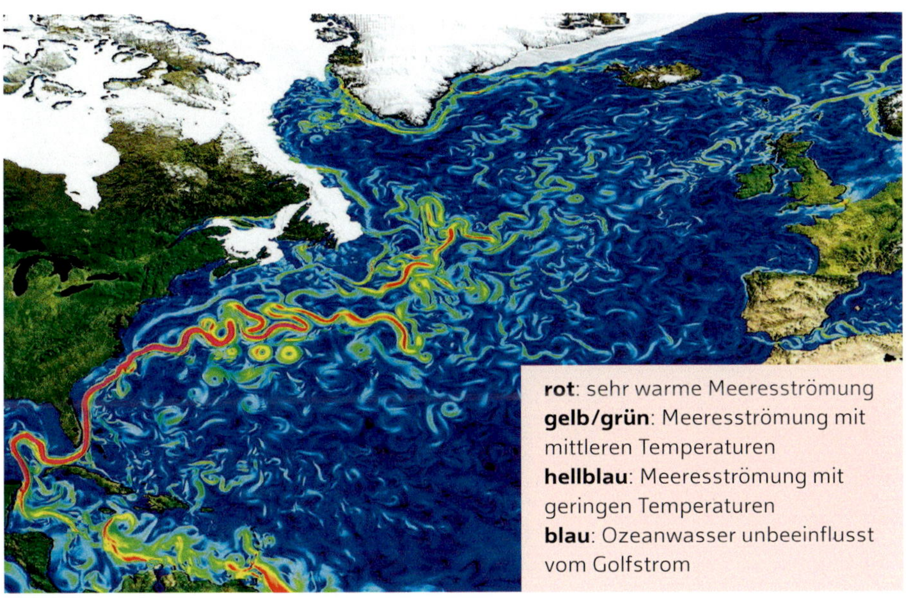

M4 Simulation des Golfstroms am GEOMAR. Dabei wird auch deutlich, dass die meisten Meeresströmungen stark von Wirbeln geprägt sind.

Maritimität
Kontinentalität

AUFGABEN

3 a) Nenne kalte und warme Meeresströmungen (M3, Atlas).

b) Beschreibe die Auswirkungen von warmen Meeresströmungen auf die Temperaturen in den Küstengebieten.

c) Erkläre den Verlauf der Kurve der Januartemperaturen bei 60° N (M3).

4 a) Beschreibe den Verlauf des Golfstromes (M4).

b) Der Golfstrom wird auch als „Heizung“ Nord- und Nordwesteuropas bezeichnet. Erkläre (M3 – M5).

5 Erkläre, warum in Irland Palmen wachsen, während das auf dem gleichen Breitenkreis in Kanada nicht möglich ist (M3 – M5, Atlas).

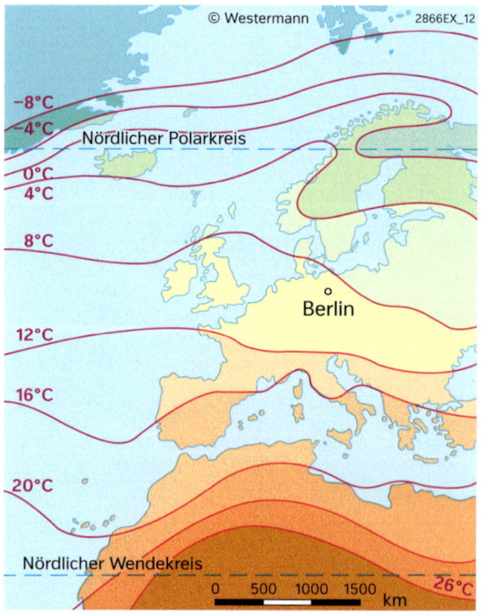

M1 Jahresdurchschnittstemperaturen

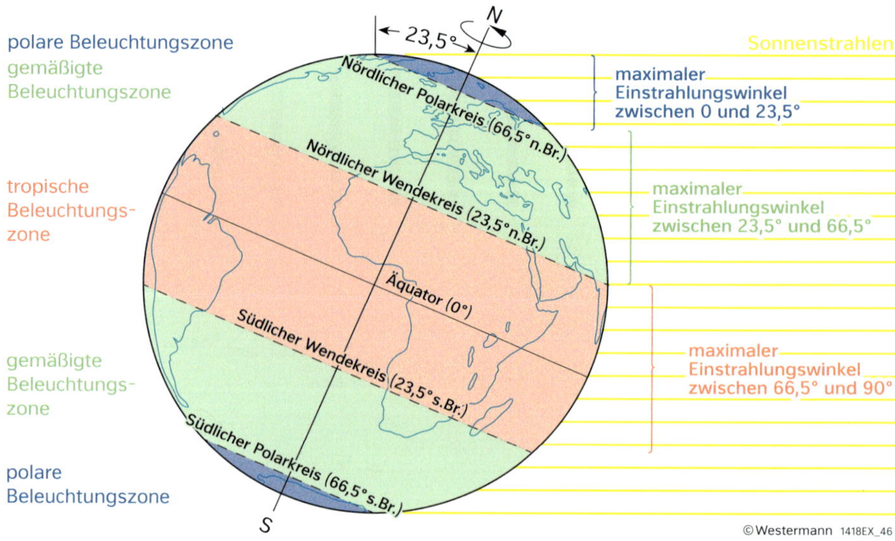

M2 Beleuchtungszonen und Einstrahlung der Sonne

Breitenlage

Die Sonnenstrahlen erwärmen die Oberfläche der Erde und sind damit Grundlage für die Entstehung von Temperaturen auf der Erde. Allerdings erhält nicht jeder Ort zu jeder Zeit die gleiche Energiemenge. Ursachen dafür sind die Kugelgestalt der Erde, ihre Drehbewegung und die Neigung der Erdachse.
Durch die Kugelgestalt der Erde treffen die Sonnenstrahlen sehr unterschiedlich auf die Erde. In der Nähe des Äquators treffen sie überwiegend senkrecht auf die Erdoberfläche. Damit erhalten Flächen in diesen Regionen mehr Strahlungsenergie als Flächen in den polaren Regionen, in denen die Strahlen im flachen Winkel auftreffen. Daher unterscheiden sich auch die Temperaturen dieser beiden Regionen enorm. Insgesamt kann man sagen, dass der Einfallswinkel der Sonnenstrahlen vom Äquator zu den Polen hin abnimmt.
Die unterschiedliche Energieaufnahme und die unterschiedlichen Temperaturen führen zur Entstehung von drei **Beleuchtungszonen**, in denen große Klimaunterschiede zu beobachten sind.

Da die Erde überall von der Sonne beleuchtet wird, müsste es doch überall gleiche Temperaturen geben. Doch es gibt enorme Unterschiede. Welche Ursachen gibt es dafür?

In der polaren Beleuchtungszone ist der Einfallswinkel der Sonnenstrahlen ganzjährig sehr flach. Es entstehen Polartag und Polarnacht, die am Nord- und Südpol jeweils ein halbes Jahr dauern.

In der gemäßigten Beleuchtungszone schwanken die Einfallswinkel der Sonnenstrahlen und die Beleuchtungsverhältnisse am stärksten. Das zeigt sich in den Temperaturschwankungen im Laufe eines Jahres. Es gibt ausgeprägte thermische Jahreszeiten: Frühling, Sommer, Herbst und Winter. Auch die Tageslängen verändern sich auffallend.

In der tropischen Beleuchtungszone, den Tropen, ändern sich die Beleuchtungsverhältnisse kaum. Tag und Nacht sind immer fast gleich lang. Die Sonnenstrahlung trifft sehr steil bis senkrecht auf die Erdoberfläche. Daher sind die Temperaturen ganzjährig hoch und unterliegen nur geringen Schwankungen. Es gibt daher keine thermischen Jahreszeiten.

M3 Merkmale der Beleuchtungszonen

AUFGABEN

1 Erkläre die Entstehung der Beleuchtungszonen (M1, M2).

2 Vergleiche die Beleuchtungszonen nach folgenden Kriterien: Einfallswinkel der Sonnenstrahlen, Jahreszeiten, Temperaturen, Tag- und Nachtlänge (M2, M3).

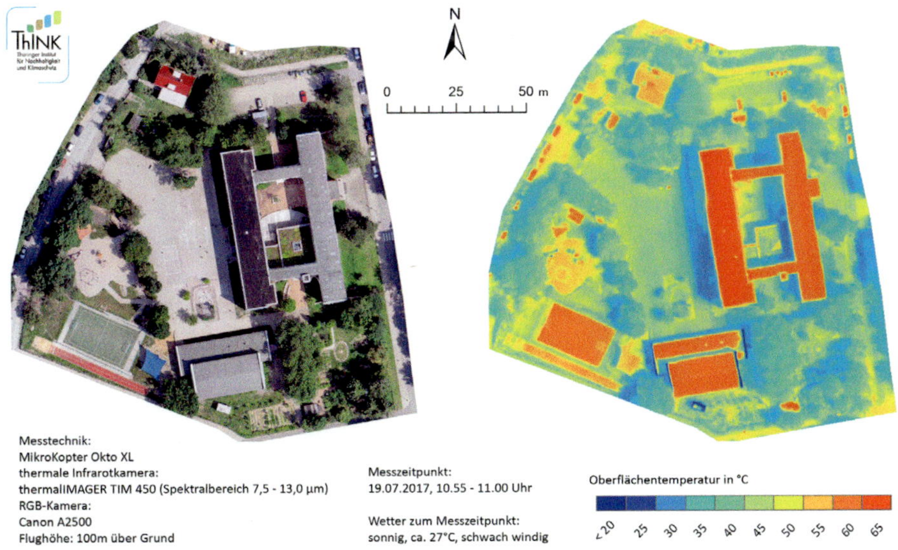

M4 Die Thermalkarte eines Schulgeländes zeigt die Temperaturen unterschiedlicher Oberflächen.

M6 Viele Gebäude in sehr heißen Regionen (z. B. Griechenland) haben helle Farben.

Bodenbedeckung

Die Art der Bodenbedeckung beeinflusst in großem Maße die Lufttemperaturen einer Region.
Die einzelnen Materialien haben ein unterschiedliches Rückstrahlungsvermögen (Albedo) für die eingehende Sonnenstrahlung. Generell gilt, dass hellere Materialien wie Eis oder heller Sand mehr Strahlung in die Atmosphäre zurückgeben (reflektieren) als ein dunklerer Untergrund wie Straßen, dunkle Felsen oder Ackerland.
Der nicht reflektierte Teil der Sonnenstrahlung wird aufgenommen (absorbiert) und in Wärmestrahlung umgewandelt. Daher ist die Temperatur am Tag über dunklem Untergrund höher als über hellem Untergrund.
Versiegelte Flächen wie Asphalt und Beton absorbieren 80 – 90 Prozent der Sonnenstrahlung und heizen sich stark auf. Dies führt zu höheren Temperaturen in Städten im Vergleich zum Umland. Grünflächen haben einen kühlenden Effekt. Bäume und andere Pflanzen spenden Schatten und verhindern so die direkte Sonneneinstrahlung auf versiegelte Flächen, was die Aufheizung reduziert.

Beleuchtungszonen

M5 Reflexionsvermögen einzelner Landschaften

AUFGABEN

3 a) Beschreibe die Thermalkarte M4.
b) Erkläre die Temperaturverteilung (M4).

4 a) Wähle drei Landschaften mit unterschiedlicher Bodenbedeckung. Vergleiche das Rückstrahlungsvermögen (M5).
b) Erkläre wahrscheinliche Temperaturunterschiede der Landschaften bei Sonnenschein (M5).

5 Die Lufttemperaturen sind abhängig von der Farbe des Untergrundes. Überprüfe diese Aussage (M4, M6).

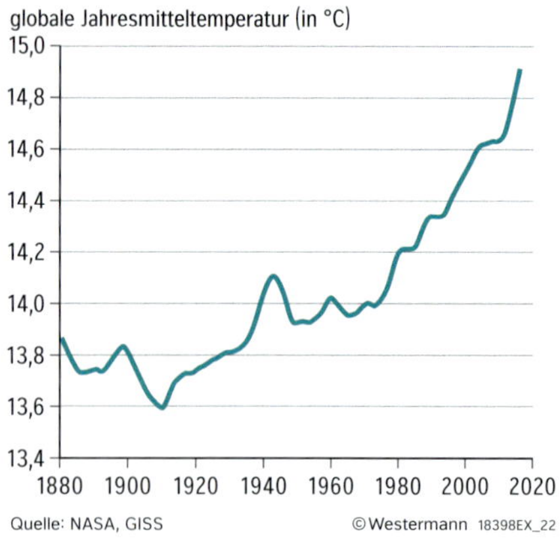

M1 Veränderung der globalen Jahresmitteltemperaturen

M2 In der Arktis

Eisbären jagen bevorzugt Robben. Für die Jagd benötigen sie vor allem Eisschollen, auf denen sie manchmal viele Kilometer zurücklegen. Doch der Zeitraum im Jahr, in dem es Packeis gibt, hat sich in den letzten Jahrzehnten dramatisch verkürzt.
Was sind die Ursachen dafür?

Anzeichen für Klimaänderungen

Das Klima war in der erdgeschichtlichen Entwicklung immer Schwankungen unterworfen. Es gab Phasen mit hohen oder niedrigeren Temperaturen. Beispielsweise vollzog sich im Eiszeitalter, dem Pleistozän, ein Wechsel zwischen Warm- und Kaltzeiten.
Derzeit fühlen sich die Temperaturen überall auf der Erde sehr hoch an. Jedes der letzten vier Jahrzehnte war wärmer als alle Jahrzehnte seit dem Jahr 1850. Die Jahresmitteltemperatur betrug 10,6 °C. Das Jahr 2024 war das bisher wärmste Jahr seit Beginn der Wetteraufzeichnungen auf der gesamten Erde. In Deutschland zählen auch die Jahre 2022 und 2018 zu den wärmsten. Jährlich treten weltweit Hitzeperioden in Nord- und Südamerika, Europa, Südasien sowie in China auf. In Europa waren die Sommer der vergangenen Jahre durch Hitzewellen und starke Trockenheit gekennzeichnet. Als Folgen gab es Wasserknappheit, Ernteausfälle und Waldbrände. Der sich gegenwärtig vollziehende Klimawandel ist eine der größten globalen Herausforderungen des 21. Jahrhunderts.

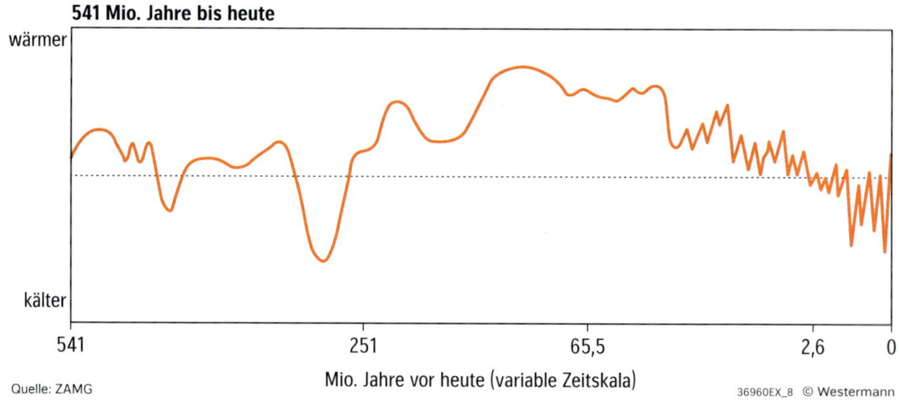

M3 Kalt- und Warmzeiten in der Erdgeschichte

AUFGABEN

1 Stelle dar, dass es in der Erdgeschichte mehrfach Klimaänderungen gab. Nenne Ursachen (M1, M3, M5, M6).

2 Recherchiere aktuelle Daten zu den wärmsten Jahren weltweit und in Deutschland.

Vulkanausbrüche können auf der Erde zur Abkühlung beitragen oder einen Temperaturanstieg bewirken. Der Ausbruch des Pinatubo im Jahr 1991 verringerte in den folgenden Jahren die globale Temperatur um 0,5 °C. Ursache dafür war, dass Schwefeldioxid in hohe Luftschichten gelangte. Durch den Ausbruch des Tonga-Vulkans kam sehr viel Wasserdampf in die Stratosphäre, wodurch sich dort der Wassergehalt um 10 – 15 Prozent erhöhte. Bei einer längeren Verweildauer führt dies zu einer globalen Temperaturerhöhung auf der Erde.

M4 **Ausbruch des Hunga Tonga-Hunga Ha'apai im Januar 2022**

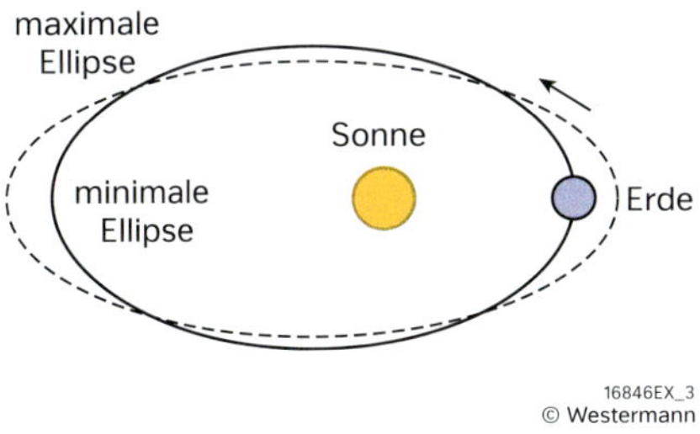

M6 **Veränderung der Erdbahn**

Ursachen von Klimaänderungen

Die natürlichen Ursachen der Klimaänderungen sind vielfältig. Es treten Veränderungen in der Umlaufbahn der Erde um die Sonne auf. So ist die von der Sonne auf die Erde treffende Energiemenge nicht konstant, da sich der Abstand der Erde zur Sonne in einem Zyklus von rund 100 000 Jahren ändert. Außerdem schwankt die Schrägstellung der Erdachse zwischen 21,5° und 24,5° in einem Zyklus von etwa 40 000 Jahren. Dies führt zu langfristigen Veränderungen der Intensität der Sonneneinstrahlung auf der Erde. Auch Unregelmäßigkeiten der Sonnenstrahlung führen zu Klimaänderungen. Sonnenflecken, Regionen mit einer tieferen Temperatur auf der Sonnenoberfläche, variieren in einem Zyklus von elf Jahren. Seit der Industrialisierung im 19. Jahrhundert verstärkt sich die Konzentration von schädlichen Gasen in der Luft, zum Beispiel durch die Verbrennung von Kohle in Fabriken. Dies bewirkt eine zusätzliche Erwärmung der Erdoberfläche. Die mittlere globale Lufttemperatur war von 2011 bis 2020 gegenüber dem Zeitraum von 1850 bis 1900 um 1,09 °C erhöht.

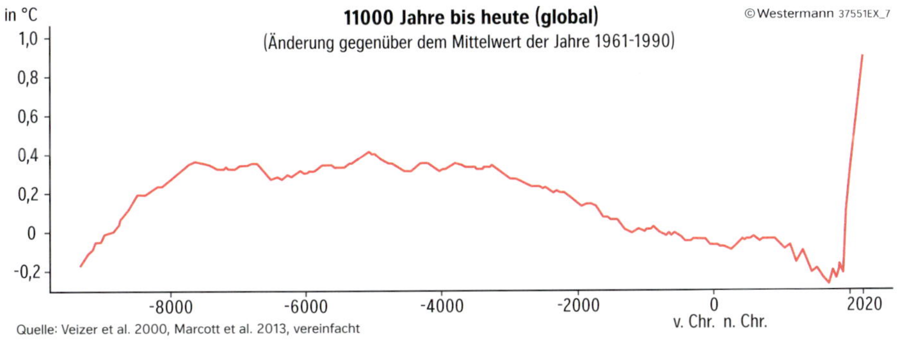

M5 **Entwicklung der Temperaturen auf der Erde in den letzten 11 000 Jahren**

AUFGABEN

3 Beschreibe Anzeichen des Klimawandels (M5).

4 Erkläre natürliche Ursachen für Klimaänderungen (M4, M6).

Digital+
WES-115816-063

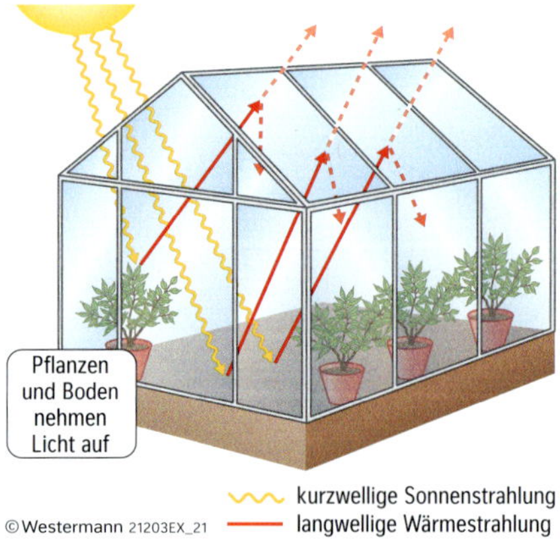

M1 In einem Treibhaus

M2 Ursachen und Folgen des menschengemachten Treibhauseffektes (Auswahl)

Große Mengen unserer Früchte kommen aus Treibhäusern, sie nützen also unserer Versorgung mit Obst und Gemüse. Und dennoch reden alle vom schädlichen Treibhauseffekt. Ist das nicht ein Widerspruch?

Die Verstärkung des Treibhauseffekts

Die Strahlung der Sonne reicht eigentlich nur aus, um die Erdoberfläche auf durchschnittlich -18 °C zu erwärmen. Tatsächlich sind es aber +15°C. Die Ursache dafür ist der natürliche Treibhauseffekt. Angetrieben wird er durch in der Atmosphäre befindliche Gase. Dazu gehören Kohlenstoffdioxid (CO_2), Methan (CH_4), Ozon (O_3), Lachgas (N_2O) und F-Gase (FCKW). Diese nennt man **Treibhausgase**, da sie wie das Glas eines Treibhauses verhindern, dass die Wärme entweichen kann.

Seit Beginn der Industrialisierung vor mehr als 200 Jahren wird der natürliche Treibhauseffekt durch die Einwirkung des Menschen erhöht. Die Konzentration des CO_2 in der Atmosphäre ist in den letzten 100 Jahren um 25 Prozent gestiegen. Diese **Emissionen** führen zu einem verstärkten Treibhauseffekt, da mehr Strahlung von den Treibhausgasen absorbiert sowie emittiert wird und sich so die Atmosphäre immer mehr erwärmt. Dies wird **anthropogen** (= vom Menschen verursacht) verstärkter **Treibhauseffekt** genannt. Die Ursachen für zusätzliche Treibhausgasemissionen sind vielfältig. Bei Verbrennen von Kohle zur Strom- oder Wärmeerzeugung wird der über Jahrmillionen gespeicherte Kohlenstoff in Form von CO_2 freigesetzt. Bei jeder Google-Suchanfrage werden durch den Energieverbrauch der Server bis zu zehn Gramm CO_2 pro Anfrage ausgestoßen. Unsere Nahrungsproduktion sorgt dafür, dass CO_2 in die Atmosphäre gelangt.

AUFGABEN

1 Erkläre den Begriff „anthropogen verstärkter Treibhauseffekt“.

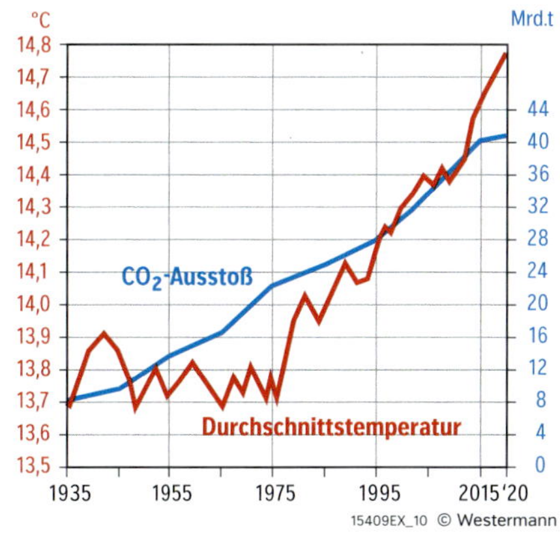

M4 CO_2-Ausstoß und Durchschnittstemperatur auf der Erde seit 1935

Treibhausgase
Emissionen
anthropogener Treibhauseffekt

Gletscher und Eisflächen schmelzen.

Steigen des Meeresspiegels

Ausbreitung von Wüsten

Auftauen des Permafrostbodens

häufigere Dürren

intensivierte Land- und Viehwirtschaft

Kohle, Erdöl und Erdgas in Kraftwerken zur Energieerzeugung

Intensivierung des Reisanbaus

Erwärmung des Wassers

Abholzung der Wälder

weniger Aufnahme von CO_2 durch Verringerung der Fotosynthese

Produktion und Verwendung von fluorierten Gasen in Kühl- und Klimaanlagen

wachsende Müllberge und Deponien

übermäßiger Einsatz von Düngemitteln

Intensivierung der CO_2-Konzentration in der Athmosphäre

Massentierhaltung

Zunahme von starken Stürmen

Treibstoffverbrauch im Verkehr

M3 Ursachen und Folgen des anthropogenen Treibhauseffektes (Textbausteine)

AUFGABEN

2 a) Sortiere die Textbausteine nach Ursachen und Folgen des anthropogen verstärkten Treibhauseffekts (M2, M3).

b) Ordne die Textbausteine aus M3 den Zahlen in M2 zu.

c) Lokalisiere weitere Ursachen und begründe sie (M1 – M3).

3 a) Erkläre den Anstieg der CO_2-Konzentration in der Luft seit 1935 (M4).

b) Erstelle eine Liste der wichtigsten Emissionen und ihrer Verursacher (M2, M4).

Digital+
WES-115816-065

Folgen des Klimawandels

M1 Das Niedrigwasser im Sommer 2022 hat in Frankfurt im Flussbett der Oder große Sandbänke freigelegt.

M2 Karikatur

Waldbrände, Dürren, Hitzetote, Hochwasser, Gletscherschmelze ... In den Nachrichten wird viel über Folgen des Klimawandels berichtet. Welche Gebiete der Erde sind von den Folgen der Erwärmung der Erde betroffen?

Folgen der Erderwärmung

Die zunehmende Erhöhung der Erdtemperatur hat vielfältige Folgen. Vor 2,6 Millionen Jahren haben nur vier bis fünf Grad Celsius Abkühlung der Durchschnittstemperatur der Erde zu den Kaltzeiten im Eiszeitalter geführt. Nun ist es umgekehrt.
Die Gletscher der Erde tauen extrem schnell, was einen Anstieg des Meeresspiegels zur Folge hat. Aber auch der ständig gefrorene Boden, der Dauerfrostboden in den kalten Gebieten Skandinaviens, Russlands und Kanadas, taut nun auf. Die veränderten klimatischen Bedingungen auf der Erde führen verstärkt zu Extremwetterereignissen wie Wirbelstürmen, Starkniederschlägen und Hitzewellen.
Wissenschaftler beobachten sogar eine Verschiebung der Grenzen von Klima- und Vegetationszonen auf der Erde. Immer mehr Tier- und Pflanzenarten aus den Subtropen und Tropen besiedeln mittlerweile auch unsere Regionen in der gemäßigten Klimazone. Viele Arten, die sich nicht schnell genug an die klimatischen Veränderungen anpassen können, könnten aussterben.

M3 Der Gletscher Pasterze am Fuße des Großglockners hat von 1852 bis 2023 etwa 10 km² Fläche verloren.

AUFGABEN

1 a) Lokalisiere den Großglockner in Europa und in den Alpen (M3, Atlas).

b) Vergleiche die Ausdehnung des Gletschers früher und heute (M3).

c) Erkläre die Ursachen dieser sichtbaren Veränderung (M3).

2 Interpretiere die Karikatur (M2).

Gambell, Alaska/USA ①

(63° N / 171° W)
Die Kultur der Ureinwohner ist bedroht. Die Yupik sind Inuit und leben vor allem von der Waljagd. Durch die Meereserwärmung hat sich die Öffnung im arktischen Meereis vergrößert. Nun tauchen Wale zum Atmen immer weiter entfernt vom Festland auf. Mit ihren Kajaks wird es für die Yupik immer schwieriger, in der dort rauen See zu jagen.

Spitzbergen/Norwegen ②

(78° N / 10° O)
Einerseits beklagt der norwegische Staat den Temperaturanstieg und unterstützt die internationale Klimaforscherbasis in Ny Ålesund. Andererseits fördert er mit dem Kohleabbau den größten Klimasünder. Die längere Eisfreiheit des Meeres sorgt für eine Zunahme von Kreuzfahrten und so für eine zusätzliche Einnahmequelle.

Samoa ③

(14° S / 172° W)
Die Bewohner des Inselreichs müssen sich von den bedrohten Küsten zurückziehen. Durch weltweit höhere Luft- und Wassertemperaturen steigt der Meeresspiegel. Die höheren Wassertemperaturen führen zum Bleichen der Korallen und die Riffe sterben ab. Der Kalk wird abgebaut und die Riffe bieten keinen Schutz mehr vor der Gewalt der Wellen.

Sardinien/Italien ④

(39° N / 8° O)
Die Bewohner von Oristano haben verstärkt mit Waldbränden und Wasserknappheit zu kämpfen. Durch die Trockenheit fällt die Bewässerung der Zitrusplantagen immer schwerer. Die Zusammensetzung der Tierwelt verändert sich stark.

Zinder/Niger ⑤

(13° N / 8° O)
In der ohnehin schon trockenen Region nimmt die Dauer der Dürre weiter zu. Wasser holen und tragen gehören zum Alltag. Kämpfe ums Wasser führen zum Bürgerkrieg zwischen den Stämmen. Die Bewohner Zinders ziehen in ein Flüchtlingslager.

Ahrtal/Deutschland

(50° N / 7° O)
Nach Starkregen stieg der Pegelstand der Ahr auf etwa 7 m (normal 1,38 m). Die Überschwemmung forderte viele Tote und verursachte Schäden in Milliardenhöhe. Höhere Lufttemperaturen führen zu mehr Wasser in der Atmosphäre und zu mehr Extremregenereignissen.

⑥

M4 Folgen des Klimawandels (Auswahl)

AUFGABEN

3 a) Lokalisiere die genannten Orte 1 – 6 (M4, Atlas).

b) Benenne mögliche Folgen des Klimawandels in den genannten Regionen.

Digital+
WES-115816-067

Wie wertest du einen Quellentext aus?

Quellentexte aus Zeitungen, Zeitschriften, dem Internet und aus Büchern können dabei helfen, ein Thema besser zu verstehen und zu bearbeiten. Der Quellentext ist eine Möglichkeit, Informationen zu einem bestimmten Thema zu erhalten. Genauso wie bei allen anderen Materialien auch, wie z. B. Diagrammen, Karten und Bildern, wertest du einen Quellentext immer vor dem Hintergrund einer vorher festgelegten Thematik aus.
Ein Quellentext spiegelt nicht nur objektive Fakten, sondern auch die persönlichen Sichtweisen seiner Autorinnen und Autoren wider.

So wertest du einen Quellentext aus.

1 Klärung des Gesamtzusammenhangs
Mache dir bewusst, in welchen größeren Gesamtzusammenhang der Quellentext gestellt wird.

2 Text lesen und verstehen
Lies den Text genau durch und schlage unbekannte Wörter im Wörterbuch nach.

3 Erarbeite den Inhalt
Fasse die wichtigsten Informationen aus jedem Absatz zusammen. Bestimme anschließend das Thema / die zentralen Aussagen jedes Absatzes und zum Ende des gesamten Quellentextes.

4 Finde heraus, wer den Text verfasst oder in Auftrag gegeben hat
Nenne den Verfasser (Autor) und die Herausgeber und überlege, welche Interessen sie verfolgen. Ein Hotelmanager wird zum Beispiel anders über den Neubau einer Hotelanlage in einem Naturschutzgebiet berichten als ein Umweltschützer.

5 Beurteile den Text
Beurteile, ob der Text zur umfassenden Bearbeitung des Themas geeignet ist. Bleiben Fragen offen?

AUFGABE

1 Werte den Quellentext (M1) vor dem Hintergrund der Thematik „Folgen durch den Klimawandel" aus. Nutze dazu die Schrittfolge.

Das Klima wandelt sich. Auch wenn uns der Klimawandel häufig erst durch sintflutartige Regenfälle oder heftige Stürme ins Bewusstsein rückt: Es sind vor allem schleichende Veränderungen, die auf lange Sicht das Leben in unserem Land nachhaltig verändern werden. Die Treibhausgase, die sich bereits in unserer Atmosphäre befinden, werden noch viele Jahrzehnte oder Jahrhunderte lang wirken und unser Klima beeinflussen. Selbst wenn wir erfolgreich Klimaschutz betreiben, schreitet der Klimawandel voran. Seine Folgen sind vielfältig und haben Einfluss auf unser Wohnen, Arbeiten und unsere Gesundheit. [...]
Die gute Nachricht ist: Wir können etwas tun. Wir können mit den bereits zu beobachtenden Folgen der Klimaänderungen umgehen und uns effektiv auf Kommendes vorbereiten. Doch dafür müssen wir jetzt handeln. Denn rechtzeitige und aktive Anpassung an den Klimawandel kann Schäden mindern – oder sogar vermeiden. Anpassung kann auch heißen, durch den Klimawandel entstehende Chancen zu nutzen. Welche Möglichkeiten ergeben sich zum Beispiel für die Baubranche, wenn Winter künftig milder sind und die Arbeiten weniger lang wegen Frost unterbrochen werden? Wie kann der Tourismus in Deutschland von den steigenden Temperaturen profitieren und gleichzeitig nachhaltig gestaltet werden? [...]

Quelle: Anpassung an den Klimawandel. Umweltbundesamt Online. Dessau-Roßlau

M1 Quellentext zum Klimawandel

Wie kannst du Materialien kritisch hinterfragen?

In der Werbung ist es sehr deutlich, dass mit Bildern, Filmen und Texten die Menschen beeinflusst werden sollen. Aber auch andere Materialien sind oft mit einer bestimmten Zielsetzung erstellt worden. Autorinnen oder Autoren wollen oft nicht nur objektiv informieren, sie wollen auf bestimmte Aspekte hinweisen oder eine bestimmte Sichtweise darstellen. Deshalb sind alle Materialien wie Tabellen, Diagramme, Texte, Karten oder Fotos in ihrem Aussagewert kritisch zu betrachten.

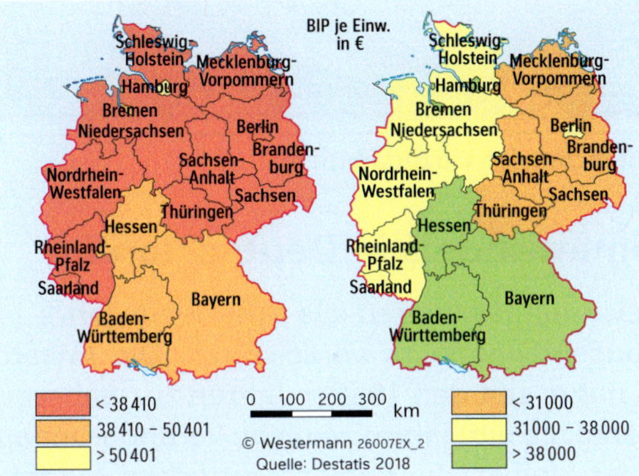

Darauf musst du achten:

- Durch die unterschiedliche Einteilung der Daten in verschiedene Kategorien kann die Aussage der Karte stark beeinflusst werden.
- Farbgebung und Farbintensität

M1 Vorsicht bei Karten

M4 Vorsicht vor Durchschnittswerten

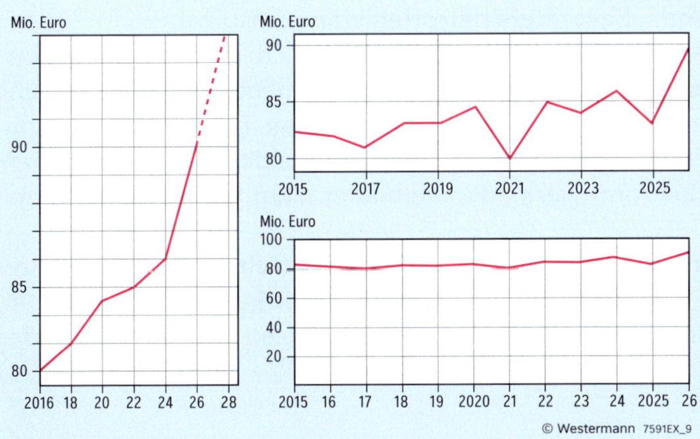

Darauf musst du achten:

- Welche Wirkung haben die Größenabmessungen und Verhältnisse der x- und y-Achse?
- Sind Zeiträume absichtlich weggelassen oder zusammengefasst worden?
- Welche Wirkung hat die Wahl der Ursprungszeit?
- Sind Schätzungen für die Zukunft hinzugefügt worden, um einen gewünschten Trend zu verstärken?

M2 Vorsicht bei Diagrammen

Darauf musst du achten:

- Welchen Ausschnitt zeigt das Foto und was wurde möglicherweise Wichtiges weggelassen?
- Welche Perspektive ist gewählt worden (z. B. Frosch- oder Vogelperspektive) ?
- Ist das Foto gestreckt oder gestaucht dargestellt? Welche Wirkung hat das?
- Ist das Foto bearbeitet oder gar gefälscht?
- Momentaufnahmen können keine langfristigen Trends abbilden.

M3 Vorsicht bei Fotos

M1 Mit hellen Schutzplanen wird an einigen Gletschern versucht, die Gletscherschmelze einzudämmen.

Die Tigermücke in Berlin? Soja-anbau in Niedersachsen? Auch in Deutschland hat der Klimawandel zahlreiche Folgen, die das Leben in Zukunft verändern werden. Worauf müssen wir uns einstellen?

Auswirkungen des Klimawandels in Deutschland

Seit Beginn der Wetteraufzeichnungen waren die wärmsten Jahre in Deutschland nach der Jahrtausendwende zu verzeichnen. Die Anzahl von Tagen mit mehr als 25 °C nahm seit den 1950er-Jahren zu, während die Anzahl der Frosttage abnahm. Es gibt jahreszeitliche Veränderungen beim Niederschlag. Im Sommer bleiben die durchschnittlichen Niederschlagsmengen fast konstant, während es im Winter feuchter wird.
Extreme Wetterereignisse nehmen in Deutschland zu. So führten beispielsweise starke Niederschläge im Sommer 2021 zu Hochwasser im Südwesten Deutschlands. Besonders betroffen war das Ahrtal.
Auswirkungen des Klimawandels zeigen sich auch in der Vegetationsperiode. Die Jahreszeiten verschieben sich. Der Frühling beginnt früher und der Sommer dauert länger. Aufgrund zunehmender Trockenheit im Frühjahr besteht bereits in dieser Zeit eine erhöhte Waldbrandgefahr. Zudem breiten sich Pflanzen und Tiere aus, die bisher nicht in Deutschland heimisch waren.
Die Folgen des Klimawandels wirken sich in den einzelnen Regionen unterschiedlich aus. An den Küsten von Nord- und Ostsee kann der Meeresspiegel ansteigen. Außerdem wird geschätzt, dass es bis zum Jahr 2050 in den deutschen Alpen keine Gletscher mehr geben wird.

AUFGABEN

1 Nenne Folgen des Klimawandels in Deutschland (M1 – M4).

2 Recherchiere zum Hochwasser im Ahrtal nach folgenden Schwerpunkten:
- Entstehung,
- Folgen,
- Situation heute (Internet).

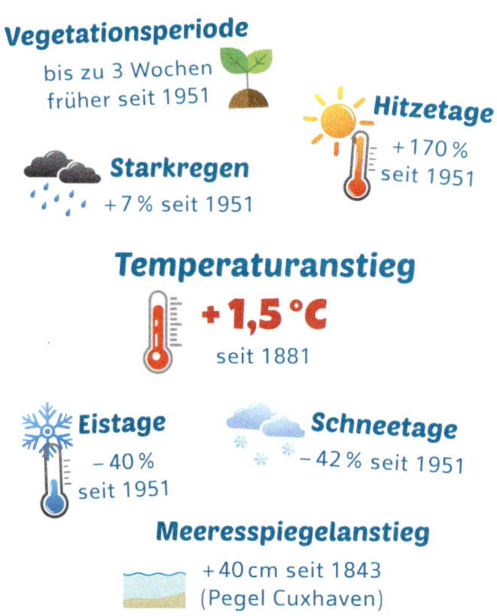

M2 Auswirkungen des Klimawandels in Deutschland

M3 Möglicher Meeresspiegelanstieg an der Nordseeküste

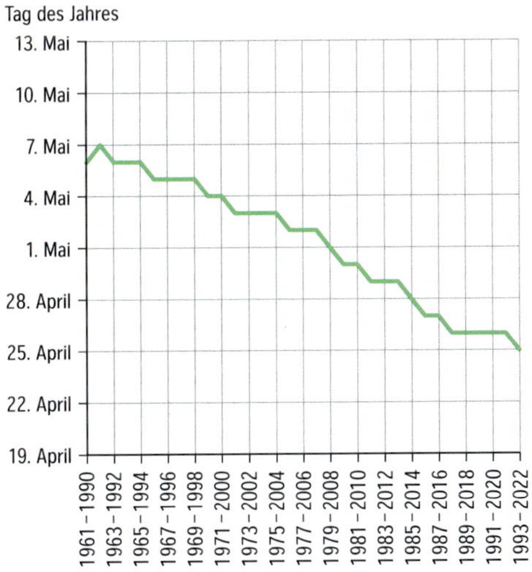

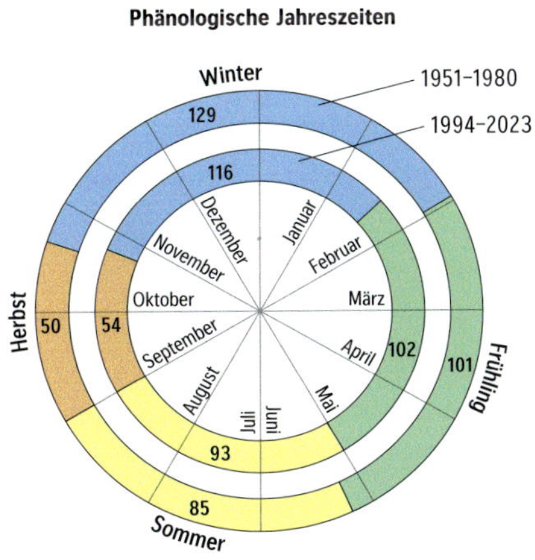

© Westermann 48157EX
Quelle: Landesamt für Umwelt Brandenburg (LfU)

M4 **Beginn der Apfelblüte in Brandenburg (Liniendiagramm) und Phänologische Uhr für Brandenburg (Kreisdiagramm)**

M6 **Ein Landwirt in Brandenburg zeigt die mögliche Höhe einer Maispflanze vor seinem vertrockneten Maisfeld.**

Besonders in den letzten Jahren häuften sich die Meldungen von Extremereignissen auf der ganzen Welt und auch in der Region Brandenburg-Berlin. Fast jedes Jahr ist von neuem die Rede vom „Jahrhunderthochwasser“ oder dem „Jahrhundertsommer“. Wahrscheinlicher ist jedoch die Annahme, dass die zukünftigen Extremwetter häufiger auftreten und so eine neue Definition für die jeweiligen „Jahrhundertereignisse“ gefunden werden muss. Die Auswertung der beobachteten Klimadaten zeigt, wie stark Brandenburg bereits jetzt vom Klimawandel betroffen ist. Im Zuge des 21. Jahrhunderts wird mit einer Zunahme der jährlichen Durchschnittstemperatur sowie mit einer Verschiebung der mittleren jährlichen Niederschläge gerechnet. Bereits seit Beginn des 20. Jahrhunderts hat sich die durchschnittliche Jahrestemperatur im Flächenmittel in der Region Brandenburg-Berlin um fast ein Grad auf 9,3 Grad Celsius erhöht. Zahlreiche Klimamodelle projizieren für die Region bis zum Ende des 21. Jahrhunderts einen weiteren Anstieg auf circa 12 bis 13 Grad Celsius im Jahresmittel. Der Klimawandel wird zudem die Niederschlagsentwicklung beeinflussen. Die größten Veränderungen werden hierbei jedoch nicht in der Jahresdurchschnittsmenge zu bemerken sein, sondern in der jahreszeitlichen Verteilung der Niederschläge und dem Verhältnis aus Trockenperioden und Starkniederschlägen. Die Klimamodelle projizieren eine signifikante Abnahme der Sommerniederschläge, so dass die Wahrscheinlichkeit für eine Verlängerung der sommerlichen Trockenperioden und das Risiko für Hitzewellen zunimmt. Gleichzeitig nimmt die Wahrscheinlichkeit für Starkniederschläge im Sommer jedoch signifikant zu. Für die Winterniederschlagssummen wird eine Zunahme projiziert. [...] Starkniederschlagsereignisse sind in der Region bereits heute keine Seltenheit. Darüber hinaus sind für die Region Brandenburg-Berlin aufgrund des charakteristisch trockenen und warmen Klimas besonders die Niederschlags-, Trockenheits- und Hitzeextreme relevant.
Die klimatischen Voraussetzungen, die gegenwärtigen Klimabeobachtungen und die erwarteten Auswirkungen des Klimawandels machen die Region Brandenburg-Berlin zu einer der am stärksten verwundbaren Gebiete Deutschlands. [...]

Quelle: Klimamodellauswertungen. Landesamt für Umwelt Brandenburg (LfU) Online. Potsdam, Zugriff: 31.01.2025

M5 **Klimaänderungen in Brandenburg und Berlin**

AUFGABEN

3 a) Beschreibe die Veränderung des Blühbeginns der Apfelbäume in Brandenburg (M4).

b) Ⓢ Analysiere die Veränderungen der Jahreszeiten anhand der Phänologischen Uhr am Beispiel Brandenburg zwischen den Zeiträumen 1951 – 1980 und 1994 – 2023 (M4).

4 Werte den Quellentext aus (M5).

5 Ⓔ Entwickle einen Erklärfilm zu Klimaänderungen in Brandenburg (M4 – M6).

Wahlthema: Klimawandel in Asien

Wieder Waldbrände in Nordasien. Temperaturrekorde, extreme Trockenheit und Winde heizen sie immer wieder an.

Temperaturrekorde am Polarmeer

Zunahme von Wirbelstürmen im Pazifik vor Asien

Der Klimawandel wirbelt den Monsun durcheinander

M1 Schlagzeilen

M2 Folge des Auftauens des Permafrostbodens: Batagaika-Krater (Russland)

Das Leben in einigen Regionen Asiens ist auf dauerhaft gefrorenen Boden ausgerichtet, die Menschen dort kennen es nicht anders. Was aber ändert sich, wenn der Boden plötzlich auftaut?

Folgen des Klimawandels in Asien

Durch den Klimawandel sind auch in Asien die Lebensräume der Menschen bedroht.

In den 1960er-Jahren entstand der Batagaika-Krater im Nordosten Russlands. Er ist gegenwärtig mehr als einen Kilometer lang und über 100 m tief. Jedes Jahr vergrößert er sich um 10 – 30 m. Die Ursache hierfür liegt im Auftauen des **Permafrostbodens**. Während des Auftauvorgangs beginnen Bakterien, die im Boden gefrorenen Pflanzen- und Tierreste zu zersetzen. Dabei entstehen Kohlenstoffdioxid und Methan. Beide Treibhausgase tragen zum vom Menschen verstärkten Treibhauseffekt bei.

Bei steigenden Temperaturen ist in den nächsten 100 Jahren damit zu rechnen, dass sich die Auftauschicht des Permafrostbodens weiter vergrößern wird. Die Südgrenze der Ausbreitung des Permafrostes wird sich weiter nach Norden verlagern. Pflanzen und Tiere müssen sich an diese Veränderungen anpassen. Eisenbahnlinien, Straßen und Landebahnen werden nicht mehr nutzbar sein, weil der Untergrund absinkt. Auch können Lecks an Erdölleitungen entstehen.

Die Region Hindukusch im Himalaya trägt wegen ihres riesigen Eisvorrates auch die Bezeichnung „dritter Pol" der Erde. Bis zum Jahr 2100 könnte ein Anstieg der Temperaturen ein Abschmelzen von zwei Dritteln der vorhandenen Gletscher bewirken. Es käme beispielsweise zu einer Zunahme von extremen Wetterereignissen wie Starkregen.

AUFGABEN

1 Entwickle Fragen, die sich beim Lesen der verschiedenen Schlagzeilen zum Klimawandel in Asien für dich ergeben (M1).

2 Beschreibe Auswirkungen des Klimawandels in Asien (M1 – M6).

3 Erkläre die Notwendigkeit, dass Maßnahmen zum Klimaschutz ergriffen werden müssen (M1 – M6).

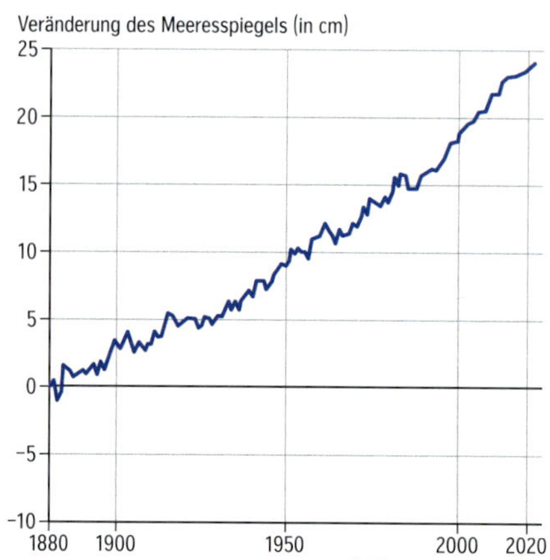

M3 Globale Meeresspiegelhöhe

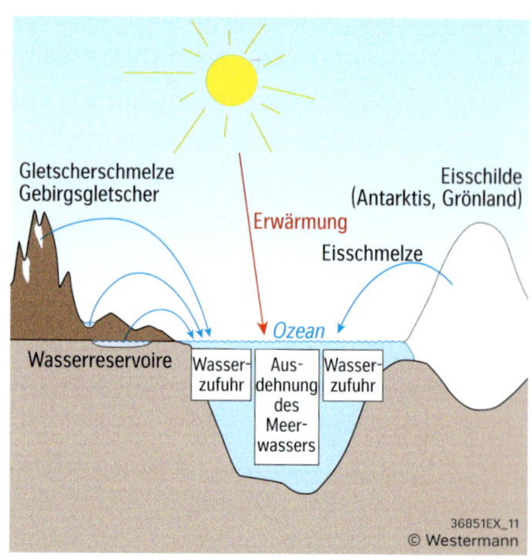

M4 Wichtigste Ursachen des gegenwärtigen Meeresspiegelanstiegs

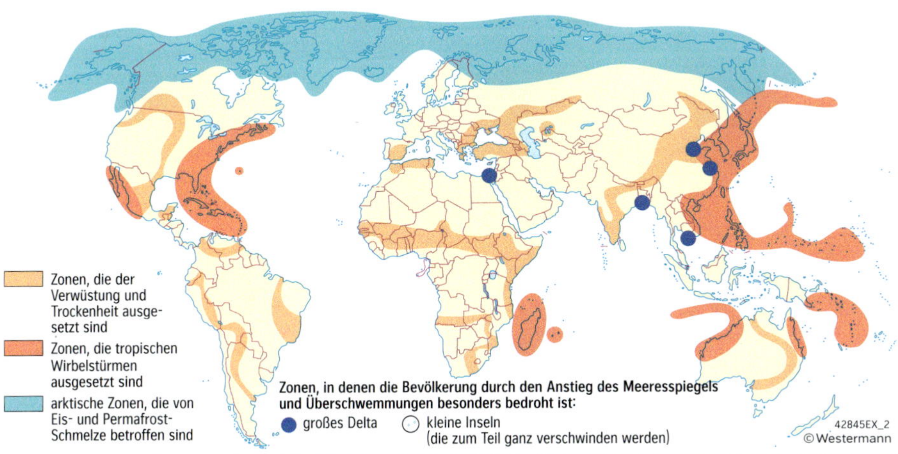

M5 **Auswirkungen des Klimawandels im 21. Jahrhundert**

M7 **Häuser auf Säulen und Wege über Dämme bieten Schutz bei Überschwemmungen.**

Permafrostboden

Bangladesch ist stark vom steigenden Meeresspiegel und wiederkehrenden verheerenden Fluten bedroht. Das Wasser zerstört Ernten und Häuser. Die Einwohner sind in einem ständigen Kampf gegen die Überflutung.
Der Hauptverursacher: die globale Erwärmung.
Im Gangesdelta im Süden Bangladeschs bringt das in das Land eindringende Salzwasser die gesamte Wirtschaft der Region zum Erliegen. Viele Bauern mussten ihre Reisfelder in weniger rentable Garnelenfarmen umwandeln. Die riesigen Flüsse im Landesinneren sind eine zusätzliche Bedrohung.
Schmelzendes Eis des Himalaya und starker Monsunregen führen zu einer gefährlichen Zunahme der Wassermenge. Jedes Jahr treten die Flüsse über die Ufer und Zehntausende von Häusern werden weggeschwemmt. Jährlich ertrinken mehr als 15.000 Kinder in den Fluten.
Die Naturkatastrophen führen zu einem massiven Zustrom in die Hauptstadt Dhaka. Klimaflüchtlinge suchen nach Gelegenheitsjobs, um zu überleben. Korban Ali wurde Dreiradfahrer, um Menschen zu transportieren. Er arbeitet 12 Stunden am Tag, sieben Tage die Woche, in der Hoffnung, seinen Kindern ein besseres Leben zu ermöglichen.
Bangladesch kämpft auch mit extremer Umweltverschmutzung, die vor allem durch die Textilindustrie verursacht wird. Jeden Tag werden Tonnen von Giftmüll in der Natur entsorgt. Kläranlagen leeren ihre mit krebserregenden Chemikalien gefüllten Tanks direkt in die Flüsse. [...]

Quelle: Das überflutete Land – Bangladesch. Deutsche Welle Online. Bonn, 13.09.2022

M6 **Ursachen und Folgen von Überschwemmungen in Bangladesch**

AUFGABEN

4 a) Beschreibe die Entwicklung des weltweiten Meeresspiegels (M3).

b) Erkläre die Ursachen des Meeresspiegelanstiegs (M4).

5 a) Lokalisiere Bangladesch (Atlas).

b) Nenne Auswirkungen des Meeresspiegelanstiegs und ergriffene Maßnahmen (M4, M7).

c) Werte den Quellentext aus (M6).

6 E Entwickle einen Erklärfilm zum weltweiten Meeresspiegelanstieg (M3 – M7).

M1 Regionale Auswirkungen des Klimawandels in den USA

Die USA und Kanada sind nicht nur Hauptverursacher des Klimawandels, sie sind auch stark von den Folgen betroffen. Auf welche Naturgefahren müssen sich die verschiedenen Regionen zunehmend einstellen?

Folgen des Klimawandels in Nordamerika

Die USA und Kanada gehören zu den Hauptverursachern des Klimawandels. Auch in diesen beiden Staaten zeigen sich deutlich dessen Auswirkungen. In der Arktis kommt es durch die Erwärmung zu einem starken Rückgang der Meereisfläche im Nordpolarmeer. Bei einer weltweiten Erwärmung von 1,5 °C bis 2 °C wird die Arktis bis spätestens 2050 im Sommer eisfrei sein.
Der Boden in Nordkanada und Alaska ist ab einer gewissen Tiefe dauerhaft gefroren. Er wird als **Permafrostboden** bezeichnet. Neben Gletschern sind Permafrostböden Überreste der letzten Kaltzeit. Durch den weltweiten Temperaturanstieg verringern sich die Permafrostgebiete und auch die Mächtigkeit des dauerhaft gefrorenen Bodens nimmt ab. Dabei wird das Treibhausgas Methan freigesetzt.
In den USA stieg die mittlere Temperatur von 1901 bis 2016 um 1 °C an. Auch bei den Niederschlagsmengen gab es Veränderungen. Diese stiegen z. B. im Mittleren Westen, dafür sanken sie in den südöstlichen Landesteilen. Zukünftig wird es häufiger Starkniederschläge und längere Trockenperioden geben. Letzteres trifft z. B. auf die südlichen Regionen der USA zu. So besteht die Gefahr von Dürren.

AUFGABEN

1 Nenne Bundesstaaten in den USA, die vom Klimawandel betroffen sind (M1, M2, Atlas).

2 Beschreibe die Klimaänderungen in Nordamerika (M1, M2).

3 Ⓔ a) Recherchiere zum Einfluss des Treibhausgases Methan auf den Klimawandel (Internet).
b) Berichte deiner Klasse darüber.

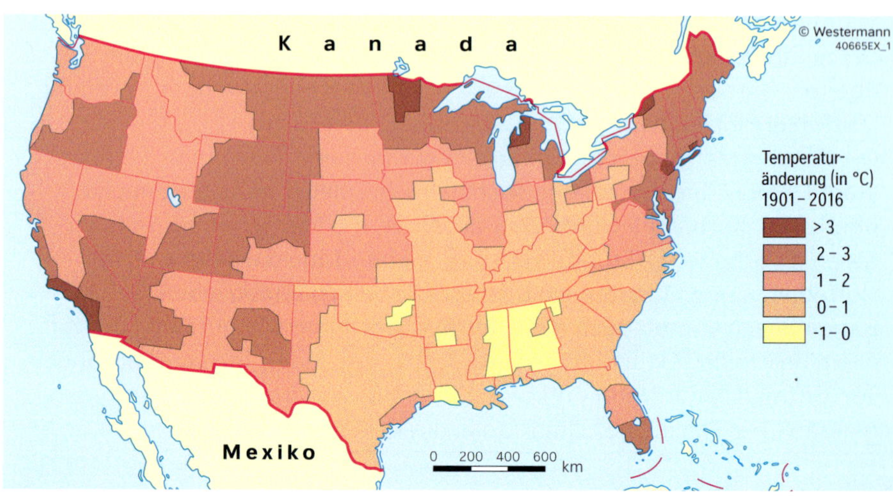

M2 Veränderungen der Temperatur der Erdoberfläche in den USA

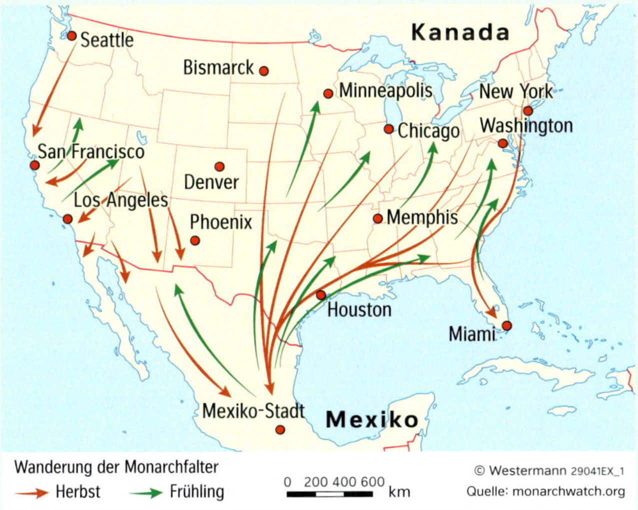

Monarchfalter sind Schmetterlinge, die jedes Jahr aus der Region der Großen Seen in den USA rund 4000 km bis in das Winterquartier im Hochland Mexikos fliegen. Das kühle, trockene Klima dort bildet sehr günstige Voraussetzungen zum Überwintern. Wissenschaftlichen Aussagen zufolge ist das Leben der Monarchfalter jedoch stark gefährdet. Ursache dafür sind die veränderten Niederschlagsmengen in den Gebieten, in denen sie überwintern. Neben diesen klimatischen Veränderungen wird außerdem ihr Lebensraum durch Rodungen der Wälder zur Gewinnung landwirtschaftlicher Nutzflächen zunehmend eingeschränkt.

M3 Auswirkungen des Klimawandels auf die Tierwelt – die Monarchfalter

Erst verwüstete der Hurrikan „Helene" Teile der USA, dann richtete „Milton" in Florida großen Schaden an. Was hat die Klimakrise damit zu tun? [...]
Die Klimakrise hat einer aktuellen Analyse zufolge die heftigen Regenfälle und Windgeschwindigkeiten des Hurrikans „Helene" in den USA verstärkt. Ohne die menschengemachten Klimaveränderungen wäre der Wind um etwa elf Prozent schwächer und der Regen um etwa zehn Prozent geringer ausgefallen, heißt es in einer Schnellanalyse der Wissenschaftler-Initiative World Weather Attribution (WWA). [...]
Die ungewöhnlich hohen Temperaturen entlang Helenes Weg von ihrer Entstehung bis zum Landfall waren 200- bis 500-mal wahrscheinlicher aufgrund des Klimawandels.
Helene führte in einigen Teilen der Appalachen zu starken Niederschlägen, was zu Überschwemmungen und Hunderten von Todesopfern im Südosten der USA führte. Die Forscher stellten fest, dass dieser Niederschlag etwa zehn Prozent stärker war, als er es ohne den menschlich verursachten Klimawandel gewesen wäre.
In einer weiteren Studie berichtet die Organisation Climate Central, dass erhöhte Meerestemperaturen im Südwesten des Golfs von Mexiko auch hinter der „explosiven" Intensitätszunahme von Hurrikan Milton steckten. [...] Daniel Gilford, Meteorologe und Klimawissenschaftler bei Climate Central, sagte: „Der Klimawandel hat die Gewässer im Golf eindeutig erwärmt und damit die Entwicklung von Milton begünstigt. Dies hat wahrscheinlich seine rasche Intensivierung beschleunigt und den Hurrikan deutlich gefährlicher gemacht. Die durch fossile Brennstoffe verursachte Verschmutzung verstärkt diese Gefahr noch weiter." [...]
Die Welt hat sich aufgrund des menschengemachten Klimawandels, [...] bereits um 1,3 Grad Celsius erwärmt. Dadurch treten heftige Regenfälle wie bei Hurrikan Helene häufiger und stärker auf.
In Küstengebieten, wo Hurrikane auf Land treffen, kommen starke Regenfälle, wie sie bei Helene auftraten, nun etwa alle sieben Jahre vor – viel häufiger als früher. Im Landesinneren treten solche Ereignisse etwa alle 70 Jahre auf, wobei der Klimawandel ihre Wahrscheinlichkeit um bis zu 70 Prozent erhöht hat. [...]

Quelle: ema: Wie sich Hurrikane bilden – und was der Klimawandel dazu beiträgt. Deutschlandfunk Köln: Deutschlandradio. 11.10.2024

M4 Der Klimawandel verstärkt die Hurrikangefahr.

Permafrostboden

AUFGABEN

4 Beschreibe Auswirkungen des Klimawandels in Nord- und Mittelamerika (M3, M4).

5 Werte den Quellentext aus (M4).

6 Ⓔ Entwickle einen Erklärfilm zu Auswirkungen des Klimawandels in den USA (M1 – M4).

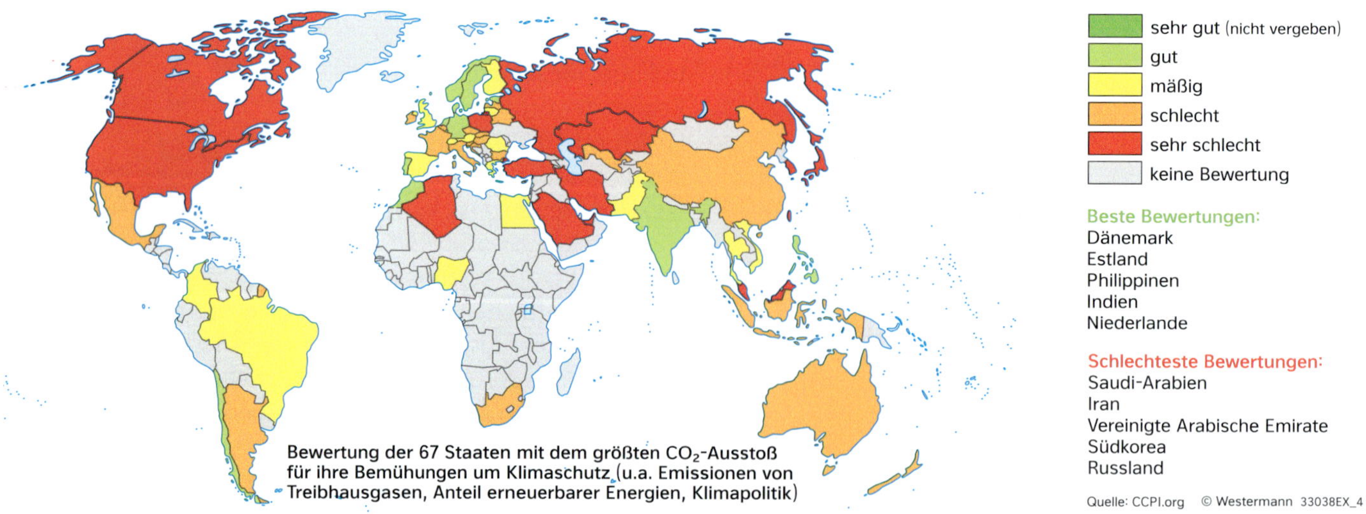

M1 Klimaschutz-Index 2024

Gemeinsam gegen den Klimawandel

Klimaveränderung ist ein weltweites Phänomen, das sich mehr und mehr als Mega-Problem darstellt. Welche globalen Maßnahmen wurden bereits beschlossen? Und reichen diese aus, um dem Klimawandel Einhalt zu gebieten?

Um dem Klimawandel zu begegnen, müssen alle Länder gemeinsam Maßnahmen ergreifen. Im Jahr 1979 fand in Genf die erste Weltklimakonferenz statt. Wissenschaftler und Regierungen diskutierten den beobachteten Anstieg der Lufttemperatur und den Einfluss des Menschen auf das Klima. Wichtige Weltklimakonferenzen fanden 1992 in Rio de Janeiro (Brasilien) und 1997 in Kyoto (Japan) statt. Im Jahr 1992 wurde die Agenda 2021 verabschiedet, die alle Staaten zu einer nachhaltigen Entwicklung verpflichtet. In Kyoto wurden erstmals Ziele für die Verminderung von Treibhausgasen festgelegt. Im Jahr 2015 bildete die Weltklimakonferenz in Paris (Frankreich) einen Meilenstein. Erstmals setzten sich die Staaten der Welt das Ziel, die Erwärmung der Erde auf 1,5 °C im Vergleich zur vorindustriellen Zeit zu begrenzen. Gleichzeitig formulierten sie für ihre Länder Pläne, um den CO_2-Ausstoß zu verringern. Das Abkommen trat im April 2016 in Kraft. Auf diesen jährlichen Weltklimakonferenzen treffen unterschiedliche Interessen aufeinander. Einige Staaten fordern weitreichende Ziele, andere sehen die höheren Kosten bei der Umsetzung der Ziele kritisch. Länder des Globalen Südens verweisen darauf, dass sie kaum etwas zum weltweiten CO_2-Ausstoß beitragen, aber die Hauptbetroffenen der Folgen sind. Sie fordern von den Ländern des Globalen Nordens finanzielle Unterstützung, um sich vor den Folgen des Klimawandels zu schützen.

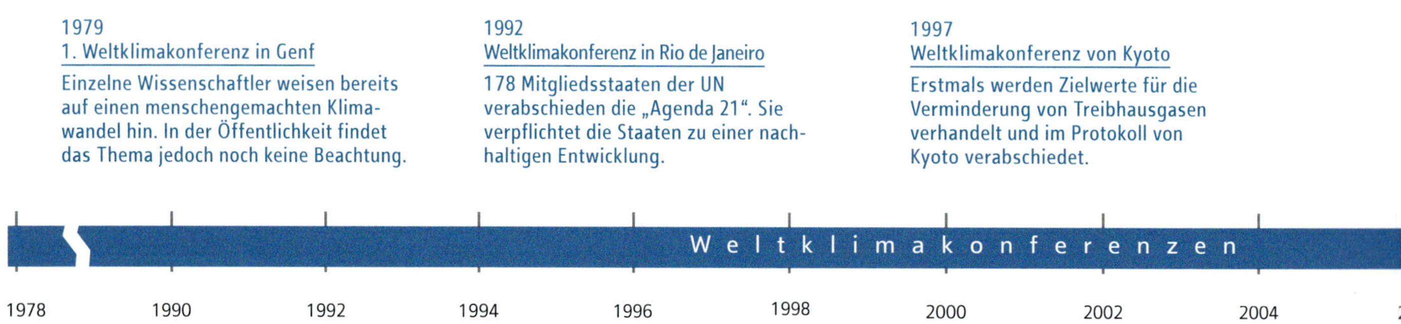

M2 Zeitstrahl zu den wichtigsten Weltklimakonferenzen

M3 Karikatur zur Weltklimakonferenz

INFO

Fridays for Future

Weltweit setzen sich Schüler und junge Erwachsene in der Protestbewegung Fridays for Future für den Schutz des Klimas und für die Erreichung des 1,5 °C-Ziels von Paris ein. Jedes Jahr ruft die Bewegung zum globalen Klimastreik auf. Zur Unterstützung gründeten sich weitere Gruppen wie Parents for Future oder Scientists for Future.

Klimaschutz

Bei der Umsetzung der Klimaziele in den einzelnen Staaten müssen verschiedene Bereiche mitarbeiten. Regierungen können durch Gesetze Möglichkeiten schaffen, weniger klimaschädliche Technologien zu entwickeln. Die Wirtschaft arbeitet gemeinsam mit Wissenschaftlern an der Gestaltung klimafreundlicher Techniken. Und es kann sich auch jeder Einzelne durch sein eigenes Verhalten aktiv für den Klimaschutz engagieren. Mithilfe des Klimaschutz-Index werden die Bemühungen zum Klimaschutz von Staaten verglichen, die für ca. 90 Prozent der weltweiten Treibhausgasemissionen verantwortlich sind. Dieser bewertet auch die Umsetzung des 1,5 °C-Ziels der Klimakonferenz von Paris im Jahr 2015. Im Jahr 2024 erreichte Dänemark die beste Platzierung. Allerdings wurde die beste Kategorie an keinen Staat vergeben.
Kritiker werfen der Weltklimapolitik vor, dass sich trotz der vielen und aufwendigen Weltklimakonferenzen mit bis zu 20000 Teilnehmern die Lage weiterhin verschärft hat. Wir verbrauchen mehr Ressourcen, als uns die Erde zur Verfügung stellen kann. Der Erdüberlastungstag, der Earth Overshoot Day, markiert den Tag im Jahr, an dem die Menschheit alle Ressourcen aufgebraucht hat, die ihr eigentlich das ganze Jahr zur Verfügung stehen sollten. Klimaschützer fordern weiterreichende und radikalere Maßnahmen zum Abbremsen der Erderwärmung.

AUFGABEN

1 Beschreibe die Verteilung der Länder mit den besten und schlechtesten Bewertungen des Klimaschutz-Index (M1).

2 a) Begründe, warum sich möglichst viele Länder auf Klimakonferenzen einigen müssen.

b) Diskutiert Gründe, warum es bei den Weltklimakonferenzen nicht immer zu guten Ergebnissen kommt.

3 Interpretiere die Karikatur (M3).

bis 2005
Unterzeichnung des Protokolls von Kyoto
191 Nationen treten im Laufe der Jahre dem Protokoll von Kyoto bei. In weiteren Weltklimakonferenzen wird immer wieder um die Vereinbarungen gerungen.

2015
Weltklimakonferenz von Paris
Ein neues Klimaabkommen ersetzt das Protokoll von Kyoto. Die Staaten verpflichten sich zu nationalen Klimaschutzzielen und einigen sich auf das 1,5 °C-Ziel.

2024
Weltklimakonferenz von Baku
Die Teilnehmerstaaten einigen sich auf höhere Finanzhilfen für den Klimaschutz. Länder des Globalen Südens sollen jährlich 300 Mrd. US-$ für den Klimaschutz von den Ländern des Globalen Nordens erhalten.

der Vereinten Nationen

008 2010 2012 2014 2016 2018 2020 2024 ?

Klimaschutz im Alltag

INFO

Digitaler Fußabdruck und Stromverbrauch
Online-Aktivitäten wie das Cloud-Computing, Routenplanungen oder Suchanfragen sind aus unserem Alltag nicht mehr wegzudenken. In besonderem Maße nehmen die Streaming-Dienste zu. All diese Dienste werden als Datenpakete in riesigen Rechenzentren verarbeitet. Ihr Strombedarf führt zu einem CO_2-Verbrauch, der sich heute bereits mit dem Aufkommen im weltweiten Flugverkehr vergleichen lässt.

Digital+
WES-115816-078

M1 Jeder von uns müsste einen Beitrag leisten. Aber sind wir dazu auch bereit?

Die Menschheit muss schnell handeln, um den Klimawandel zu stoppen. Es wird aber nicht ausreichen, auf die Einsicht von allen Politikern, die Vernunft der gesamten Wirtschaft oder den technischen Fortschritt zu hoffen. Auch jede einzelne Person kann einen Beitrag leisten.

Das ist Fakt
Viele Kleidungsstücke werden meist allein zur Ansicht nach Hause bestellt. Mit den Retour-Sendungen wird alles Überflüssige wieder zurückgeschickt.

Das kannst du ändern
Statt alles online zu bestellen, könntet ihr mal wieder zusammen in die Stadt zum Einkaufen gehen. Man entscheidet sich gezielter und muss nichts zurückschicken.

Das ist Fakt
Jeder Gegenstand verbraucht bei seiner Herstellung Energie und andere Ressourcen.

Das kannst du ändern
Überlege dir, ob du nicht auf manche Sachen verzichten könntest. Zum Beispiel sollte die Nutzung von To-go-Verpackungen vermieden werden, da sie nur einmal gebraucht und dann gleich weggeworfen werden.

Das ist Fakt
Jedes elektrische Gerät verbraucht Energie.

Das kannst du ändern
Schalte die Geräte ganz aus, wenn sie nicht genutzt werden, auch die Standby-Funktion. Achte darauf, energiesparende Geräte zu kaufen.

Das ist Fakt
Die Nutzung digitaler Medien führt zu einem immer höheren Energieverbrauch.

Das kannst du ändern
Überdenke deinen „digitalen Fußabdruck“ (Info). Du könntest versuchen, das Streamen einzuschränken.

Das ist Fakt
Fast-Food-Ketten erfreuen sich gerade bei Jugendlichen großer Beliebtheit.

Das kannst du ändern
Überdenke deinen eigenen Fleischkonsum: Könnte ich vielleicht einmal auf den Fleisch-Burger verzichten? Habe ich schon einmal einen vegetarischen Burger probiert?

Das ist Fakt
Die Abgase durch Verkehrsmittel tragen zur Klimaerwärmung bei. Viele Menschen müssen aber ein Verkehrsmittel benutzen, beispielsweise um zur Arbeit zu gelangen. Die Wahl des Verkehrsmittels ist umso wichtiger.

Das kannst du ändern
Nutze bei kurzen Strecken das Fahrrad. Bildet Fahrgemeinschaften oder nutzt öffentliche Verkehrsmittel und den Schulbus. Versucht, unnötige Fahrten zu vermeiden.

M2 Möglichkeiten, einen Beitrag zum Klimaschutz zu leisten

AUFGABEN

1 a) Nennt Maßnahmen zum Klimaschutz, die ihr im Alltag bereits anwendet.
b) Besprecht, ob euch die Umsetzung der Maßnahmen leicht fällt.
c) Diskutiert die Umsetzung weiterer Maßnahmen in eurem Alltag (M2).

2 Ergänze die angegebenen Klimaschutzmaßnahmen durch eigene Vorschläge.

3 Ⓔ Diskutiert in der Klasse, welche Maßnahmen die Politik ergreifen muss, damit mehr Klimaschutz möglich ist.

Wie führst du ein geografisches Unterrichtsprojekt durch?

Allgemein betrachtet ist ein Unterrichtsprojekt eine zeitlich befristete, komplexe, ergebnisorientierte Aufgabe. Meistens gibt es inhaltliche und/oder methodische Vorgaben durch die Lehrkraft, die dich aber auch bei der Umsetzung unterstützen. Die genaue Aufgabe stellst du dir jedoch selbst – ganz nach deinem Interesse. So hast du viele Freiheiten, aber auch eine Menge Verantwortung.

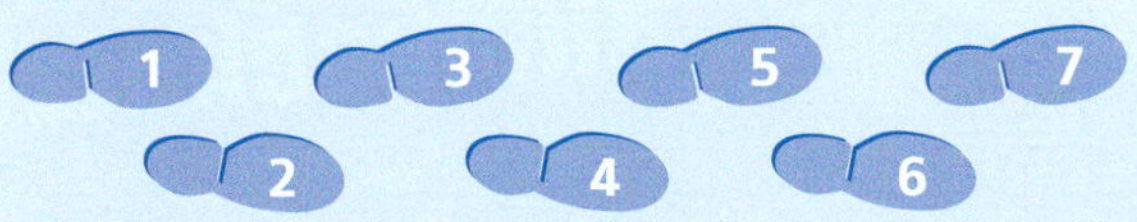

So führst du ein geografisches Unterrichtsprojekt durch.

1. **Zusammen oder allein?**
Lege fest, ob du alleine oder in einer Gruppe arbeitest.

2. **Was soll untersucht werden?**
Suche dir einen Untersuchungsraum oder -gegenstand und bestimme, was dich daran besonders interessiert.

3. **Wer? Wie? Was? Wo?**
Formuliere deine eigene Frage-, Problem- oder Aufgabenstellung.

4. **Recherchiere selbstständig**
Gewinne die nötigen Informationen unter Nutzung geografischer Methoden.

5. **Welches Produkt soll entstehen?**
Bestimme, welches Produkt am Ende entstehen soll und wie bzw. wo es veröffentlicht/präsentiert werden kann.

6. **Durchführung**
Führe das Projekt in dem vorgegebenen zeitlichen Rahmen durch.

7. **Reflexion**
Reflektiere den Projektverlauf: Was ist gut, was ist weniger gut gelaufen?

a) Beachte den organisatorischen Rahmen (Termine, Vorgaben, Ansprüche (Noten). Das Projekt muss machbar sein!
b) Entscheide dich für einen Untersuchungsgegenstand mit Raumbezug.
c) Führe eine erste Recherche durch, um herauszufinden, was in diesem Raum aktuell geschieht und was du untersuchen willst.
d) Während der Arbeit kann es sinnvoll sein, ergänzende Teilfragen zu formulieren oder die Hauptfrage abzuwandeln.

M2 Finden von passenden Fragen für ein geografisches Projekt

Projektfrage	Welchen Einfluss hat der Palmölkonsum in Deutschland auf den tropischen Regenwald Indonesiens?	Warum ist das Urlaubsparadies Malediven in besonderem Maße vom Klimawandel betroffen?	Wie klimafreundlich ist unsere Stadt/Gemeinde?
Gewinnung von Informationen (Auszug)	Internetrecherche, Untersuchung von Lebensmitteln, Umfrage	Internetrecherche, Werbeprospekte, Berichte von Einheimischen und Touristen	Kartierung, Umfrage, Begehung mit Fotodokumentation
Produkterstellung	mediengestützte Präsentation	Modell eines Atolls heute und in 50 Jahren	thematische Karte, Fotoreportage
Veröffentlichung	Vortrag in der Klasse	Ausstellung im Schulgebäude	Präsentation im Rathaus

M1 Möglicher Ablauf eines Projektes: Drei Beispiele

Projekt: Klimaschutz

Ihr wollt ein Klimaschutzprojekt durchführen? Bildet Gruppen und überlegt euch gemeinsam ein Projekt, dessen Durchführung im vorgegebenen Rahmen möglich ist. Beachtet den Ablauf auf Seite 79. Für ein Projekt zum Thema „Reduzierter Fleischkonsum“ findet ihr auf diesen Seiten einige Materialien. Weitere Projektmöglichekeiten zeigt euch M8.

M3 Erarbeiten des Projektes: „Fleischreduzierte Mensa“

M1 Insekten statt Rindfleisch – eine Alternative?

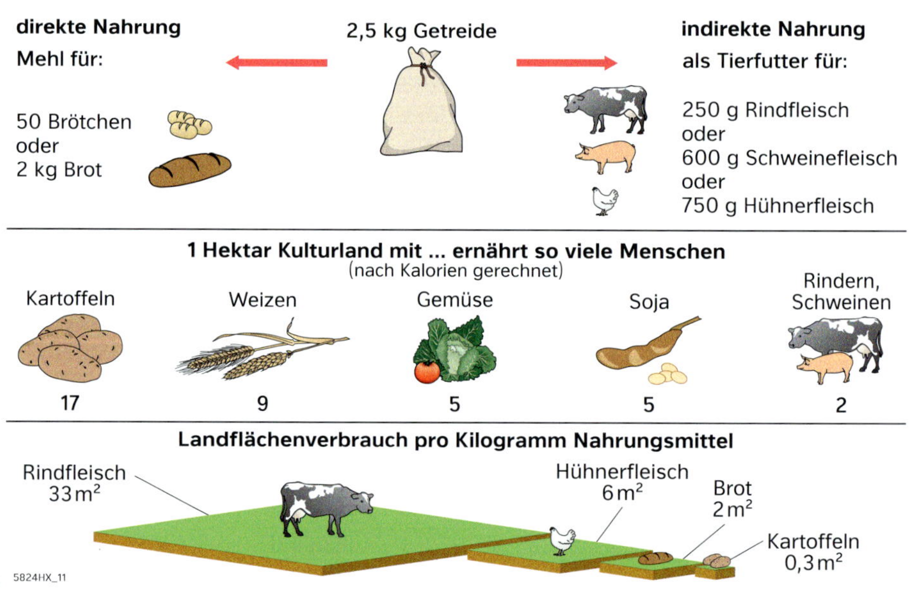

M4 Fleischkonsum im Vergleich

Veganismus ist eine Philosophie und Lebensweise, die versucht – so weit wie möglich und praktikabel – alle Formen der Ausbeutung von Tieren für Nahrung, Kleidung oder andere Zwecke auszuschließen. […] Optimistischen Schätzungen zufolge gibt es auch in Deutschland etwa drei Prozent Veganer. Sie ernähren sich rein pflanzlich, nutzen weder Fisch noch Fleisch oder Produkte aus tierischen Erzeugnissen wie Milch, Eier, Joghurt und anderes.

Quelle: Sabine Wenzel: Ist vegan wirklich die Lösung? Berliner Zeitung Online. Berliner Verlag GmbH. Berlin, 16.10.2023

M2 Trend Veganismus – eine Lösung?

Wer öfter Fisch statt Fleisch isst und darauf achtet, Meeresprodukte aus nachhaltiger Fischerei und Aquakultur zu verzehren, könnte seinen CO_2-Fußabdruck verringern. Zudem kann eine solche Ernährungsweise besonders nährstoffreich sein, wie eine Analyse dutzender weltweit genutzter Meerestierarten ergab. Die Studie ist in der Fachzeitschrift „Communications Earth & Environment“ erschienen. […] Die Ergebnisse bestätigen frühere Studien […]

Quelle: Jude Coleman: Welcher Fisch am besten fürs Klima ist. Spektrum Online. Spektrum der Wissenschaft Verlag GmbH. Heidelberg, 15.09.2022

M5 Fisch anstelle von Fleisch?

Die Planetary Health Diet ist ein wissenschaftlich fundierter Ernährungsplan, der 2019 von der EAT-Lancet-Kommission entwickelt wurde, um die Gesundheit der Menschen und des Planeten gleichermaßen zu schützen. Dieser flexible Speiseplan zielt darauf ab, bis 2050 zehn Milliarden Menschen gesund zu ernähren und gleichzeitig die Umweltbelastung zu reduzieren.

Ziele und Auswirkungen:

Gesundheitsförderung: Die Umsetzung könnte jährlich etwa elf Millionen vorzeitige Todesfälle durch ernährungsbedingte Erkrankungen verhindern.

Umweltschutz: Ziel ist es, die Erderwärmung auf 1,5 °C bis 2,4 °C bis Ende des Jahrhunderts zu begrenzen.

Nachhaltigkeit: Der Plan soll eine nachhaltige Lebensmittelproduktion fördern und die Belastung der planetaren Grenzen reduzieren.

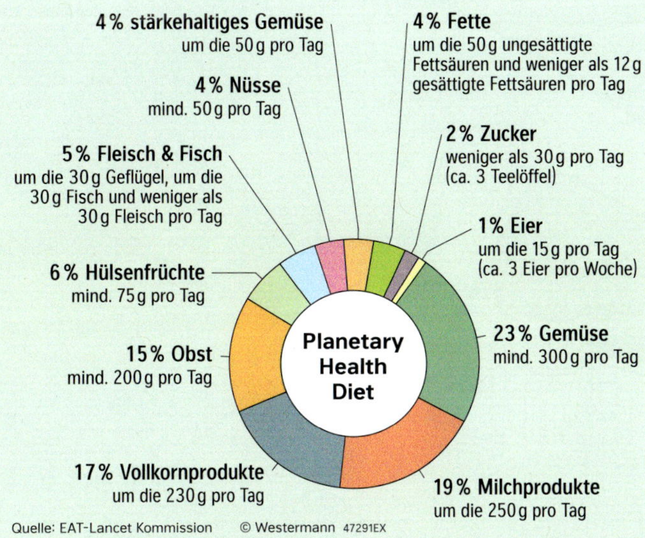

M6 Die Planetary Health Diet

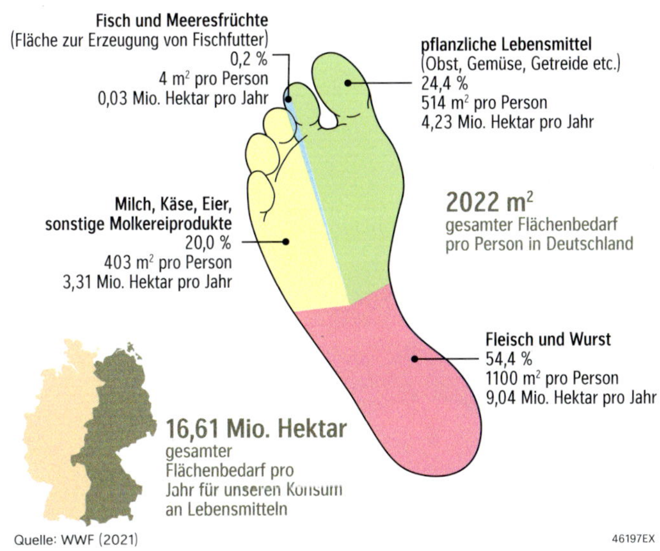

M7 Weltweiter Flächenbedarf für unsere Ernährung pro Jahr

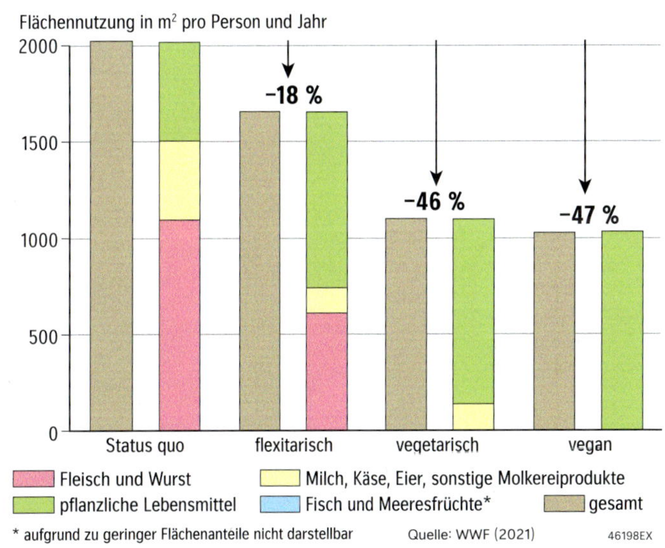

M9 Flächennutzung unserer derzeitigen Ernährung in Deutschland und für die drei Ernährungsweisen

	nachhaltige Mobilität	Ernährung und Landwirtschaft	Energie und Rohstoffnutzung	Wirtschaft und Arbeit
Schule oder Hochschule	• attraktiveres Schüler- oder Semesterticket • Klassenfahrten ohne Flugzeug	• Garten aufbauen • vegetarisches Angebot als Standardoption	• Fahrradwerkstatt gründen • Umweltmanagement einführen	• zukunftsfähige Berufsberatung • fair einkaufen
Stadt oder Kommune	• Vorfahrt fürs Rad • attraktiver und solidarischer Nahverkehr	• nachhaltige Ernährungsstrategie und Ernährungsräte	• teilen statt besitzen: Commoning fördern • nachhaltige Quartiere mitentwickeln	• Boden nachhaltig nutzen • Gemeinwohlbilanzierung anstoßen
Deutschland oder EU	• Kerosinsteuer einführen • weniger Autoabgase	• Bio für alle • Lebensmittelverschwendung beenden	• reparieren statt Neukaufen leichter machen • staatliche Geldanlagen zukunftsfähig machen	• Grundeinkommen • Lieferkettengesetz für Menschenrechte und Umweltstandards

Quelle: Du willst etwas verändern? Handabdruck Online. (Hg): Brot für die Welt und Germanwatch e.V. Berlin/Bonn

M8 Beispiele für Hebel auf unterschiedlichen Ebenen für mehr Klimagerechtigkeit und ein gutes Leben

M1 Wimmelbild Klimagerechtigkeit

Analysiere das Wimmelbild

Das Klimagerechtigkeits-Wimmelbild wurde vom Kipppunkt Klimagerechtigkeit e.V. erstellt. Es zeigt sowohl die vielfältigen Ursachen als auch die zahlreichen Folgen der Klimakrise. Durch das Wimmelbild wird deutlich, dass die Thematik „Klimakrise" und „Klimaschutz" in vielen unserer täglichen Handlungen lauert – natürlich nicht in allen und nicht für jeden in gleichem Maße. Betrachtet das Bild und findet Ursachen und Folgen des Klimawandels sowie Lösungsansätze, die helfen, diesem zu begegnen.
Wählt einen Aufgabenblock und analysiert die einzelnen dargestellten Aspekte.

AUFGABEN

1 Erhalte einen groben Überblick.

a) Ermittle drei Klimasünder sowie drei Klimakämpfer. Begründe deine Auswahl.

b) Wähle Bildausschnitte aus, die zu den Themen dieses und des ersten Kapitels passen. Erstelle eine Tabelle und notiere die dargestellten Problembereiche. Begründe jeweils, warum ein Ereignis zu einem Thema passt. Ergänze diese im Laufe des Schuljahres mit Themen der folgenden Kapitel.

c) Sammle Nachrichten, Artikel oder Pressemeldungen und bestimme dazu die passenden Bildausschnitte.

d) Formuliere selbst fünf Schlagzeilen, die auf Probleme des Klimawandels aufmerksam machen.

2 Betrachte einzelne Bildausschnitte.

a) Suche einen Bildausschnitt aus, in dem du gern leben möchtest. Begründe deine Wahl.

b) W Werde kreativ:

A Wähle zwei Bildausschnitte aus, die ein Klimaproblem aufzeigen. Fertige alternative Skizzen an, mit denen man die Problembereiche abdecken und Lösungsansätze aufzeigen kann.

B Zeichne an einer Stelle deiner Wahl das Bild weiter. Entscheide selbst, ob du eine positive oder negative Situation darstellen möchtest.

3 Dimensionen der Nachhaltigkeit

Nenne ...

a) drei ökologische Probleme, auf die das Bild aufmerksam macht.

b) drei soziale Probleme, auf die das Bild aufmerksam macht.

c) drei ökonomische Probleme, auf die das Bild aufmerksam macht.

d) E fünf Mobilitätsformen. Erkläre den Zusammenhang von Mobilität und Klimawandel.

4 Ordnen und weiterdenken

a) Erkläre, welche Handlungen auf dem Bild positive und negative Auswirkungen auf das Klima haben.

b) Ordne passende Ereignisse auf dem Bild den Themen „Globalisierung" und „Ressourcen" zu.

c) Erstelle aus der Abbildung eine Conceptmap, die die Zusammenhänge der einzelnen Teilthemen erkennen lässt.

d) Recherchiere aktuelle Daten zu einem Problem, dass auf dem Bild verdeutlicht wird.

e) E Diskutiert, ob Streiks ein probates Mittel sind, um Interessen zu verdeutlichen.

Globalisierung

Containerhafen von Wuhan in China

Was ist Globalisierung?

INFO

Globalisierung
Das Wort Globalisierung leitet sich ab vom dem lateinischen Wort „Globus“ (deutsch: Erdkugel) und bedeutet: auf die ganze Erde bezogen. Gemeint ist heute damit, dass sich weltweit Verflechtungen über mehrere Gebiete hinweg zwischen vielen Ländern verstärken oder beschleunigen. Politische Grenzen verlieren dadurch an Bedeutung.

M1 Beispiele für Globalisierung

In den Nachrichten hört und liest man immer wieder, dass die Welt ständig weiter zusammenwächst und immer mehr vernetzt ist. In diesem Zusammenhang wird häufig der Begriff „Globalisierung“ verwendet. Doch was genau verbirgt sich hinter diesem Begriff? Und wie wächst die Welt zusammen?

Globalisierung – was ist das?

Internationale Beziehungen existieren schon lange, spätestens seit Marco Polo (1254 – 1324) die Seidenstraße nach China entdeckte oder Kolumbus (1451 – 1506) den Kontinent Amerika. Von **Globalisierung** wird erst gesprochen, seit es etwa ab 1990 große technologische Neuerungen (Internet, Transporttechnik) und politische Veränderungen (Ende des Kalten Krieges zwischen West und Ost) gab. Zusammen bewirkten diese einen Vernetzungsschub der Wirtschaft zwischen vielen Ländern und in der Lebensweise der Menschen. Inzwischen hat sich diese Vernetzung neben der Wirtschaft auch im Handel und in der Kultur intensiviert.
Wenn die Produktion von Autos, Textilien oder Elektroartikeln aus Kostengründen ins Ausland verlagert wird, ist dies ein Anzeichen von Globalisierung. Der Konsum von Waren wie Bananen, Mangos oder Kakao bei uns in Europa ist nur möglich, weil diese Produkte rund um den Globus transportiert werden. Sogar unser Handeln im Alltag wirkt sich irgendwo anders auf der Welt aus, zum Beispiel unser Gebrauch von Tropenhölzern auf das Ökosystem Regenwald in Borneo.

AUFGABEN

1 a) Ordne den Fotos A – F die richtigen Überschriften 1 – 6 zu (M1).

b) Erläutere, wie die Fotos beispielhaft die Globalisierung veranschaulichen (M1).

2 a) Nenne Beispiele aus deinem Alltag, die zeigen, dass du mit anderen Teilen der Welt verbunden bist (M1 – M4).

b) Ordne deine Beispiele den Bereichen der Globalisierung in M2 zu.

Digital+
WES-115816-086

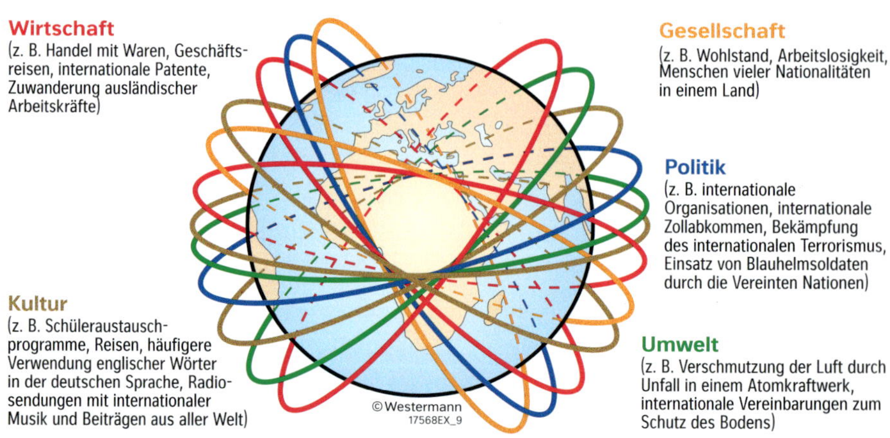

M2 Bereiche der Globalisierung

① Sportübertragung im Jemen
② Arbeiterinnen in einer Textilfabrik in Kambodscha
③ Kiosk in Marokko
④ Jeanskauf in Deutschland
⑤ Klimakonferenz in Ägypten
⑥ Touristen in Ägypten

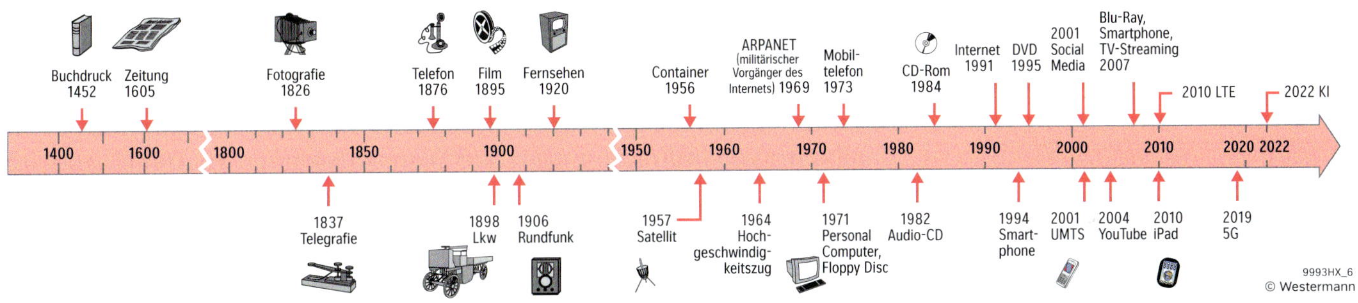

M3 **Erfindung wichtiger Medien – der Weg zur globalen Digitalisierung**

Globalisierung
politische Globalisierung

Unter **politischer Globalisierung** oder auch Global Governance versteht man internationale Prinzipien, Regeln und Gesetze und die dazugehörigen internationalen Institutionen. Diese sind notwendig, um die aufgestellten Regeln aufrechtzuerhalten und um globale Probleme zu bewältigen. Akteure der politischen Globalisierung sind neben den Nationalstaaten auch Staatenzusammenschlüsse (z. B. EU) oder auch Nichtregierungsorganisationen (z. B. Greenpeace). Die wichtigste internationale Organisation ist die UN (United Nations, deutsch: Vereinte Nationen). Sie wurden 1945 gegründet und haben 193 (2024) Mitglieder. Damit repräsentieren die Mitgliedsländer über 99 Prozent aller Menschen. Ziele der UN sind die Wahrung des Weltfriedens und der internationalen Sicherheit, die Durchsetzung der Menschenrechte sowie der wirtschaftliche und soziale Fortschritt aller Völker.

M4 **Globalisierung in der Politik, Emblem der UN**

AUFGABEN

3 Ⓦ Recherchiere:

A Wähle zwei Medien in M3 aus. Erläutere, welche weltweiten Veränderungen sie bewirkt haben.

B Erkläre den Begriff „politische Globalisierung". Liste drei weitere internationale Organisationen auf (M4, Internet).

4 „Die Welt wächst immer mehr zusammen." Nimm Stellung zu dieser Aussage.

Globalisierung des Handels

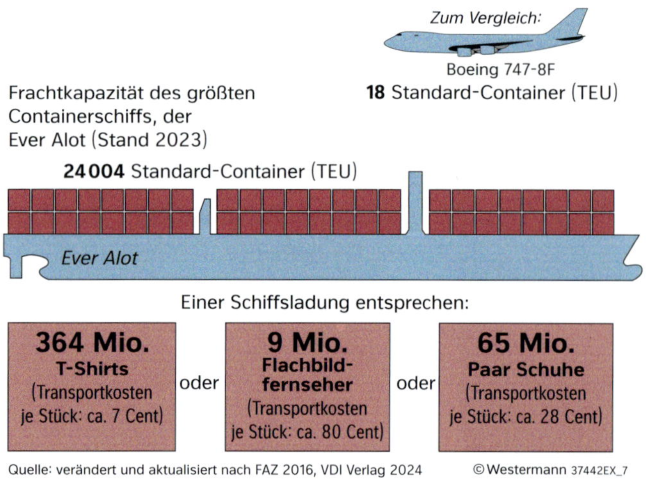

M1 Millionen Waren auf einem Frachter: Kapazität eines Containerschiffs und Frachtkostenbeispiele

M3 Vollautomatisierte Containerverladung in Hongkong

Verschiedene Entwicklungen beschleunigten den weltweiten Warenhandel fortwährend und ermöglichten eine globalisierte Welt. Der Container hat z. B. den Welthandel revolutioniert. Was sind heute die wichtigsten Handelsströme und Handelsgüter?

Entgrenzung fördert Welthandel

Seit Jahrzehnten nimmt der weltweite Handel mit Gütern und Dienstleistungen stetig zu. Viele Länder versprachen sich Vorteile vom Welthandel und öffneten ihre Märkte. Man begann, Zollschranken und andere Handelsbarrieren abzubauen. Durch den Einsatz moderner Kommunikations- und Transportmittel wurde der internationale Handel in den letzten 20 Jahren nochmals gesteigert. Besonders stark nahmen der Import und der Export von Industriegütern und Dienstleistungen zu. Der Handel mit Rohstoffen wuchs zwar auch, hat aber insgesamt gegenüber dem mit Industriegütern und Dienstleistungen an Bedeutung verloren. Oft haben sich Unternehmen in unterschiedlichen Ländern auf bestimmte Produkte oder Produktgruppen (z. B. Autos, Textilien) spezialisiert.
Ein Teil der Entwicklung des Welthandels kann auf den Einsatz von Containern beim Transport zurückgeführt werden. Container revolutionierten in den 1960er-Jahren den Warentransport. Durch die Einführung des Containers wurde das aufwendige Be- und Entladen von Schiffen oder das Umladen auf Lkw und Bahnwaggons einfacher, zeitsparender und kostengünstiger. Container sind praktisch, weil sie eine Einheitsgröße haben. Man kann sie gut stapeln, lagern und verladen.

Exportgüter	Umsatz
Kraftwagen und Kraftwagenteile	270,22 Mrd. Euro
Maschinen	225,64 Mrd. Euro
chemische Erzeugnisse	141,23 Mrd. Euro
Datenverarbeitungsgeräte, elektr. und optische Erzeugnisse	133,89 Mrd. Euro
pharmazeutische und ähnliche Erzeugnisse	113,05 Mrd. Euro
elektrische Ausrüstungen	112,86 Mrd. Euro

M2 Ausgewählte Exportgüter Deutschlands (2023)

AUFGABEN

1 Ⓢ a) Berechne das Gewicht der Ladung der Ever Alot (maximale Containerauslastung, jeder Container ist voll beladen: 20,32 t) (M1).

b) Vergleiche das Ergebnis mit der maximal möglichen Ladung einer Boeing 747 (M1).

2 Erkläre, weshalb der Handel mit Containern als eine Ursache der Beschleunigung der Globalisierung gilt (M3).

3 a) Beschreibe die Entwicklung des Welthandelsvolumens (M5).

b) Erkläre die starken Veränderungen von 1990 bis 2010, 2016 und im Jahr 2023 (M5).

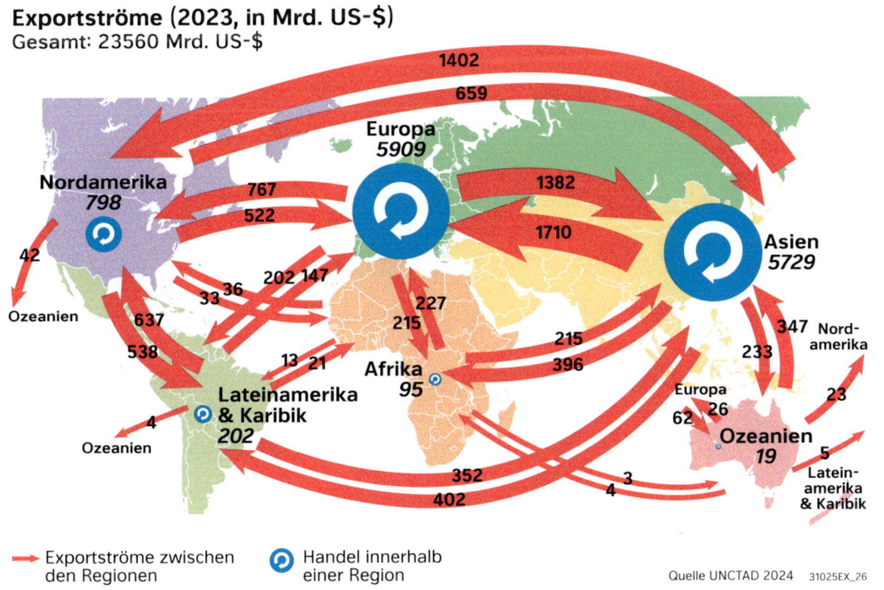

M4 Internationale Handelsströme

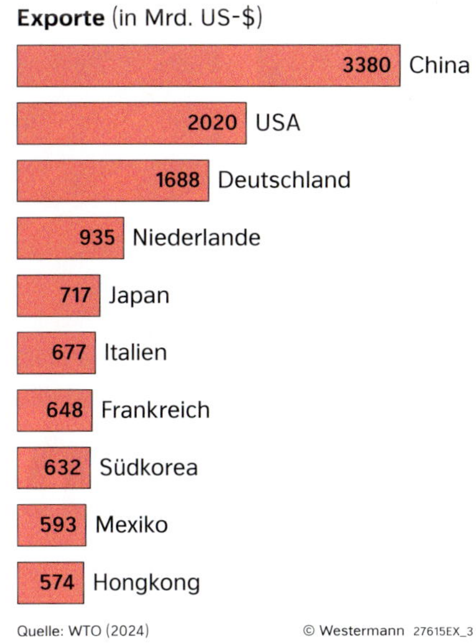

M6 Die zehn größten Exportregionen weltweit (2023)

Entwicklung des Welthandels

Besonders große Anteile am weltweiten Handelsvolumen konzentrieren sich auf Nordamerika, die Europäische Union und den asiatisch-pazifischen Raum. Diese drei Pole der Weltwirtschaft werden **Triade** genannt. Der Anteil der Länder Lateinamerikas, Afrikas und des Nahen Ostens am Welthandel ist wesentlich kleiner. Diese Länder exportieren hauptsächlich Rohstoffe und führen Fertigwaren aus der Triade ein. Die **Welthandelsorganisation (WTO)** reguliert den internationalen Welthandel. Der Welthandel hat auch zugenommen, weil Unternehmen aus den Ländern der Triade einzelne Produktionsschritte in Billiglohnländer auslagerten. Diese globale Aufspaltung der Produktion sorgte ebenfalls für die Steigerung des Transportaufkommens.
Um die Wirtschaft anzukurbeln, haben sich einzelne Länder zu **Freihandelszonen** zusammengeschlossen. Der Handel untereinander wird dadurch vereinfacht. Vielfach versuchen die beteiligten Länder, ihre Wirtschaft vor Importen aus Staaten zu schützen, die nicht Mitglied in der jeweiligen Freihandelszone sind.

INFO

Alle Container sind weltweit genormt. Die einheitliche Größe erleichtert den Transport und passt auf alle Systeme. TEU (= Twenty Foot Equivalent Unit) ist die einheitliche Maßeinheit für Container.

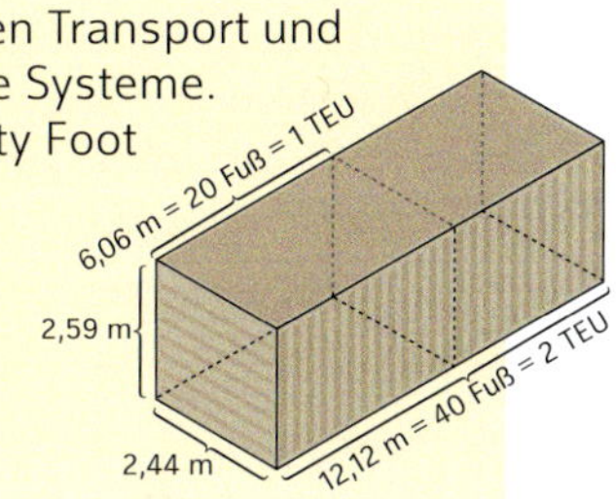

Triade
Welthandelsorganisation
Freihandelszone

INFO

Eine Freihandelszone ist ein Gebiet, in dem mindestens zwei Länder den Abbau von Handelsbeschränkungen vereinbart haben. Sie erheben untereinander keine Zölle. Zwischen ihnen ist ein mengenmäßig unbegrenzter Warenaustausch möglich.

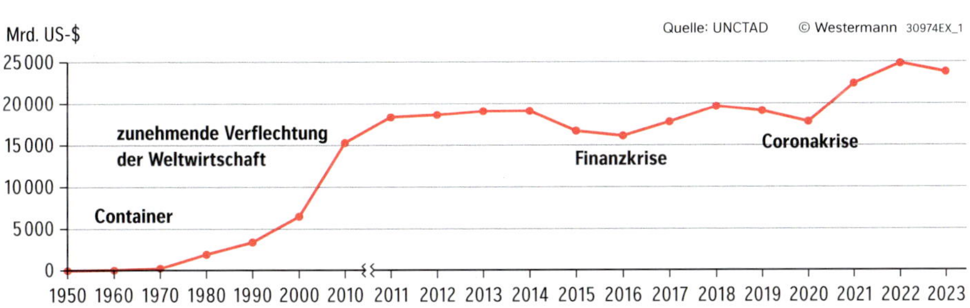

M5 Entwicklung des Welthandels (Exporte) von 1950 bis 2023

AUFGABEN

4 Ⓦ Warenaustausch und Welthandel verdeutlichen:

A Erstelle eine Tabelle, die den Warenaustausch Europas mit anderen Regionen verdeutlicht (M4).

B Erstelle einen Bericht zur Stellung Europas und Deutschlands im Welthandel (M2, M4, M6).

5 Erkläre, wie der internationale Welthandel reguliert wird.

Digital+
WES-115816-089

Global Player – Akteure der Globalisierung

M1 Hauptquartier des Unternehmens Amazon im Silicon Valley (Kalifornien, USA)

M2 Adidas Filiale in China

Sicherlich kennst du Unternehmen wie Samsung, Apple, Coca-Cola, Sony, Nestlé, Nike oder Volkswagen. Sie zählen zu den Global Playern, die überall auf der Welt Produktionsstätten und Niederlassungen haben. Doch was genau ist ein Global Player?

Globale Arbeitsteilung

Große Firmen wie Adidas, Volkswagen, Toyota, Siemens oder Allianz sind Unternehmen, die auf der ganzen Welt produzieren, Handel treiben, Waren und Dienstleistungen kaufen oder verkaufen. Sie regeln ihre weltweite Produktion, Materialbeschaffung und ihren Handel in globaler Arbeitsteilung. Wegen ihrer globalen Aktivitäten nennt man diese Unternehmen **Global Player**. Schätzungsweise etwa 50000 Firmen dieser Art gibt es auf der Welt.
Da sie weltweit vertreten sind und fast alle Märkte mit ihren Produkten und Dienstleistungen beliefern, nehmen sie bei der Globalisierung eine wichtige Stellung ein. Bei der Standortwahl sind Faktoren wie billige Arbeitskräfte, preiswerte Rohstoffe, Marktnähe oder Steuervorteile von Bedeutung. Mit ihren Produkten und Dienstleistungen üben die Global Player besonderen Einfluss auf die Konsumgewohnheiten der Menschen und die wirtschaftliche Entwicklung der Länder aus.

Nike ist der weltgrößte Sportartikelhersteller. 2024 erwirtschaftete das Unternehmen einen Umsatz von 51,4 Milliarden US-Dollar. Es vermarktet seine Produkte weltweit – über den Einzelhandel sowie über das Internet. Nike beschäftigte 2024 etwa 79400 Mitarbeiter. Angestellte in den Bereichen Forschung, Design, Verkauf und Werbung arbeiten größtenteils in Beaverton, Oregon (USA), wo sich die Firmenzentrale befindet. Im Auftrag des Unternehmens arbeiten weltweit aber Hunderttausende Personen in Zulieferbetrieben. Zu Nike gehören weitere bekannte Marken wie Converse und Hurley. Nike investiert viel Geld in Werbung.
Das Unternehmen engagierte dafür Superstars und Teams, zum Beispiel die Tennisspielerin Serena Williams, die Fußballstars Ronaldo und Neymar oder Basketballstar LeBron James. Von besonderer Bedeutung sind die Niketowns. Das sind firmeneigene Kaufhäuser, die die Aushängeschilder des Unternehmens sind. Sie befinden sich an bekannten und beliebten Standorten. Kritiker werfen Nike vor, nicht energisch genug gegen schlechte Löhne und unzureichende Arbeitsbedingungen bei einigen Zulieferbetrieben vorzugehen.

M3 Fallbeispiel Nike – Einblicke in ein Weltunternehmen

AUFGABEN

1 Erläutere den Begriff „Global Player“ an einem Beispiel (M1 – M5).

2 Stelle dar, welche Bedeutung Global Player für den Prozess der Globalisierung haben (M1, M4, M5).

3 Berichte, inwieweit deine Konsumgewohnheiten durch Global Player beeinflusst werden.

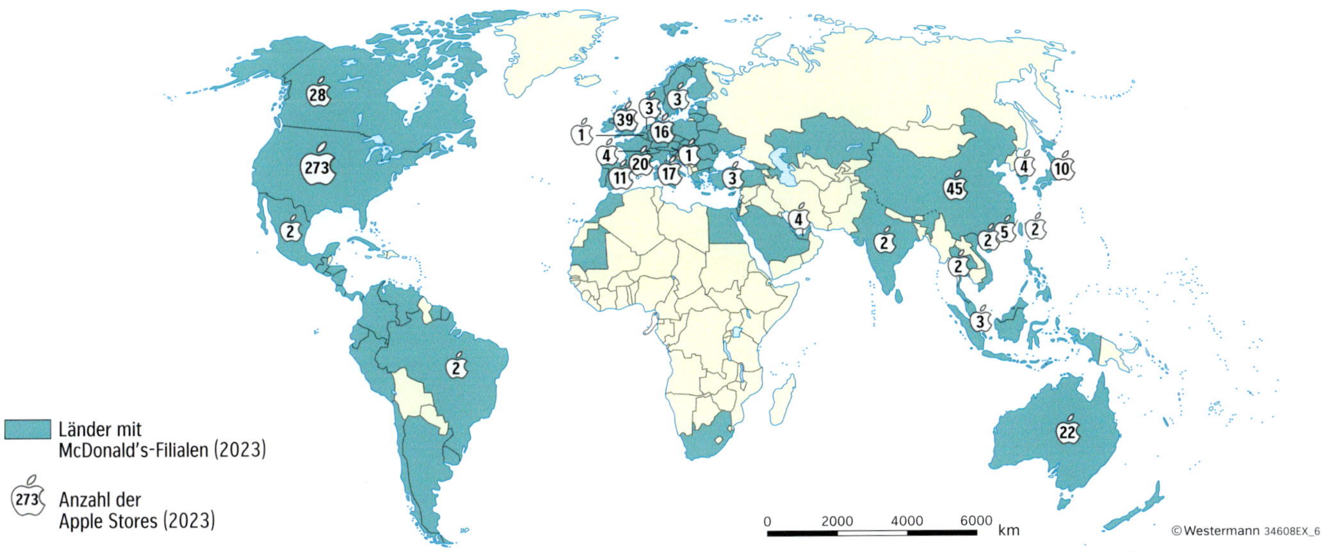

M4 McDonald's Filialen und Apple-Stores in der Welt

Alphabet – ein Global Player

Wer heute etwas im Internet sucht, sagt oft, er googelt danach. Dahinter steckt die Suchmaschine Google. Diese hat mittlerweile weltweit einen Marktanteil von weit über 90 Prozent. Google war 2024 nach Apple die zweitwertvollste Marke und das viertgrößte Unternehmen (nach Marktwert) der Welt.
Hinter Google steht der 2015 gegründete Konzern Alphabet. Alphabet ist ein Beispiel für einen Global Player, denn sein Hauptgeschäftsfeld ist das globale Datennetz. Der Konzern hatte 2023 weltweit 182 000 Mitarbeiter und einen Umsatz von 307 Milliarden US-Dollar. Etwa 80 Prozent seiner Einnahmen erwirtschaftet das Unternehmen mit Werbung. Damit gehört es zu den großen globalen Unternehmen.
Alphabet ist ein innovatives Unternehmen mit starkem Wachstum. Es forscht zum Beispiel stark auf dem Gebiet der selbstlernenden künstlichen Intelligenz. Des Weiteren ist es tätig beim Vernetzen der Infrastruktur von Städten oder im Bereich der Biotechnologie (z. B. soll ein Armband Krankheiten erkennen).

Global Player

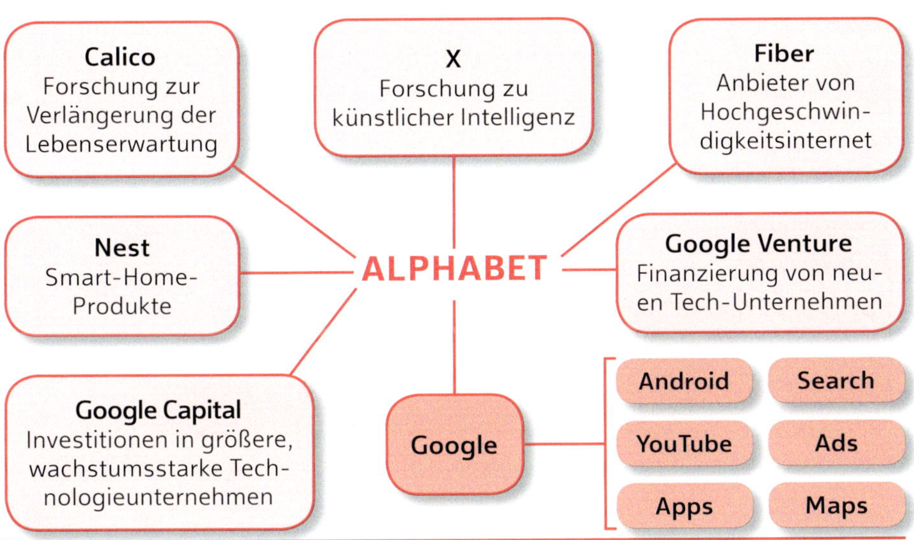

M5 Aufbau des Alphabet Konzerns

AUFGABEN

4 Ⓦ Verfasse einen Radiobeitrag und nimm ihn auf (Länge: etwa 3 Minuten):

A über die Art und Weise des Wirtschaftens der Global Player (M4, M5).

B mit dem Titel „Hilfe! Google bestimmt mein Leben".

5 Erstelle einen Kurzvortrag zu einem Global Player aus deinem Alltag (M1, M2, M5).

Digital+
WES-115816-091

Software und Dienstleistungen aus Indien

INFO

Outsourcing
Der Begriff „Outsourcing“ bezeichnet eine Unternehmensstrategie, bei der einzelne Leistungen, Teilbereiche oder Prozesse eines Unternehmens an Zulieferer ausgelagert werden und nicht mehr vom Unternehmen selbst erbracht werden. Durch diese Strategie können häufig Kosten in den Bereichen der Produktion, Entwicklung und Dienstleistung gesenkt werden.

M1 Weltweite Arbeitsteilung

Viele große Computer- oder Softwarefirmen arbeiten mit indischen IT-Unternehmen zusammen. Auch haben immer mehr europäische und US-amerikanische Firmen Forschungs- und Entwicklungszentren in Indien eröffnet. Experten schätzen, dass in den letzten Jahren über 1 100 solcher Zentren entstanden. Was sind die Gründe dafür?

Forschung und Entwicklung in Indien

Ben leitet ein Softwareunternehmen in den USA. Der Erfolg seiner Firma, die innovative Apps für Smartphones entwickelt, hängt zu einem großen Teil mit Rajvir und seinem Team von Programmierern im indischen Bangalore zusammen. Rajvir und seine Mitarbeiter arbeiten in einem indischen IT-Unternehmen. Sie haben alle einen Abschluss einer indischen Universität und sprechen weitestgehend perfektes Englisch. Trotz ihrer hohen Qualifikation verdienen sie deutlich weniger als ähnlich gut qualifizierte Programmiererinnen und Programmierer in den USA.
Da Rajvirs Team zudem dann zur Verfügung steht, wenn Bens Mitarbeiter in den USA schlafen, kann rund um die Uhr an der Entwicklung der Apps gearbeitet werden. **Outsourcing** findet weltweit in zahlreichen Bereichen statt. Neben der Software-Programmierung und Buchhaltung werden beispielsweise in unzähligen indischen Callcentern täglich Anrufe aus englischsprachigen Ländern angenommen. So werden häufig auf Kommunikation bezogene Dienstleistungen in andere Länder verlagert.

AUFGABEN

1 Ⓦ Die IT-Branche in Indien:

A Stelle die Standortvorteile Indiens in Bezug auf Softwareentwicklung und Kommunikationsdienstleistungen in einer Liste zusammen.

B Erstelle einen Zeitungsbericht mit der Überschrift „Globalisierung in der IT-Branche“ (M1 – M6).

2 Beschreibe die Entwicklung und die Bedeutung des IT-Sektors für Indien (M2 – M6).

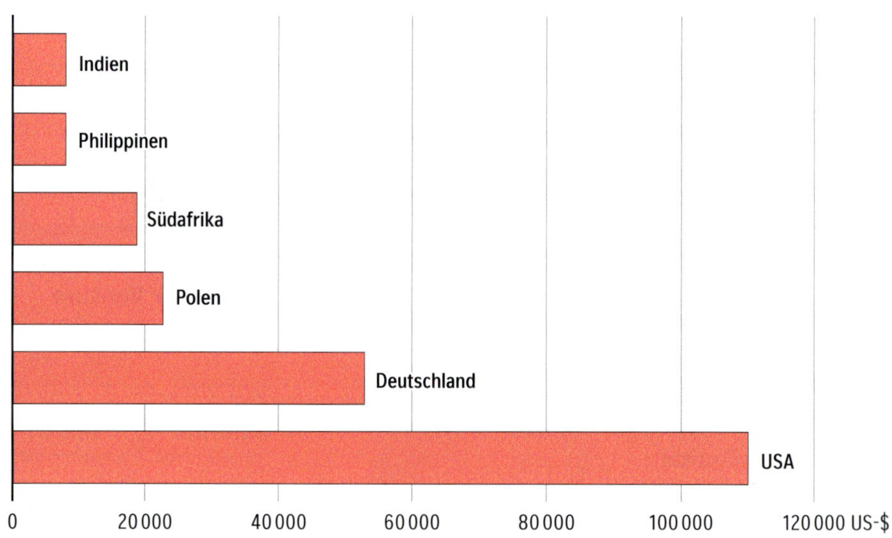

Quelle: CodeSubmit 2023 ©Westermann 35698EX_7

M2 Durchschnittliches Jahresgehalt für eine Programmiererin oder einen Programmierer (2022)

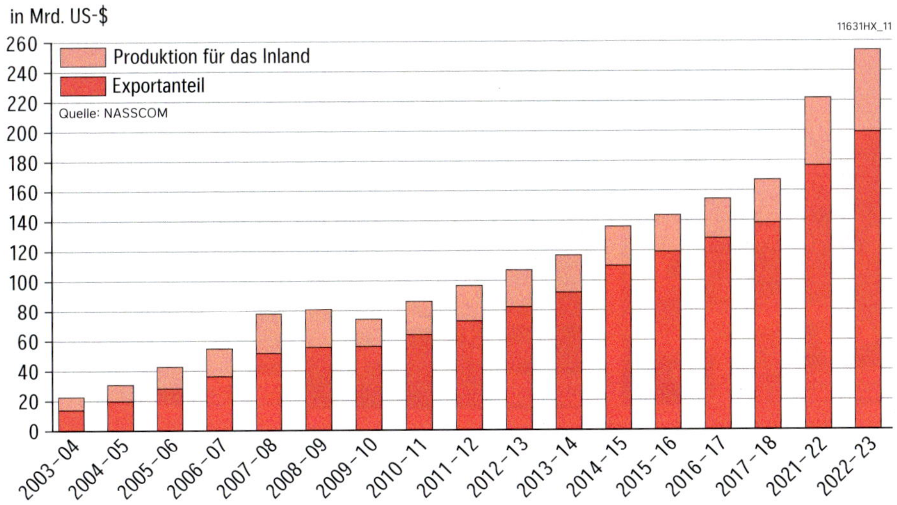

M3 Entwicklung der IT-Produktion in Indien

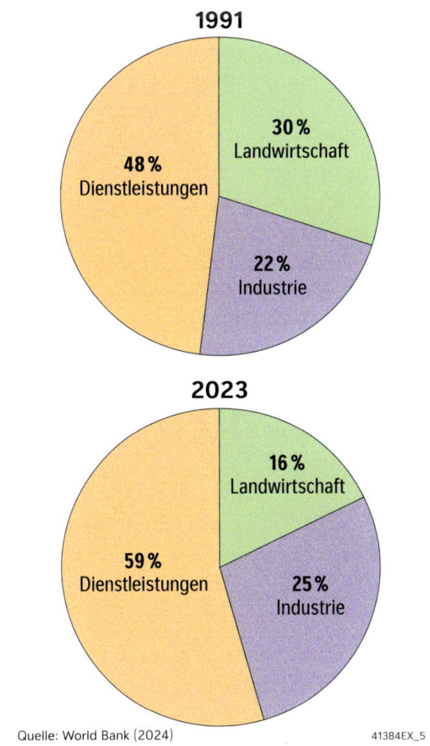

M6 Anteile der Wirtschaftsbereiche am BIP in Indien

„Als Programmierer verdienen wir für indische Verhältnisse gut. Eine Freundin von mir, sie ist Lehrerin, gibt zusätzlich zu ihrem normalen Job noch Nachhilfe für US-amerikanische Kinder über das Internet. Auch sie profitiert davon, dass hier in Indien einiges dafür getan wird, dass wir eine stabile Infrastruktur haben und die Menschen in allen Landesteilen eine schnelle Internetanbindung haben.
Meine Zusammenarbeit mit Bens Firma läuft sehr gut. Ich weiß aber auch, dass die Gewinne, die mit der App gemacht werden, in den USA bleiben. Deshalb versuchen wir, auch eigene Produkte auf den Weg zu bringen. Das ist auch wichtig, weil wir nicht wissen, ob andere Programmiererinnen oder Programmierer mit vergleichbaren Qualifikationen in Ländern wie den Philippinen oder Pakistan ihre Dienste irgendwann noch günstiger als wir anbieten werden."

M4 Rajvir berichtet über die Zusammenarbeit.

Outsourcing

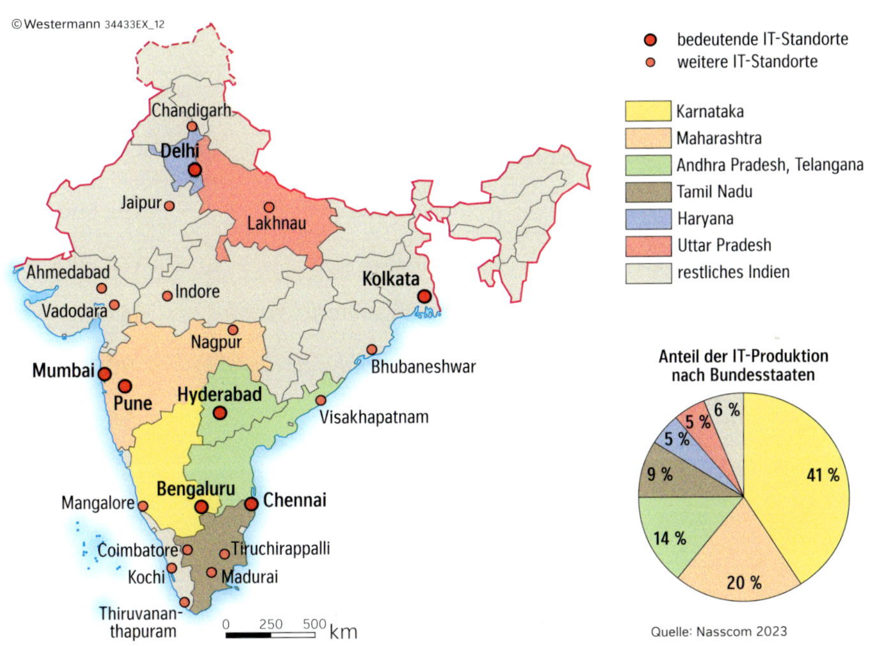

M5 Standorte der indischen IT-Industrie (2022)

AUFGABEN

3 Ⓢ Nenne die fünf wichtigsten IT-Standorte in Indien (M5).

4 Beschreibe eine mögliche Strategie Rajvirs, wie die Zukunft seiner Firma aussehen könnte (M4).

5 Nenne Gründe, die Indien für ausländische Firmen so attraktiv machen (M1, M2, M4).

INFO

Was ist Kultur?
Vereinfacht lässt sich sagen, dass Kultur das Gegenteil von Natur ist. Was der Mensch macht, sich ausdenkt und erschafft, ist Kultur. Zur Kultur gehört auch die Gesellschaftsordnung – also die Art und Weise, wie das Zusammenleben der Menschen gestaltet ist. Doch auch Sprachen, Religionen, Wirtschaftsweisen, der Umgang mit der Natur, Kunstgegenstände, Musik, Literatur, Traditionen und Bräuche sind Bestandteile der menschlichen Kultur.

- Der die Pubertät behandelnde Film „Alles steht Kopf 2" wurde im Jahr 2024 der weltweit erfolgreichste Animationsfilm aller Zeiten.
- Er lief rund um den Globus und wurde in viele Sprachen übersetzt.

M1 „Alles steht Kopf 2" – internationale Filmplakate

Die Globalisierung hat auch Auswirkungen auf unsere Kultur. Ein Zitat dazu lautet: „Die Globalisierung sorgt dafür, dass sich jugendliche Lebensformen weltweit anpassen und die kulturelle Einzigartigkeit von Ländern verloren geht." Was ist damit gemeint?

„McWorld" und Globalisierung

Kultureller Austausch ist ein wesentliches Merkmal der menschlichen Entwicklung. Beispiele dafür finden sich in allen geschichtlichen Epochen. Bereits die römische Kultur verbreitete sich in mehr als 1000 Jahren in weiten Teilen der Welt.
Johann Wolfgang von Goethe prägte 1827 den Begriff „Weltliteratur" für Werke, die weltweit verbreitet werden sollten. Auch in der Musik und Kunst haben sich die Kulturen immer wieder gegenseitig stark beeinflusst. Das Zusamenfließen von Kulturen ließ ab dem 19. Jahrhundert eine Weltkunst, eine Weltliteratur und eine Weltmusik entstehen. Dies waren die Vorläufer der kulturellen Globalisierung.
Heute wird kulturelle Globalisierung als eine weltweite Anpassung von Kultur und Konsumgewohnheiten der Menschen bezeichnet. Nahezu überall auf der Welt können die gleichen Produkte konsumiert werden: der Kinofilm „Star Wars" in Indien, eine Coca-Cola in Nigeria, der Big Mac in China oder eine Jeans in einem Levi's Store in Malaysia. Experten sprechen von einer Dominanz der westlichen Kultur, die durch eine starke Orientierung nach Konsum geprägt ist.

Region	Anzahl der Abonnenten
USA/Kanada	75 Mio.
Europa, Afrika, Naher Osten	73 Mio.
Südamerika	40 Mio.
Asien-Pazifik-Raum	33 Mio.
Abonnenten weltweit	282 Mio.

M2 Netflix-Abonnenten nach Regionen 2022

Land	Anzahl der User
Indien	392 Mio.
USA	173 Mio.
Brasilien	141 Mio.
Indonesien	90 Mio.
Türkei	58 Mio.
Japan	56 Mio.
Mexiko	50 Mio.
VK	35 Mio.
Deutschland	34 Mio.

M3 Instagram-User nach Ländern 2024 (Top 10)

AUFGABEN

1 Nenne Beispiele aus deinem Alltag, anhand derer die Globalisierung von kulturellen Eigenschaften deutlich wird (M1 – M6).

2 Ⓦ Netflix, Instagram und Co.

A Werte M2 und M3 aus.

B Erkläre, inwiefern Netflix und Instagram an der kulturellen Globalisierung beteiligt sind.

Literatur
- über 500 Mio.-mal verkauft
- in 80 Sprachen übersetzt

Nahrung
- in 120 Ländern
- in Indien heißt der Big Mac Chicken Maharaja Mac

Fernsehen
- Sendung: Das Supertalent
- läuft in rund 70 Ländern

Globalisierung der Kulturen

Musik
- Act: Beyoncé
- rund 200 Mio. Tonträger weltweit verkauft
- Live-Auftritte in über 50 Ländern

Kleidung
- Marke: Nike
- ca. 1 050 Geschäfte weltweit

M4 Globalisierung im Bereich der Kultur – Beispiele

Land	Name
Albanien	„Kush do të bëhet Milioner?“
England	„Who Wants to Be a Millionaire?“
Frankreich	„Qui veut gagner des millions?“
Indien	„Kaun Banega Crorepati?“
Polen	„Milionerzy“
Spanien	„¿Quiere ser millonario?“
Südafrika	„Who Wants to Be a Millionaire?“
Türkei	„Kim Milyoner Olmak İster?“
USA	„Who Wants to Be a Millionaire?“
Vietnam	„Ai Là Triệu Phu?“

M6 Glokale Versionen der TV-Sendung „Wer wird Millionär?“

Glokalisierung

Eng verbunden mit dem Begriff „Globalisierung“ ist der Begriff „**Glokalisierung**“. Dieser setzt sich aus den Wörtern „Globalisierung“ und „Lokalisierung“ zusammen. Mit Glokalisierung werden die lokalen und regionalen Auswirkungen der Globalisierung beschrieben. Beispiele dafür sind der „McAloo Tikki Burger“. Dieser wurde von McDonald's für den indischen Markt eingeführt. Dadurch konnte McDonald's zunächst regional bekannt werden. Das internationale Standardangebot gab es parallel auf den Speisekarten.
Weitere Beispiele sind in der Unterhaltungsindustrie zu finden. Das ursprünglich aus England stammende Fernsehgewinnspiel „Who Wants to Be a Millionaire?“ wird mittlerweile in 120 Ländern ausgestrahlt. Die Art der Joker und die Gewinnstufen variieren von Land zu Land. Auch die Castingshow „Germany's Next Topmodel“ ist eine deutsche Interpretation von „America's Next Topmodel“, die bereits 2003 zum ersten Mal lief und 2018 abgesetzt wurde.
Massenmedien, Fernreisen und global nachgefragte Konsumgüter gelten als die wichtigsten Verbreitungsmittel bei der Glokalisierung.

Glokalisierung

Der Hip Hop ist ein Beispiel für die Globalisierung im Musikbereich. Es begann in den 1970er-Jahren in der Bronx (New York City). Auf Partys spielten die DJs die Songs plötzlich mit Übergängen ab. Andere begannen, zu den Songs Texte zu reimen (rappen). Daraus entwickelte sich eine Musikrichtung, die heute vor allem unter Jugendlichen sehr populär ist. Mittlerweile gibt es weltweit kaum eine Sprache, in der nicht gerappt wird.

M5 Globalisierung der Musik

AUFGABEN

3 Stelle die Globalisierung im Bereich der Kultur an einem Beispiel deiner Wahl vor (M4).

4 a) Überprüft, wie global euer kulturelles Leben in den Bereichen Kleidung, Lebensmittel, Musik und Reisen ist. Nennt Beispiele.
b) Vergleicht eure Beispiele.

5 Diskutiert das Zitat aus der Anmoderation.

Projekt: Globalisierung im Alltag

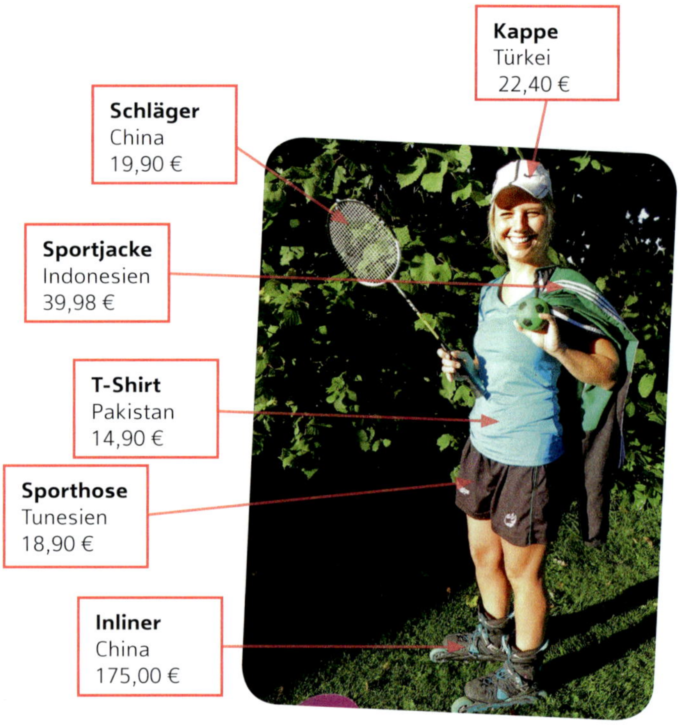

C Globalisierung hautnah: Woher stammen unsere Textilien?
Ist die Lieferkette transparent? Welche Folgen hat der (niedrige) Preis woanders auf der Welt? Ist die Produktion nachhaltig? Wie wirtschaftet der Global Player? Welche Folgen hat der globale Absatz auf den Kleidungsstil in den Ländern?

A Aus welchen Ländern stammen die Gegenstände bei uns im Haushalt, die Elektrogeräte und Möbel?
Welche Global Player haben sie produziert? Ist die Produktion nachhaltig?

B Woher stammen die Nahrungsmittel bei uns zu Hause? Auf welchen Transportwegen sind sie zu uns gelangt? Bewerte deren Nachhaltigkeit. Welche Bedeutung haben Fast-Food-Ketten? Wie beeinflussen sie die Ernährung in anderen Ländern der Welt?

Tipps
- Stelle die Herkunftsländer möglichst vieler Produkte zu Hause (und einige Lieferketten) zusammen. Fertige damit eine große thematische Karte an. Interpretiere sie.
- Richte eine Fotoausstellung oder Pro- und Kontra-Diskussionen zu Vor- und Nachteilen der Globalisierung aus.
- Infos zur kulturellen Globalisierung gibt es in der Mediathek der Bundesanstalt für politische Bildung (bpb).

M1 Projekt 1: Globalisierung bei uns zu Hause

AUFGABE

1 Erkundet, wie sich heute Globalisierung in eurer nächsten Umgebung und Heimatstadt erkennen lässt und welche Bedeutung sie erlangt hat.

Projektideen findet ihr auf dieser Doppelseite.

Tipp: Recherchiert möglichst viel konkret vor Ort.

Informationsquellen:
- Etiketten an Kleidung, Nahrungsmitteln und Haushaltswaren
- Internetauftritt der Heimatstadt mit Fachbereichen (konkrete Anfragen bei Kontaktadressen)
- Homepage der Global Player oder Betriebe vor Ort
- Betriebserkundung vor Ort nach Voranmeldung

Vorgehen:
- Überlege dir vor der Erkundung und Recherche genau die Untersuchungsfragen. Auch an wen oder welche Adresse du sie richtest. Eine gute Planung hilft, Zeit zu sparen und gute Ergebnisse zu erzielen.
- Beachte die Methodenseiten zur Präsentation.

M2 Infos und Hinweise

Die erfolgreichsten Filme aller Zeiten nach Einspielergebnis (2023) in Mio. US-$

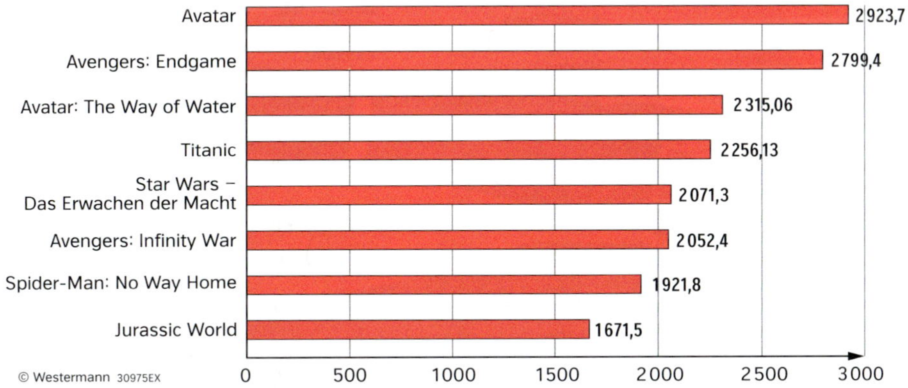

A Welche Künstlerinnen und Künstler sind in deiner Klasse oder deinem Freundeskreis besonders beliebt?
Aus welchen Ländern stammen sie? Wo geben sie Konzerte, wo nicht? Wie werden sie vermarktet? Über welche Internetportale oder Kanäle werden sie verbreitet? Wo werden sie produziert? Gleicht sich die Musik durch die Globalisierung weltweit immer mehr an? Kommt es zu Anpassung oder Verlust von Konsumgewohnheiten? Kommt es zu einem Verlust an kultureller Vielfalt?

B Globalisierung durch Nachrichten:
Welche Nachrichtenmedien sind die wichtigsten bei dir zu Hause? Welches Medium ist für dich selbst am wichtigsten? Wie groß ist der Anteil globaler Berichterstattung? Über welche Länder erfährt man etwas? Über welche erfährt man nichts? Wie sind die Informationen zu beurteilen? Welche Rolle spielen Fake News?

M3 Projekt 2: Globalisierung über unsere Medien

1. *Wie global bzw. international ist eure Schule?*
2. *Durchsucht das Internet nach ausländischen Restaurants oder öffentlichen Einrichtungen in eurem Schulort.*
3. *Startet Umfragen in Reisebüros mehrerer Stadtteile nach Reisezielen der Kunden.*
4. *Untersucht die Webseiten einiger Global Player in verschiedenen Ländern und vergleicht sie.*
5. *Wo kann man in der Schulumgebung welche Produkte aus Fairem Handel kaufen?*

Welche international tätigen Firmen (Global Player) haben einen Standort in deiner Stadt?
An welchem Standort sind sie? Wie kann man das Unternehmen im Steckbrief vorstellen? In welcher Weise ist es global verflochten? Welche Bedeutung hat es für die Stadt? Welche Rolle spielt die Digitalisierung?

M4 Projekt 3: Globalisierung in unserer Stadt

M1 Globalisierung hautnah – Warenbeispiele

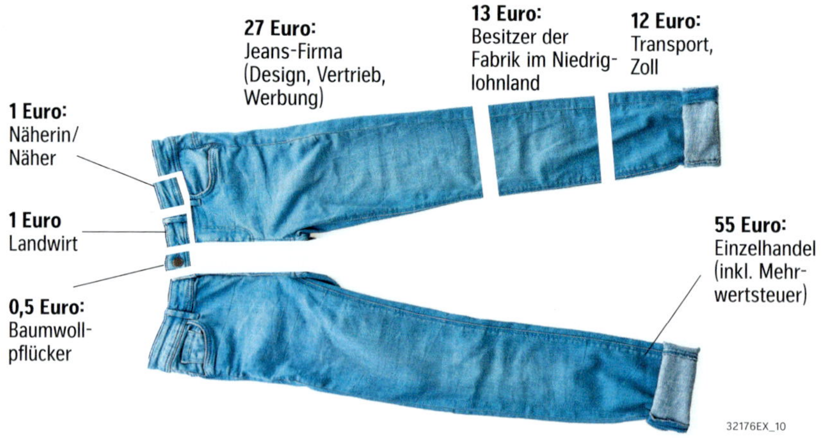

M2 Wer verdient wie viel an einer Markenjeans (Preis 109,50 €)?

Modeboom durch günstige Preise: T-Shirts für fünf und Hosen für zehn Euro. Aufgrund der hohen Nachfrage wird immer mehr, billiger und schneller produziert. Der Onlinehandel verstärkt diesen Trend. Doch hast du dir schon einmal Gedanken gemacht, wo und unter welchen Bedingungen Kleidungsstücke hergestellt werden?

Globale Arbeitsteilung

Viele Unternehmen verfügen über ein weltweites Netzwerk von Produktionsstandorten und Zulieferfirmen, die in gemeinsamen **Lieferketten** organisiert sind. Ihr Ziel sind geringe Produktionskosten. Für sie sind Länder mit niedrigen Lohnkosten besonders attraktiv. Mittlerweile haben viele Firmen ganze Produktionsstufen in andere Teile der Welt ausgelagert. Dadurch kann ein Unternehmen kostengünstiger produzieren und auf dem heimischen und dem Weltmarkt konkurrenzfähig sein.
Der Herstellungsprozess einer Jeans verdeutlicht, dass die Textilindustrie ein Musterbeispiel für die Globalisierung der Produktion ist. Die Herstellung in allen Teilen der Welt vernetzt die Wirtschaft dieser Länder und sorgt für die Zunahme des Welthandels.
Designs, Planung und Bewerbung einer Jeans geschehen in Europa. Die eigentliche Fertigung findet jedoch in anderen Ländern statt. Die Lohnkosten in vielen asiatischen Ländern sind viel geringer als in Europa. Daher ist die Textilindustrie, die sehr viele Arbeitskräfte benötigt, in Länder wie Indonesien, Bangladesch, Kambodscha oder Vietnam abgewandert. Hier werden die Kleidungsstücke in **Sweatshops** hergestellt. Das sind kleine Fabriken, in denen die Menschen oft zu Niedriglöhnen und unter schlechten Arbeitsbedingungen arbeiten.

Laut Greenpeace haben Deutsche im Schnitt 95 Kleidungsstücke (ohne Unterwäsche und Socken) – bei 60 Neukäufen jährlich und einer mittleren Tragezeit von drei Jahren. 16,5 % der Kleidung werden nie oder maximal 2-mal getragen.

2022 wurden in Deutschland 75 % Chemiefasern, 10 % Baumwolle und 15 % Wolle für Bekleidung verarbeitet (Quelle: IVC). Laut Organic Cotton Market Report lag der Anteil von Biobaumwolle 2020/21 weltweit bei 1,4 %.

Kollektionen pro Jahr:
- früher zwei (Winter/Sommer);
- etablierte Fast-Fashion-Firmen mit Läden: H&M 12 – 16, Zara 24
- „Ultrafast-Fashion-Firmen" (reine Online-Händler) wie ASOS, Boohoo, Missguided, Shein bis zu 52 (Quelle: spiegel.de/utopia.de)

M3 Fakten zu Bekleidung und Fast Fashion

AUFGABEN

1 Ⓢ Ermittle die Herkunft von fünf Produkten aus deinem Alltag, die nicht aus Deutschland stammen (z. B. über das Etikett).

2 a) Beschreibe die Lieferkette der Textilproduktion (M4).

b) Benenne Probleme (M2 – M4).

c) Recherchiere die Verwertung von Textilien nach ihrer Nutzung (Internet).

	Rohstoffgewinnung	Produktionsphase		Vermarktungs-, Verkaufs- und Gebrauchsphase	Second Hand
Länder	Kasachstan, Indien	Äthiopien, Bangladesch	Indonesien, Bangladesch	EU, USA	
Betriebe, Arbeitsplätze	- Plantagen - Weberei - niedrige Löhne	- Betriebe zum Färben - Sandstrahlen - niedrige Löhne	- Nähereien - Verpackung - niedrige Löhne	- Großhandel - Textilgeschäft - Discounter - Mindestlohn	

Gesundheitsgefährdung	- Pestizide - Dünger	- giftige Chemikalien	- lange Arbeitszeiten - belastete Luft - fehlende Sicherheitsstandards	- Ausdünstungen der Textilien - Arbeitszeiten auch am Abend/Wochenende	
Umweltbelastung	Monokultur	Entsorgung der Chemikalien in Flüssen, Seen, auf Böden	schädliche Abluft in Fabriken	Kleiderabfall	©Westermann 32398EX_3

M4 Lieferkette der Textilproduktion

Fast Fashion versus Slow Fashion

Seit dem Einsturz einer Textilfabrik in Bangladesch 2013 mit über 1100 Toten und 2500 Verletzten rücken die Arbeitsbedingungen in Produktionsstätten verstärkt in den Fokus von Konsumenten und Behörden.
Fast Fashion ist ein Konzept in der Modeindustrie, das durch rasche Produktion und Vermarktung von preisgünstiger Kleidung auf aktuelle Modetrends und hohe Nachfrage reagiert. Dieser Ansatz zeichnet sich durch eine effiziente Massenproduktion in den Produktionsorten, zumeist in den Ländern des Globalen Südens, aus. Jedoch ergeben sich dadurch auch ökologische und soziale Probleme, z.B. das Abfallaufkommen oder prekäre Arbeitsbedingungen.
Slow Fashion bezeichnet Kleidung in eher zeitlosen Designs, unabhängig von schnelllebigen Trends. Sie steht für bewussten Konsum im Gegensatz zur Wegwerfgesellschaft der Fast-Fashion-Branche. Der Konsument übernimmt Verantwortung und überdenkt sein bisheriges Kaufverhalten. Dieser Bewusstseinswandel ist eine Reaktion auf die Produktion von Massenware, das Fehlen von Umweltstandards sowie die katastrophalen Arbeitsbedingungen in Textilfabriken.

Lieferketten
Sweatshop
Fast Fashion
Slow Fashion

Wie führt ihr einen Elevator Pitch durch?

1 2 3

So führt ihr einen Elevator Pitch durch.

Beim Elevator Pitch geht es darum, eine Idee oder ein Thema in sehr kurzer Zeit prägnant zu präsentieren. Eine Fahrstuhlfahrt dauert etwa 30 bis 60 Sekunden.

1. **Sammelt drei Pro-Argumente** aus den Materialien und Texten der Doppelseiten, die euch wichtig sind. Schreibt diese auf einen Zettel.
2. **Ordnet die Argumente** nach ihrer Überzeugungskraft anhand der „Sandwich-Methode“ (stark, schwächer, sehr stark).
3. Bereitet eine kompakte und überzeugende, etwa 30-sekündige **Rede mit euren drei Argumenten** vor. Vermeidet lange Sätze.

AUFGABEN

3 a) Vergleiche Fast Fashion und Slow Fashion.
b) Führt einen Elevator Pitch zum Thema „Fast und Slow Fashion“ durch.

Digital+
WES-115816-099

INFO

- Die CO_2-Emissionen des Internets entsprechen in etwa denen des globalen Luftverkehrs.
- Videostreaming macht 87 Prozent des Datenverkehrs aus (2022).
- Die Abwärme eines Rechenzentrums könnte etwa 10 000 Wohnungen heizen.
- Cyberkriminalität ist eines der größten Risiken für Unternehmen weltweit.

M1 Kehrseite der Digitalisierung: Roboter könnten in Kambodscha ca. 500 000 Beschäftigte in der Textilindustrie arbeitslos machen, in Indonesien ca. 1,7 Millionen Büroangestellte.

Millionen von Menschen weltweit sind immer und überall durch ihr Smartphone mit anderen Menschen auf der Welt vernetzt. Zahlreiche Apps ermöglichen unabhängig von Zeit und Ort einen Zugriff auf alle möglichen Daten. Wie verändert digitale Technik unser Leben und unsere Arbeitswelt?

Auf dem Weg in eine digitale Welt

Die **Digitalisierung** ist mit großen Schritten in das Leben der meisten Menschen eingezogen und hat tiefgreifende Veränderungen bewirkt. Digitalisierung bezeichnet den Prozess, bei dem Informationen in maschinenlesbare Daten umgewandelt und gespeichert werden. So können die Informationen schnell weiterverarbeitet und übermittelt werden. Formate wie Schrift, Sprache oder Bild werden umgewandelt und für den Menschen erfassbar. Diese Prozesse finden mithilfe von Computern, Software und dem Internet statt.
Die Nutzung von Smartphone, Tablet oder PC ist für viele selbstverständlich geworden. Auch die Arbeitswelt hat sich in den vergangenen Jahren durch den digitalen Fortschritt immer mehr gewandelt. In vielen Bereichen der Wirtschaft spielt die Digitalisierung ebenfalls eine große Rolle: In der Autoindustrie werden Fahrzeuge fast nur noch von Robotern zusammengebaut, die von Computern gesteuert werden. Viele Läden und Geschäfte verkaufen ihre Produkte heute über das Internet, also mithilfe von digitalen Medien. Und auch das Homeoffice, also das Arbeiten von zu Hause aus, ist erst durch die Digitalisierung in dieser Weise möglich geworden.

AUFGABEN

1 a) Berichte über deinen digitalisierten Alltag (M2).

b) Erstelle ein Ranking der fünf für dich wichtigsten Apps.

c) Vergleicht eure Rankings.

d) Begründet Gemeinsamkeiten und Unterschiede.

2 Beschreibe, wie die einzelnen Kontinente der Erde miteinander vernetzt sind (M3, M5).

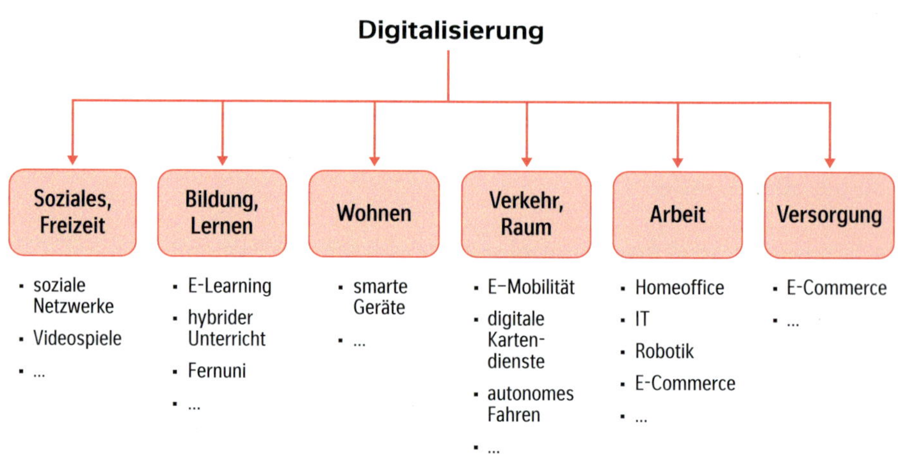

M2 Einfluss der Digitalisierung auf Wirtschaft und Gesellschaft weltweit (Schema)

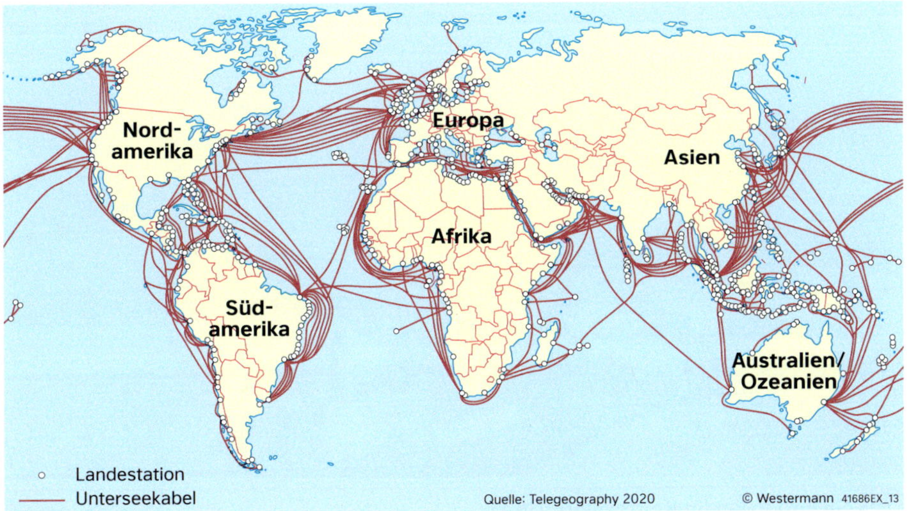

M3 Unterwasserseekabel transportieren den Großteil der Daten weltweit. Über sogenannte „Landestationen" werden die Kontinente miteinander verbunden.

Während im Jahr 2020 bereits 2000 Satelliten durch das Weltall flogen, waren es im Jahr 2023 schon 7500. Um in Zukunft überall auf der Welt schnelles Internet per Satellit zu ermöglichen, werden ständig mehr Satelliten ins All geschossen.

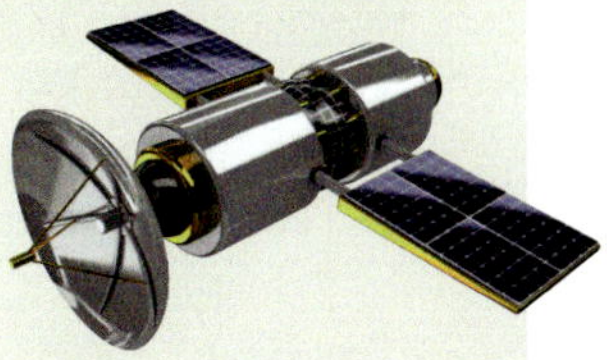

M5 Vernetzung durch Satelliten

Digitale Infrastruktur – weltweit, grenzenlos

Hinter jeder Datennutzung stehen echte Orte mit einer echten digitalen Infrastruktur, und zwar überall auf der Welt. Ohne sie gäbe es keine Digitalisierung und kein Internet. Dazu zählen Stromnetze, Kraftwerke, Rechenzentren oder Unterseekabel in Weltmeeren sowie Satelliten im Weltall. Sämtlicher Datenverkehr läuft über Rechenzentren, den Kern digitaler Infrastruktur. Das sind stark gesicherte Gebäude mit abgeriegelten Serverräumen, in denen die Kunden (z.B. Internetdienstanbieter, Unternehmen) Rechenleistung, Speicherplatz und direkten Zugang zu vielen anderen Netzwerkbetreibern oder großen Cloudanbietern wie Amazon oder Microsoft nutzen.
Dabei müssen immer größere Datenmengen transportiert werden, zum Beispiel durch Video-Streaming. Größere Datenmengen erfordern auch immer größere Mengen Speicherplatz. Die Sicherheit der Daten und ein leistungsfähiges, stabiles Stromnetz sind für den Standort sehr wichtig. In Deutschland gibt es einige Tausend Rechenzentren kleiner und mittlerer Größe. Größere Rechenzentren (über 5000 m^2) gibt es ungefähr 100, die meisten davon in und um Frankfurt/Main.

Digitalisierung

In der Industrie 4.0 werden industrielle Produktionsprozesse mit modernster Informations- und Kommunikationstechnik vernetzt. So wird die Produktion wirtschaftlicher und flexibler. Im Mittelpunkt der Industrie 4.0 steht die „Smart Factory", die „intelligente Fabrik". In einer Smart Factory steuern intelligente Maschinen selbstständig Fertigungsprozesse, Roboter kooperieren in der Montage mit Menschen, fahrerlose Transportfahrzeuge erledigen eigenständig Logistikaufträge. Wesentliche Voraussetzungen sind leistungsfähige Rechner sowie die Möglichkeit, sehr große Datenmengen extrem schnell zu verarbeiten. Dadurch verändert sich auch die Arbeitswelt. Menschen werden zukünftig Hand in Hand mit Robotern und Computern arbeiten. Ihre direkte Anwesenheit wird immer seltener notwendig sein.

M4 Industrie 4.0 – die Digitalisierung der Arbeit

AUFGABEN

3 Ⓢ Erläutere die Bedeutung des Begriffs „Industrie 4.0" (M4).

4 Recherchiere neue Berufe, die durch die Digitalisierung entstanden sind. Beschreibe diese (Internet).

5 Ⓦ Beurteile die Auswirkungen der Globalisierung und Digitalisierung
A aus der Sicht der Unternehmen.
B aus der Sicht der Arbeitnehmer.

Smartphones aus dem Silicon Valley?

M1 Silicon Valley südlich von San Francisco (USA)

M2 Silicon Valley in Kalifornien (USA)

Ein Smartphone geht um die Welt

Knapp 1,2 Milliarden Smartphones wurden allein im Jahr 2024 weltweit verkauft. Viele Geräte werden schnell ersetzt, denn die Digitalisierung schreitet stetig voran und neue Geräte locken mit immer mehr Leistung und besseren Kameras.

Bevor Smartphones in Deutschland verkauft und genutzt werden können, haben sie bereits eine lange Reise hinter sich.

Entwickelt und entworfen werden Smartphones in den USA, im Silicon Valley in Kalifornien. Hier haben viele Firmen ihren Sitz. Seit den 1960er-Jahren haben sich hier die führenden Unternehmen der Informations- und Hightech-Industrie angesiedelt.

Die arbeitsintensive Produktion haben die meisten Firmen aus dem Silicon Valley nach Asien verlagert. Doch die Produktion belastet die Umwelt und die Arbeitsbedingungen sind häufg schlecht. Hinzu kommt, dass die seltenen Rohstoffe zum Teil aus illegalem Abbau in Ländern des Globalen Südens stammen.

Es gibt mittlerweile Hersteller, die versuchen, weitgehend faire Geräte zu produzieren. Ausgediente Smartphones sollte man nicht wegwerfen, weil man die in ihnen enthaltenen Rohstoffe wiederverwerten kann. Man vermeidet nicht nur Elektroschrott, sondern trägt auch dazu bei, dass weniger Rohstoffe abgebaut werden müssen.

In Deutschland besitzen rund 90 Prozent der Jugendlichen (mindestens) ein Smartphone. Die durchschnittliche Nutzungsdauer beträgt 2,7 Jahre. Jährlich werden neue Modelle von verschiedenen Herstellern vorgestellt. Wie kann dieser schnelle Rhythmus garantiert werden?

M3 Smartphone-Produktion in Handarbeit in Shenzhen (China)

AUFGABEN

1 Beschreibe die Lage des Silicon Valley (M1, Atlas).

2 Beschreibe die Produktionskette für die Produktion eines Smartphones (M2 – M4).

3 Ⓔ Begründe, warum die Smartphones nicht an den Hauptsitzen der großen Unternehmen hergestellt werden.

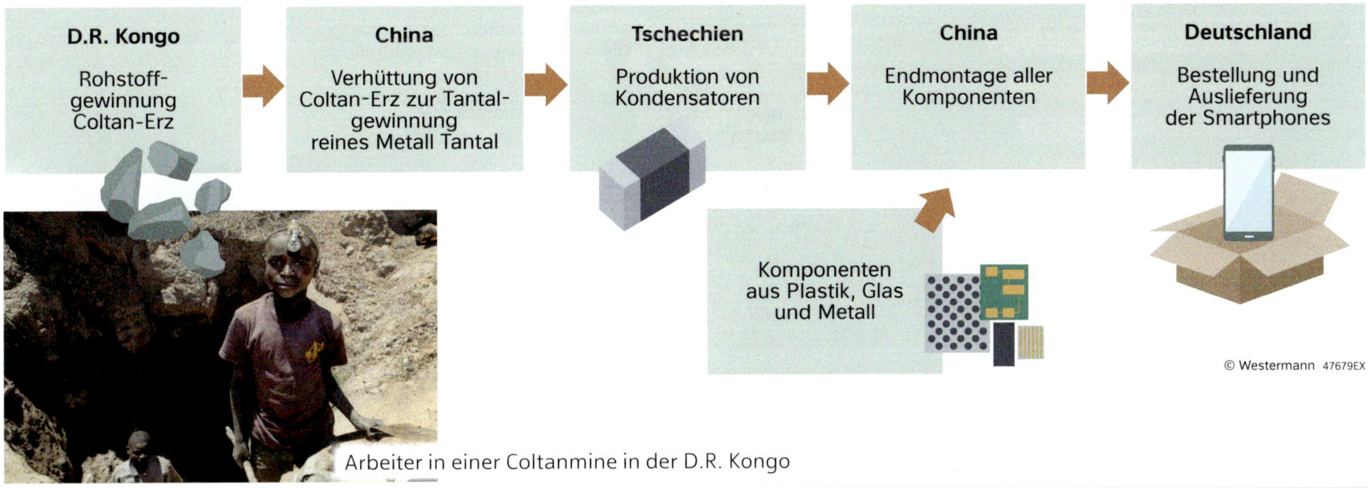

M4 **Beispiel einer Produktionskette für die Produktion von Smartphones**

Weltreise eines Smartphones

Die meisten Smartphones werden von fünf großen Unternehmen weltweit verkauft. Diese Unternehmen organisieren die Entwicklung, die Software und den Vertrieb der Smartphones von ihren Hauptsitzen aus. Die Produktion findet dort nicht statt, sondern in Ländern, in denen die Löhne niedrig sind oder in denen es gut ausgebildete Fachkräfte gibt. Akkus, Gehäuse und Kameras kommen zum Beispiel aus China, Halbleiterelemente aus Malaysia, Mikroprozessoren aus Taiwan, das Spezialglas für die Touchscreens aus Japan. Die Endmontage aller Einzelteile findet meistens in China, Vietnam oder Südkorea statt. Wird die Produktion an einem Standort zu teuer, verlagern die Unternehmen die Produktion an einen anderen, günstigeren Ort.

Viele Unternehmen stehen wegen schlechter Arbeitsbedingungen sowie niedrigen Löhnen in der Kritik. Es wird von 15-stündigen Arbeitstagen ohne längere Pausen und Verdienste unterhalb der gesetzlich geregelten Mindestlöhne berichtet. Von den 500 Euro, die europäische Kunden durchschnittlich für ein aktuelles Smartphone bezahlen, kommen etwa nur 15 Euro bei den Arbeitern an.

Im Vergleich dazu beträgt das mittlere Haushaltseinkommen (2020) im Silicon Valley 100 000 Euro. Auch wenn man die unterschiedlichen Lebenshaltungskosten (Mietpreise, Nahrungsmittel) der Länder mitberücksichtigt, so stellt sich die Frage nach mehr sozialer Gerechtigkeit.

Das niederländische Unternehmen „Fairphone" bemüht sich darum, ein möglichst umwelt- und sozialverträgliches Smartphone herzustellen.

Fairphone setzt sich dabei folgende Ziele:

- Müllvermeidung durch lange Haltbarkeit und Reparaturmöglichkeiten,
- Rücknahme und Recycling,
- Verarbeitung von Rohstoffen aus geprüften Minen,
- faire Produktionsbedingungen (Einhaltung von Arbeitszeiten und Mindestlöhnen).

M5 **Das Fairphone**

AUFGABEN

4 Alle drei Jahre ein neues Smartphone? Beurteile die Auswirkungen.

5 Ⓦ Alternatives Smartphone?

A Recherchiere im Internet und berichte über die Ziele der Firma Fairphone (M5).

B Bewerte das Produkt Fairphone unter dem Aspekt einer nachhaltigen Entwicklung (M5).

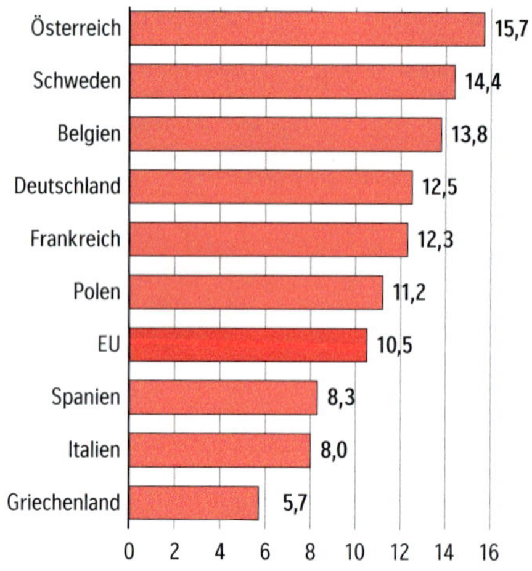

Quelle: Statistisches Bundesamt (2023) © Westermann 48156EX

M1 Elektroschrott in kg/Einw. (2020)

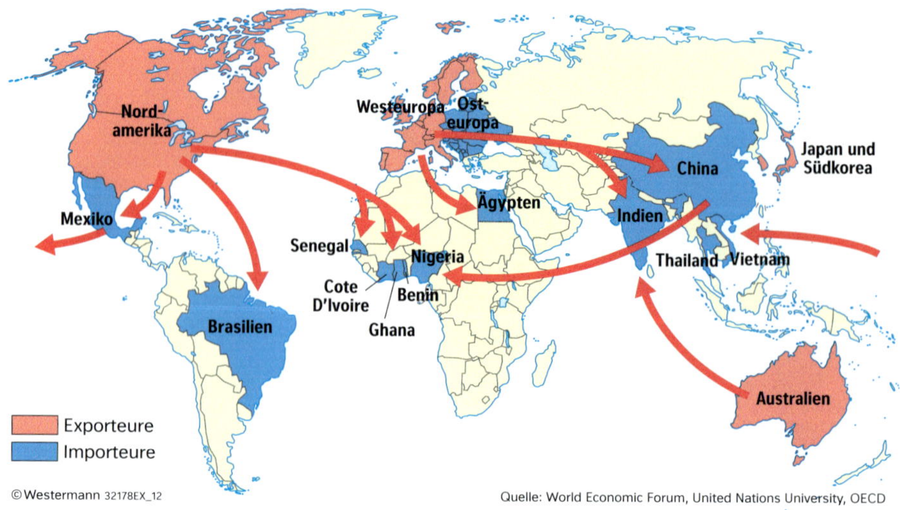

©Westermann 32178EX_12 Quelle: World Economic Forum, United Nations University, OECD

M2 Ströme von illegal verschifften Elektronikabfällen nach Regionen weltweit

Globaler Wandel

Die durch die Globalisierung verstärkte wirtschaftliche Entwicklung und das damit verbundene Wachstum des Handels haben zunehmend auch globale Umweltauswirkungen. Die menschlichen Tätigkeiten haben in den letzten Jahrhunderten einen sogenannten globalen Wandel verursacht. Der Begriff bezieht sich auf weitreichende Veränderungen auf der ganzen Welt, die verschiedene Bereiche beeinflussen können wie das Klima, die Wirtschaft oder die sozialen Strukturen. Diese Veränderungen können globale Auswirkungen haben und sind oft das Ergebnis von menschlichem Handeln, wie zum Beispiel die Umweltverschmutzung und der Klimawandel.

Die Digitalisierung hat zu vielen Vereinfachungen im alltäglichen Leben geführt. Doch Herstellung und Entsorgung der Geräte sind bedenklich: Für die Herstellung eines Smartphones werden etwa 60 verschiedene Materialien, vor allem Kunststoff, Glas und Metalle wie Gold, Silber, Kupfer oder Blei benötigt. Seltene Rohstoffe wie Gold und Coltan sind nur an wenigen Orten auf der Erde in geringen Mengen zu finden. Die Gewinnung dieser Rohstoffe ist oft mit schlechten Arbeitsbedingungen und starken Umweltzerstörungen verbunden. Auch das steigende Aufkommen von Elektroschrott ist in den letzten Jahren zu einem wachsenden Problem geworden.

Neue Geräte und Technologien kommen in immer kürzeren Abständen auf den Markt, was dazu führt, dass vorige Geräte schneller veralten und ersetzt werden. Was passiert mit den alten Geräten? Wie kann dem immer größer werdenden Müllaufkommen entgegengewirkt werden?

Um die Millionen Tonnen Elektroschrott zu reduzieren, gibt es den Trend, Altgeräte nicht wegzuwerfen, sondern zu reparieren. Insbesondere in den großen Städten haben sich zunehmend Reparaturkaffees etabliert, in denen man für ein geringes Entgelt seine kaputten Geräte instand setzen lassen kann. Einige Bundesländer bieten einen Reparaturbonus an, bei dem man finanzielle Unterstützung für Reparaturen erhält.

M3 Reparieren statt wegwerfen

AUFGABEN

1 Beschreibe, inwiefern die fortschreitende Digitalisierung die globalen Umweltprobleme verstärkt (M1, M2).

2 Neuer, schöner, besser: „Muss es immer das neuste Smartphone sein?“ Nimm begründet Stellung unter Berücksichtigung der Dimensionen der Nachhaltigkeit.

Führt dazu eine Klassendiskussion durch.

M4 Zerkleinerung von Elektroschrott auf einer Müllkippe in Accra (Ghana) und Sortierung der Wertstoffe in China

Unser Müll in aller Welt – Beispiel Elektroschrott

Jährlich gelangen Tausende Tonnen Gebrauchtgeräte und Elektroschrott nach Afrika und Asien. Die Entsorgung findet meist unter gesundheits- und umweltschädlichen Bedingungen statt. Die Arbeiter verbrennen Plastik von Kabeln und sammeln Wertstoffe. Dabei sind sie giftigen Substanzen wie Blei, Quecksilber und Arsen ausgesetzt.
Wegen der wachsenden Nachfrage nach Rohstoffen gewinnt das Recycling von Elektroartikeln an Bedeutung. Das Recyceln der Geräte ist wegen der hohen Umweltauflagen in den Länder des Globalen Nordens sehr teuer. Deshalb werden viele Altgeräte illegal in Länder des Globalen Südens verschickt, um dort die begehrten Rohstoffe zurückzugewinnen. Über 50 Prozent des Elektromülls bilden wertvolle Metalle. Elektroschrott ist die weltweit am schnellsten wachsende Abfallart. In vielen Ländern ist eine eigene Industrie der Wiederverwertung entstanden.

[...] Die neuen Vorschriften sorgen dafür, dass die Hersteller rechtzeitig und kostengünstig Reparaturen durchführen und die Verbraucherschaft über ihr Recht auf Reparatur informieren. Bei Geräten, die in der Gewährleistungszeit repariert werden, wird der Haftungszeitraum um ein Jahr verlängert, sodass es sich noch mehr lohnt, sich für die Reparatur statt für den Kauf eines neuen Geräts zu entscheiden.
Aber auch nach Ablauf der gesetzlichen Gewährleistung müssen die Hersteller gängige Haushaltsprodukte wie Waschmaschinen, Staubsauger und sogar Smartphones reparieren, die nach EU-Recht technisch reparierbar sind. [...]
Nach Angaben der Kommission entstehen in der Union pro Jahr bei der vorzeitigen Entsorgung noch brauchbarer Konsumgüter 261 Mio. Tonnen CO_2-Äquivalent, und dabei werden 30 Mio. Tonnen Ressourcen unnötig verbraucht und 35 Mio. Tonnen Abfall verursacht. Den Verbrauchern, die anstelle von Reparaturen Neuanschaffungen vornehmen, entstehen dadurch zudem jährlich Verluste in Höhe von etwa 12 Mrd. EUR. Darüber hinaus wird erwartet, dass die neuen Vorschriften 4,8 Milliarden Euro an Wachstum und Investitionen in der EU auslösen werden. [...]

Quelle: Recht auf Reparatur: Reparieren einfacher und attraktiver machen. Pressemitteilung Europäisches Parlament Online. Straßburg, 23.04.2024

M5 Neues EU-Richtlinie für Recht auf Reparatur

AUFGABEN

3 a) Beurteile das neue EU-Gesetz für ein Recht auf Reparatur (M5).

b) Entwickelt Vorschläge, wie ihr selbst dem Elektroschrottproblem entgegenwirken könnt.

c) S Erstellt einen Audiobeitrag, der das globale Problem Elektroschrott überzeugend vermittelt.

Wahlthema: Globales Problem – Plastikmüll

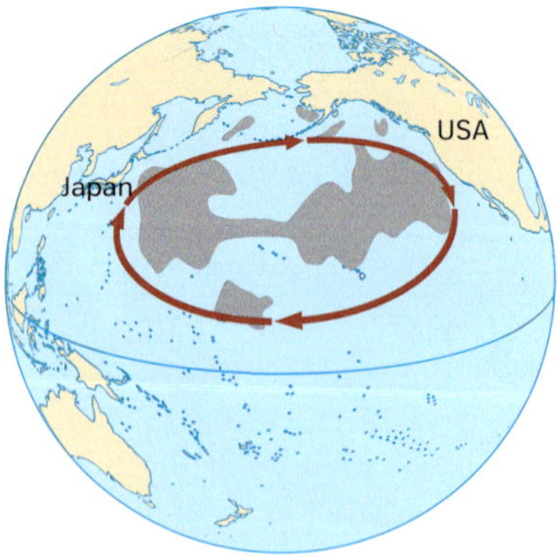

M1 Lage des großen pazifischen Müllstrudels

M2 Plastikmüll im Meer

Schätzungen gehen davon aus, dass sich mittlerweile zwischen 100 und 142 Mio. t Müll in den Meeren befinden. Jährlich kommen bis zu weitere 10 Mio. t dazu. Woher kommt der Müll und welche Probleme verursacht er?

Plastik im Weltmeer

Jährlich landen Millionen Tonnen Müll im Weltmeer: Tüten, Trinkbecher, Benzinkanister, Fischernetze u. v. m. Schätzungen gehen davon aus, dass mindestens drei Viertel des Mülls in den Meeren aus Plastik bestehen. Rund 80 Prozent des Plastikmülls kommen vom Festland. Darüber hinaus werden jeden Tag Milliarden winziger Plastikteilchen, sogenanntes Mikroplastik, mit dem Abwasser ins Meer gespült. Es ist im Duschgel, Shampoo und in anderen Kosmetika enthalten. Auch Waschmaschinenabwasser enthält kleine Kunststofffasern (z. B. Polyester, Nylon). In den meisten Kläranlagen können diese Plastikteilchen noch nicht aus dem Abwasser herausgefiltert werden. Rund 15 Prozent des gesamten Plastikmülls schwimmen auf dem Meer und etwa genauso viel Müll wird an die Meeresküsten zurückgespült. Der Rest sinkt im Laufe der Zeit auf den Meeresboden.

Plastik gelangt vor allem durch die großen asiatischen Flüsse ins Weltmeer. Aber auch die Länder des Globalen Nordens tragen zur Plastikverschmutzung bei. Australien, die USA und Großbritannien verursachen pro Kopf den meisten Einwegplastikmüll. Ein Teil dieses Mülls wird in die Länder des Globalen Südens transportiert und gelangt von dort auch in die Weltmeere.

Im Nordpazifik befindet sich, bedingt durch die Meeresströmungen, ein riesiger Müllstrudel. Wissenschaftler haben ermittelt, dass es sich im östlichen Bereich, zwischen Hawaii und Nordamerika, um ca. 80 000 t Plastik handelt.
Diese treiben in einem Gebiet von rund 1,6 Mio. km². Das ist im Vergleich zur Fläche von Deutschland etwa 4,5-mal so groß. Der Müllteppich enthält Plastikteile unterschiedlicher Größe wie Fischernetze, Flaschen, Kisten, Plastikverschlüsse und viele sehr kleine Stücke. Frühere Schätzungen waren niedriger. Mit großer Wahrscheinlichkeit wächst die Ansammlung an Plastik weiter. Der große pazifische Müllstrudel ist nur einer von vielen Müllteppichen im Weltmeer.

M3 Der große pazifische Müllstrudel – Merkmale

AUFGABEN

1 a) Beschreibe das Foto M2.
b) Beurteile die Kernaussage des Fotos (M2).

2 Recherchiere zur Entwicklung des großen pazifischen Müllstrudels (M1, M3, Internet).

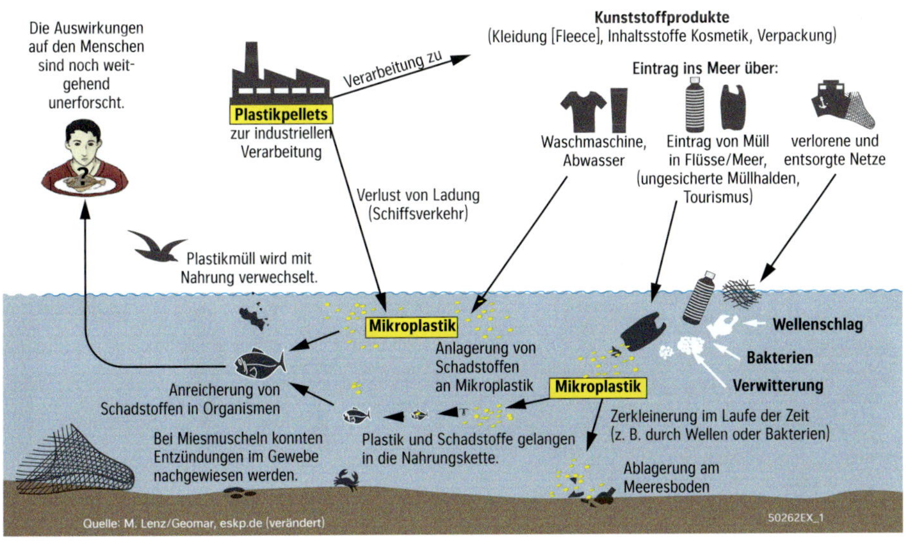

M4 Plastik im Meer

M6 Säuberungsaktion im Pazifik – im Ozean aufgelesener Plastikmüll wird an Land gebracht und recycelt.

Eine geniale Idee

Mit einer innovativen Idee des jungen niederländischen Ingenieurs Bojan Slat soll der Pazifik vom Müll gesäubert werden. Ihm gelang es, ausreichend Gelder zu sammeln, um das Projekt „The Ocean Cleanup“ zu entwickeln. Mithilfe von über 600 m langen aneinandergereihten Schwimmkörpern, an denen zusammengewebte Kunststofffäden drei Meter tief hängen, werden die Plastikteile aufgefangen. Das System treibt einige Zeit allein – nur angetrieben durch die Strömung und den Wind. Später wird der gesammelte Müll durch ein Schiff aufgenommen und an Land recycelt. Vom August 2021 bis Juli 2022 wurden über 100 t Müll im Pazifik gesammelt. Um den Strudel zu beseitigen, müsste diese Aktion noch 1000-mal wiederholt werden. Mit einem neuen, verbesserten System soll die Effektivität erhöht werden.

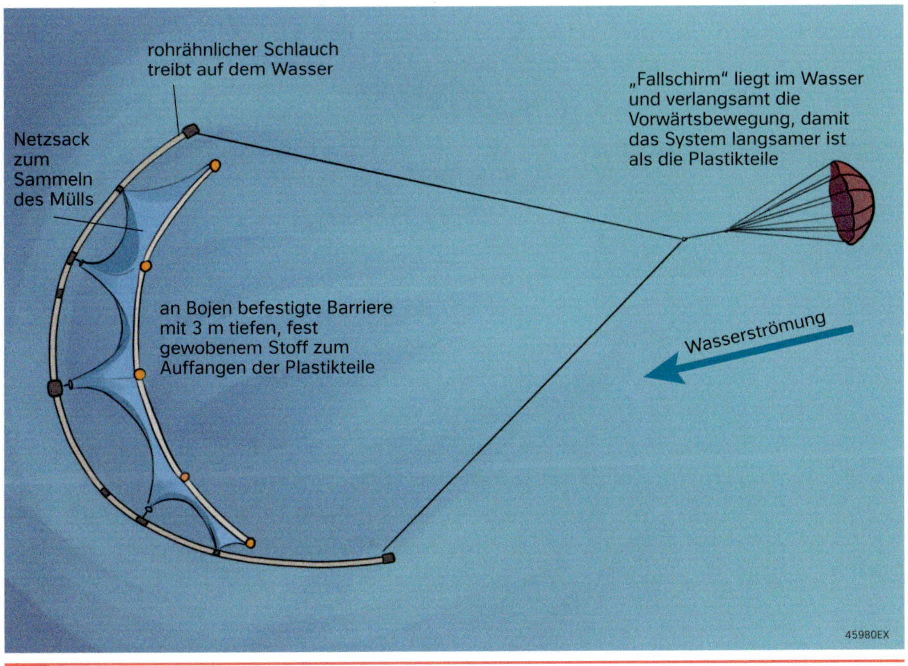

M5 „The Ocean Cleanup“-Projekt

AUFGABEN

3 Ⓢ Beschreibe den Weg des Plastiks von der Herstellung in die Ozeane und zum Menschen (M4).

4 Beurteile die Folgen der Belastung der Meere mit Plastikmüll (M1, M4).

5 a) Ermittle, welchen Plastikmüll du in deinem Alltag verursachst.

b) Überlege, wie du die Menge des eigenen Plastikmülls verringern kannst.

6 Bewerte die Projekte gegen den Plastikmüll (M5, M6).

INFO

Pandemie
Dieser Begriff bezeichnet eine weltweite Ausbreitung einer Infektionskrankheit mit hohen Erkrankungszahlen und häufig auch schweren Krankeitsverläufen. Eine Pandemie ist räumlich unbegrenzt, sie weitet sich über Kontinente und Ländergrenzen hinweg aus.

M1 Leere Tische und Stühle vor einem Brauhaus in der City von Köln. Die Gastronomie musste zur Bekämpfung der Corona-Pandemie schließen.

Die Infektionskrankheit COVID-19, verursacht vom Corona-Virus, hatte neben gesundheitlichen auch tiefgreifende gesellschaftliche Folgen. Schulen wurden ebenso wie Freizeiteinrichtungen zeitweise geschlossen. Reisen war, wenn überhaupt, nur unter erschwerten Bedingungen möglich. Wie aber hat sich die Corona-Pandemie auf den Welthandel ausgewirkt? Wie reagierten die Unternehmen auf Corona?

Corona – Folgen für den Welthandel

Die Corona-Pandemie hat die globalen Handelsströme empfindlich gestört. Dies zeigte sich im Jahr 2020, aber auch in den darauf folgenden Jahren. Zu Beginn der Corona-Krise waren keine Schutzmasken zu bekommen. Dann waren Regale in Supermärkten leer. Schließlich fehlte es an Mikrochips. Die Lieferketten funktionierten nicht mehr wie gewohnt. In Europa behinderten geschlossene Ländergrenzen zeitweise den Handel. Strenge Grenzkontrollen verzögerten den Import und Export von Waren. Weltweit brach der Gütertransport mit Flugzeugen (Luftfracht) zusammen. Einige Seehäfen wurden wochenlang geschlossen. Der Hamburger Hafen vermeldete einen Rückgang der Schiffsfracht von 40 Prozent. Lieferausfälle aus China und Europa brachten die Produktion in deutschen Fabriken zeitweise zum Stillstand.
Länder, Staatenverbünde wie die EU und Unternehmen überlegen, ob die Diversifikation, d. h., Zulieferer aus verschiedenen Ländern zu haben, eine Lösung wäre, um die Abhängigkeiten im Welthandel zu verringern. Eine zentrale Rolle spielt dabei der Handel mit China. Das Land ist der wichtigste Handelspartner von Deutschland und vielen anderen Ländern.

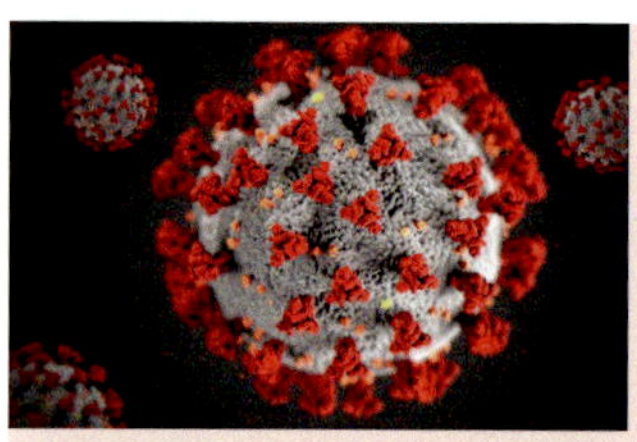

Während der Corona-Pandemie 2020 bis 2022 ergriff die chinesische Regierung drastische Maßnahmen. Sie verfolgte eine Null-Covid-Strategie. Die Behörden griffen rigoros durch. So wurde zum Beispiel im Jahr 2021 der Hafen Yantian ohne Vorwarnung plötzlich gesperrt. Mehrere Hafenarbeiter hatten sich mit Corona infiziert. Yantian ist der viertgrößte Containerhafen der Welt. Vor dem Hafen stauten sich zeitweise 130 Frachtschiffe. Sie konnten weder entladen noch beladen werden. Im Hafen Yantian stapelten sich 500 000 Container. Von dort aus werden 90 Prozent aller in China hergestellten Elektronikprodukte (z. B. Laptops, Mikrochips) exportiert. Die Unterbrechung der Lieferkette in China wirkte sich auch in Deutschland aus.

M2 Die Corona-Pandemie hatte weltweite Auswirkungen. Überall auf der Welt erkrankten Menschen. Die Länder ergriffen unterschiedliche Maßnahmen. Chinas Maßnahmen wirkten sich weltweit aus.

AUFGABEN

1 Ⓦ Beschreibe die Auswirkungen der Corona-Pandemie auf den Welthandel (M2 – M5)
A in einem Text.
B mithilfe eines Wirkungsgefüges.

2 Ⓢ „Die Globalisierung hat zu großen Abhängigkeiten geführt." Erläutere diese Aussage.

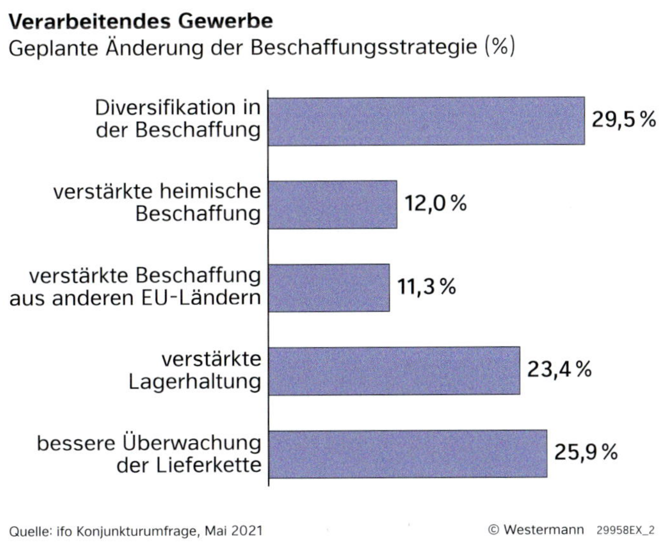

Lesehinweis M3: Die Abbildung zeigt die geplante Änderung der Beschaffungsstrategie (Anteil der Unternehmen) im verarbeitenden Gewerbe.

M3 **Maßnahmen von Unternehmen für robustere Lieferketten**

M5 **Karikatur**

Strategien zur Unabhängigkeit von Lieferketten

Mikrochips stecken zum Beispiel in Smartphones, Spielekonsolen, Fernsehern, Haushaltsgeräten und Autos. Die Industrie in Europa ist auf den Import von Mikrochips aus ostasiatischen Ländern und den USA angewiesen. Während der Corona-Pandemie gab es jedoch Lieferschwierigkeiten. Deshalb will sich die EU von Chipimporten unabhängiger machen und ihren Anteil an der weltweiten Chip-Produktion auf 20 Prozent steigern. Dazu sollen bis zum Jahr 2030 rund 43 Milliarden Euro investiert werden. Bis die ersten Chips aber in den neuen, modernen Fabriken produziert werden können, wird es noch Jahre dauern.
Unternehmen müssen Kosten sparen, damit sie weltweit konkurrenzfähig sind. Deshalb haben auch deutsche Unternehmen ihre Produktion von Zulieferteilen nach China verlagert. Nun überlegen sie, ob sie die Produktion zumindest teilweise nach Europa zurückverlagern sollen. Die Lieferketten wären kürzer und vielleicht weniger anfällig. Kürzere Transportwege belasten auch die Umwelt nicht so stark (CO_2-Ausstoß). Durch Automatisierung und Digitalisierung der Produktion könnten höhere Arbeitskosten zum Teil wettgemacht werden.

Flugzeuge bleiben am Boden, Kundinnen und Kunden können nicht mehr mit Karte bezahlen, Fernsehsender müssen ihren Betrieb einstellen, Krankenhäuser gar ihre Operationen verschieben: Ein weltweiter IT-Ausfall hat am Freitag große Teile des alltäglichen Lebens lahmgelegt. [...] Das Problem in diesem Fall: Eine Software des Unternehmens Crowdstrike – eine Art Antivirenprogramm, das vor allem von Unternehmen genutzt wird. [...] Mit der fortschreitenden Digitalisierung haben viele Firmen eigene Rechenzentren, Kompetenzen und Ressourcen abgebaut, weil sie vergleichsweise teuer sind. Statt einer traditionellen IT-Infrastruktur setzen viele heute auf die bequemen Cloud-Komplettlösungen der Tech-Anbieter. [...] Fällt dann ein großer Player am Markt aus, hat das gleich enorme Auswirkungen auf das alltägliche Leben. [...]

Quelle: Matthias Schwarzer: Die Monopolstellung der Tech-Konzerne ist gefährlich. RND Online. Verlagsgesellschaft Madsack GmbH & Co. KG. Hannover, 19.07.2024

M4 **Mögliche Gefahren für die IT-Branche**

AUFGABEN

3 a) Beschreibe die möglichen Strategien zur Vermeidung von Lieferengpässen (M3).

b) S Beurteile die Strategien unter Berücksichtigung der Dimensionen der Nachhaltigkeit.

4 a) Überlege, welche Auswirkungen eine weltweite „IT-Pandemie" haben könnte (M4).

b) Diskutiert, von welchen Folgen ihr selbst direkt betroffen wärt.

Globalisierung – Gewinner und Verlierer

INFO

Länder des Globalen Südens (veraltet auch Entwicklungsländer genannt) sind Länder, die im Vergleich zu **Ländern des Globalen Nordens** (veraltet auch Industrieländer genannt) weniger weit entwickelt sind.
Diese geringere Entwicklung bezieht sich meist auf alle Bereiche der Gesellschaft (z. B. Wirtschaft, Bildung, Infrastruktur, Lebensstandard).

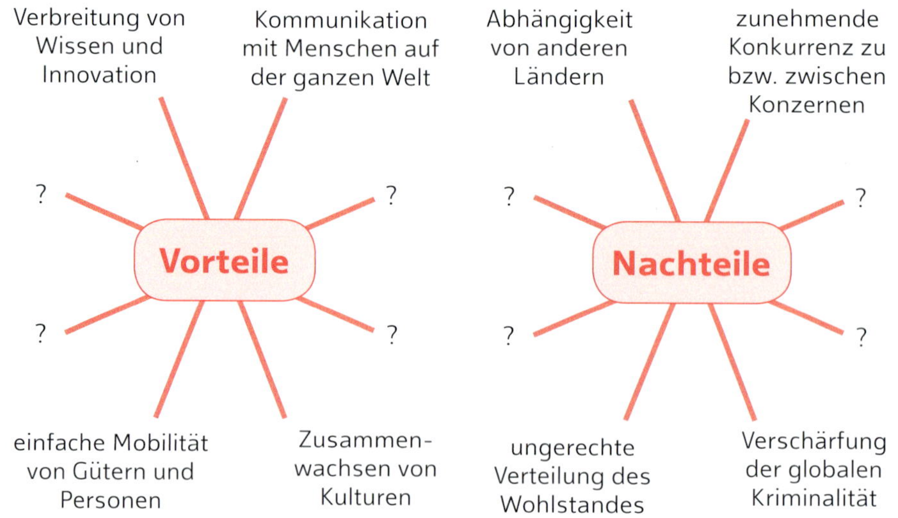

M1 Vor- und Nachteile der Globalisierung

Globalisierung heißt auch, dass jeder jederzeit Waren aus verschiedenen Ländern der Welt kaufen kann. Daher wird von dem Einzelnen Globalisierung positiv wahrgenommen. Welche Schattenseiten dieses Prozesses gibt es?

Ist Globalisierung positiv oder negativ?

Eine Antwort auf die Frage fällt schwer. Weltweit ist zwar der Lebensstandard gestiegen und die **Länder des Globalen Südens** haben im Welthandel aufgeholt. Gleichzeitig sind aber die Gegensätze zwischen Arm und Reich gewachsen, vor allem innerhalb der Länder. Daher wäre es zu einfach, die **Länder des Globalen Nordens** als Gewinner und die Länder des Globalen Südens als Verlierer zu bezeichnen. Länder wie Vietnam können insgesamt Gewinner sein, weil der Handel und das durchschnittliche Einkommen pro Einwohner angestiegen sind. Dennoch profitieren viele nicht von der Globalisierung, zum Beispiel Kleinbauern, die nicht für den Weltmarkt produzieren oder keine Arbeit finden. Die Globalisierung schafft zwar Arbeitsplätze, aber sie vernichtet auch welche. So gehen in Afrika beim Verkauf von Altkleidern aus Europa Textilfabriken bankrott, andererseits entstehen Arbeitsplätze beim Transport, Sortieren und Umarbeiten der Altkleider. Selbst wenn Arbeitskräfte unter ausbeuterischen Bedingungen arbeiten, sind sie nicht nur als Verlierer anzusehen. Die Frage ist, welche Alternative es gibt. Sie verdienen zwar wenig, verbessern aber das Einkommen ihrer Familien. So wirkt die Globalisierung auf jeden Ort der Welt.

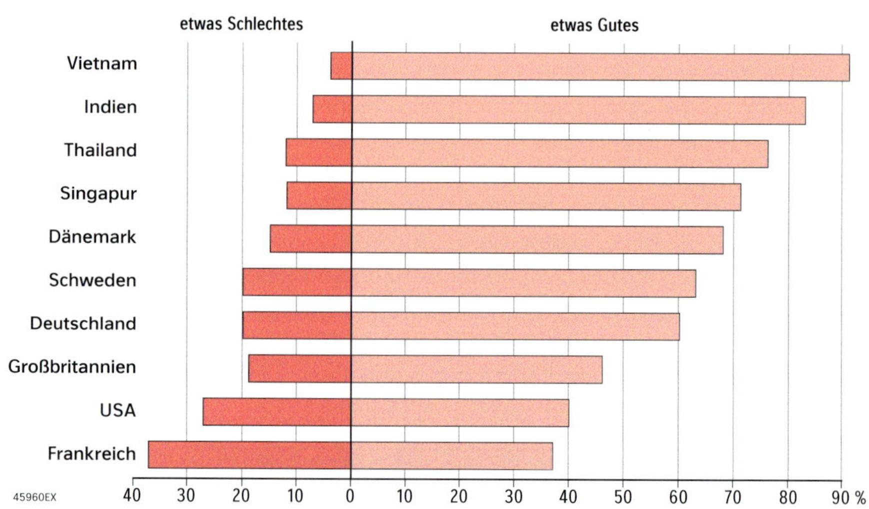

M2 Umfrage: Ist Globalisierung etwas Gutes oder etwas Schlechtes?

AUFGABEN

1 a) Ⓢ Werte das Diagramm M2 aus.
b) Überlege, welche Gründe es für die unterschiedlichen Meinungen geben könnte (M2, Atlas).

2 Werte M5 aus.

3 Arbeitet zu zweit.
a) Übernehmt M1 in eure Hefter und ergänzt.
b) Erläutert Beispiele für die Vor- und Nachteile aus M1.
c) Diskutiert diese (M1, M3).

Digital+
WES-115816-110

1. **auf einem Markt in Nigeria:** Händler und Handwerker konkurrieren vergeblich mit billiger Importware: ein örtlicher Schreiner mit einem Geschäft mit Plastikstühlen aus China; ein Imbiss-Laden mit einem KFC-Lokal. Marktstände, die handgefertigte Souvenirs für Touristen anbieten, erzielen gute Gewinne.
2. **auf allen Kontinenten:** Globale Ketten verdrängen einheimische Geschäfte und Restaurants. Die Haupteinkaufsstraßen europäischer Großstädte werden sich ähnlicher.
3. **in Deutschland:** Betriebe, zum Beispiel in der Textilherstellung, verlagern Teile ihrer Produktion ins Ausland, weil die Löhne dort vergleichsweise niedrig sind. Dadurch entfallen hier Arbeitsplätze. Allerdings bleiben die Waren so weltweit konkurrenzfähig und für die Verbraucher preiswert.

M3 Beispiele für Gewinner und Verlierer

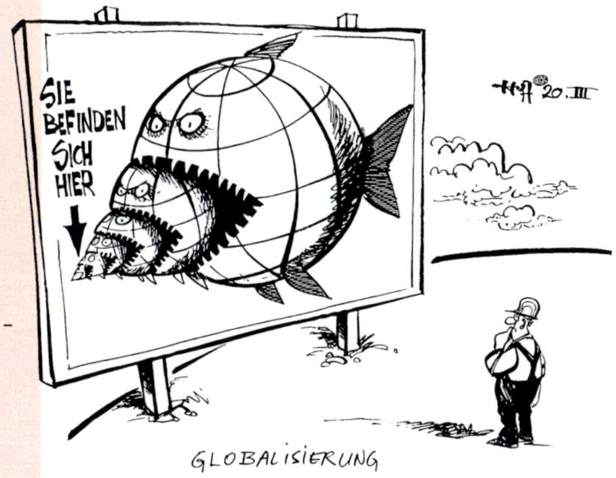

M6 Die Großen fressen die Kleinen.

Offiziell arbeiten wir jeden Tag von 8:00 Uhr bis 12:30 Uhr, dann haben wir eine Mittagspause. Anschließend arbeiten wir von 13:00 Uhr bis 17:00 Uhr. Aber wir müssen fast jeden Tag Überstunden machen. Manchmal arbeiten wir bis 2:00 Uhr oder 3:00 Uhr morgens. Auch wenn wir noch so erschöpft sind, können wir keine Überstunden ablehnen, weil wir jedes zusätzliche Geld brauchen. Manchmal würden wir gern freinehmen, aber unser Arbeitgeber lässt das nicht zu.
Ich verdiene umgerechnet im Schnitt 50 Euro pro Monat. Davon zahle ich 3 Euro für Strom, Wasser und meine Schlafstelle. Außerdem zahle ich 5 Euro für Reis. So habe ich 42 Euro übrig. Davon leben meine Eltern, meine Töchter und ich. Das klingt zwar nicht viel. Man kann aber gerade so davon leben.

M4 Bericht einer Arbeiterin aus Kambodscha

Länder des Globalen Südens
Länder des Globalen Nordens

Land	Zuwachs in Prozent
China	610
Südkorea	380
Polen	375
Slowenien	300
Griechenland	220
Deutschland	130
Kanada	100
Argentinien	50
Norwegen	20

M5 Zuwachs des BIP pro Einwohner zwischen 1990 – 2018 durch zunehmende Globalisierung

AUFGABEN

4 Begründe aus Sicht einer Frau in Kambodscha, warum sie trotz niedriger Löhne und langer Arbeitszeiten als Näherin arbeitet (M4).

5 Interpretiere die Karikatur (M6).

Mystery: Warum könnte es für Nestlé von Vorteil sein, wenn Menschen in stressigen Situationen sind?

M1 **Es begann mit der Sorte „Erdbeere", die sehr erfolgreich war, gefolgt von weiteren Varianten wie Apfel, Banane, Süßkartoffel, Grüner Tee und sogar Wasabi.**

Global Player, insbesondere Unternehmen der Nahrungsmittelindustrie, passen ihre Produkte an die Nachfrage und Gewohnheiten im jeweiligen Land an. Nestlé ist seit 1973 mit seinem Schokoriegel KitKat auf dem japanischen Markt besonders erfolgreich.

In Japan ist eine gute Schulbildung entscheidend für den Erfolg. Schüler besuchen neben der Schule spezielle Nachhilfeschulen, um sich auf Prüfungen vorzubereiten, die entscheiden, welche Universität sie besuchen können. Besonders Schüler aus finanziell schwächeren Familien sind auf staatliche Universitäten angewiesen, was den Druck zusätzlich erhöht. Nach der Prüfung berechnen die Schüler ihre Ergebnisse und erfahren, wie sie im nationalen Ranking abschneiden.

M2 Schulbildung in Japan: Ein Wettlauf um die Zukunft

AUFGABE

Bildet Gruppen mit drei Schülern. Nutzt eine Kopie der Informationskärtchen (S. 113), um sie zu zerschneiden oder öffnet den QR-Code.
Folgt nun der im Methodenkasten beschriebenen Vorgehensweise und arbeitet gemeinsam daran, eine Antwort auf die Mystery-Frage zu finden: „Warum könnte es für Nestlé von Vorteil sein, wenn Menschen in stressigen Situationen sind?"

Hier findest du die Informationskärtchen digital:

Digital+

WES-115816-112

Wie führt ihr ein Mystery durch?

1 2 3 4 5

So führt ihr ein Mystery durch.

Ein „Mystery" ist ein Rätsel, das in Gruppenarbeit gelöst wird. Dabei wird eine Leitfrage durch das Sortieren und Verknüpfen von Informationskarten bearbeitet. Es gibt mehrere Lösungswege: Einige Karten sind zielführend, andere nur unter bestimmten Blickwinkeln relevant oder (scheinbar) unwichtig. Das Ziel ist es, gemeinsam als Gruppe eine mögliche Antwort auf die Frage zu finden.

1. **Lest** die Mystery-Frage und die Informationskärtchen aufmerksam durch.
2. **Diskutiert in der Gruppe,** welche Karten für die Lösung wichtig sind und welche nicht. Überlegt, wie die Informationen miteinander verknüpft werden können.
3. **Ordnet die Kärtchen so, dass ihr Zusammenhänge erkennen könnt.** Die Nummern auf den Kärtchen sind nur als Orientierung gedacht, falls später im Plenum auf bestimmte Informationen Bezug genommen wird. Die Art der Anordnung ist euch freigestellt.
4. **Verbindet** die relevanten Karten und **formuliert gemeinsam eine mögliche Antwort** auf die Mystery-Frage.
5. Haltet die gefundene Antwort **schriftlich** fest.

① Yuna Tanaka ist 18 Jahre alt. Sie will Architektur studieren.

② Bei den Prüfungen werden Punkte vergeben. Die Punktzahl entscheidet darüber, welche Universität man besuchen darf.

③ Vom Ergebnis bei den zentralen Prüfungen hängt die berufliche und finanzielle Zukunft der Studierenden ab.

④ Yuna Tanaka hat ein Jahr lang für die Aufnahmeprüfungen der Universitäten gebüffelt.

⑤ Wer mit seiner Punktzahl unzufrieden ist, kann ein Jahr lang weiterlernen und sich zur Prüfung im folgenden Jahr anmelden.

⑥ Man wollte 2021 auch den Multiple-Choice-Test reformieren. Das scheiterte aber am Protest der Eltern.

⑦ 2021 legten 535 000 Oberschulabsolventen die Prüfungen in 681 Testzentren ab.

⑧ Die Schülerinnen und Schüler stehen unter einem enormen Leistungsdruck, auch Yuna Tanaka.

⑨ An einem Wochenende im Januar finden die nationalen Aufnahmeprüfungen für die Universitäten statt.

⑩ Je höher eine Universität in der nationalen Rangliste steht, desto mehr Punkte braucht man für eine Zulassung zu dieser Universität.

⑪ Wer an einer guten staatlichen Universität einen Abschluss erreicht, hat gute Aussichten auf eine Anstellung bei Top-Unternehmen wie Toyota und Sony.

⑫ Yuna Tanaka hat an den Wochenenden Intensivkurse in Juku-Paukschulen absolviert.

⑬ 2021 wurden Inhalt und Stil der Prüfung in Englisch verändert. Seitdem macht das Hörverständnis 50 Prozent der Punktzahl aus.
Vorher waren es nur 20 Prozent.

⑭ Yuna Tanaka wird einen Schokoriegel der Marke KitKat mit zu den Prüfungen nehmen.

⑮ Den Schokoriegel KitKat gibt es in Japan in über 30 Sorten und in über 400 verschiedenen Geschmacksrichtungen, die sogar regional verschieden sind.

⑯ Es gibt mittlerweile viele Glücksbringer aus der Lebensmittelbranche wie Schokoriegel oder Nudelsuppen.

⑰ An staatlichen Universitäten sind die Studiengebühren etwa um die Hälfte niedriger als an privaten Universitäten.

⑱ Der Absatz von Schokoriegeln steigt während der Prüfungszeit enorm an.

⑲ Kitkat wird auf Japanisch "kitto katsu" ausgesprochen. Das bedeutet so viel wie „Viel Glück!“.

⑳ KitKat hat in Japan Kult-Status und viele Fans, die auf neue Geschmacksrichtungen warten.

㉑ Die Tageszeitungen veröffentlichen die Lösungen der Aufgaben nach dem Prüfungswochenende.

㉒ KitKat ist seit 1973 auf dem japanischen Markt und dort sehr erfolgreich.

㉓ Es gibt den Schokoriegel KitKat in Japan zum Beispiel in den Geschmacksrichtungen Erdbeere, Apfel, Banane, Süßkartoffel, Grüner Tee und Wasabi.

㉔ Hayato Nakamuro ist Konditormeister und entwirft immer neue Geschmacks-richtungen, um möglichst viele Menschen zu erreichen.

M3 Informationskärtchen

Europa

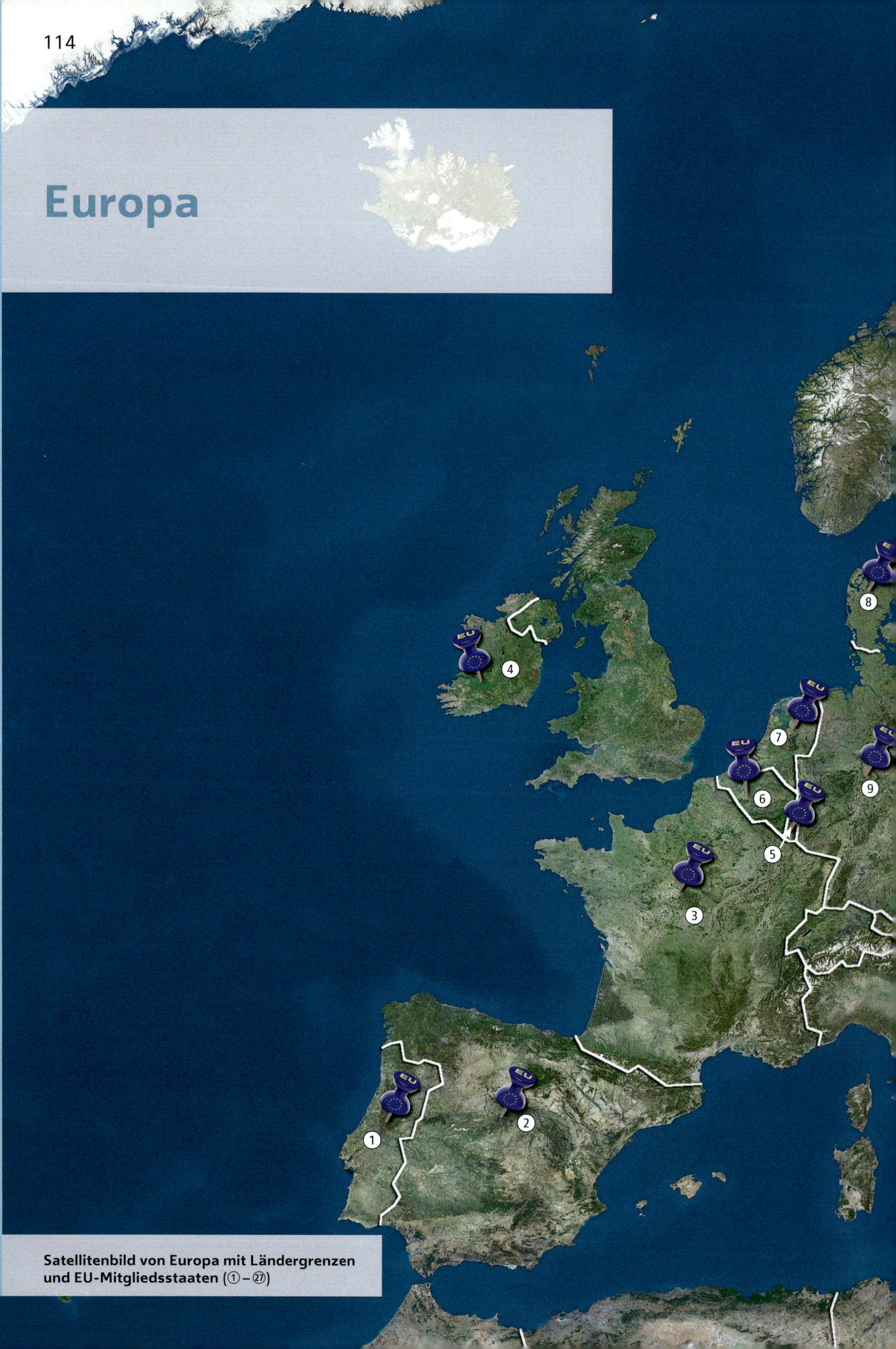

Satellitenbild von Europa mit Ländergrenzen und EU-Mitgliedsstaaten (① – ㉗)

27
26
25
24
23
22
19
18
12
17
14
15
13
16
10
20
11
21

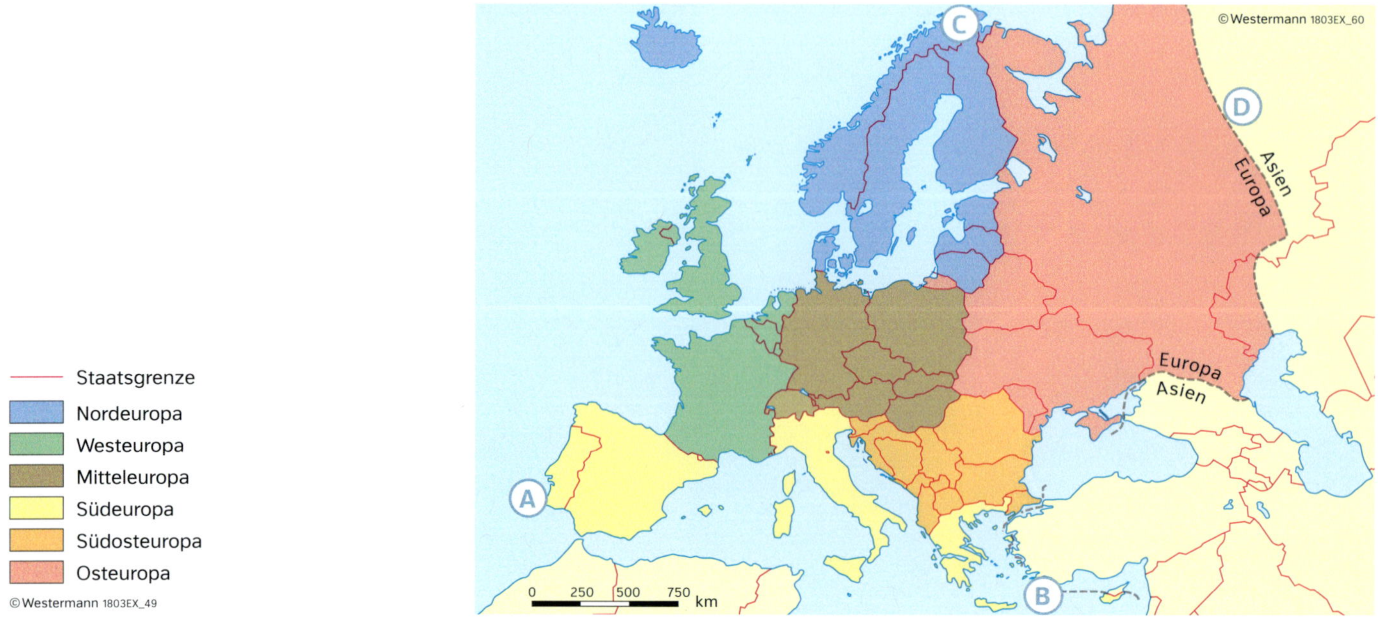

M1 **Großregionen Europas: Genauso wie die Großregionen Europas ist auch der Grenzverlauf zwischen Europa und Asien nicht offiziell festgelegt.**

Europa – Lage und Grenzen

Europa, der Kontinent, auf dem wir leben, vielleicht warst du schon in Europa in den Ferien unterwegs und kennst dich aus. Was gehört alles zum Kontinent Europa?

Der Kontinent Europa wird im Norden, Süden und Westen durch Ozeane und Meere begrenzt. Der Grenzverlauf zum Kontinent Asien im Osten lässt sich dagegen schwieriger beschreiben. Eine Möglichkeit der Grenzziehung im Osten ist die entlang des Uralgebirges und des Uralflusses, weiter am Kaspischen Meer, nördlich des Kaukasus, durch das Schwarze Meer bis zum Bosporus. Dieser Grenzverlauf ist dabei nicht offiziell festgelegt und hängt von geschichtlichen, kulturellen und politischen Faktoren ab.
Der europäische Teil Russlands nimmt fast die Hälfte des Kontinents ein. Dem gegenüber stehen sogenannte Zwergstaaten wie Monaco und San Marino. Die Staaten Europas können nach ihrer Lage unterschiedlichen Großregionen zugeordnet werden.
Auf dem Kontinent Europa leben rund 751 Mio. Menschen in 47 Staaten (Stand 2023). Der Großteil davon lebt in den großen Städten Mitteleuropas und an den Küsten West- und Südeuropas. Weitaus weniger Menschen bewohnen den Norden Europas und die Gebirgsregionen.

M2 **Geografische Punkte Europas**

AUFGABEN

1 Ⓢ Beschreibe die geografische Begrenzung Europas (M1, Atlas).

2 Ordne jeder Großregion Europas drei Länder zu (M1, Atlas).

3 Ordne die Zahlen 1 – 4 in M2 den richtigen Buchstaben A – D in M1 zu (Atlas).

4 Bestimme die jeweiligen Koordinaten von zwei geografischen Punkten Europas (M2, Atlas).

Religion
In Europa gibt es heute viele verschiedene Religionen. Die vorherrschende ist das Christentum. Ab etwa 350 n. Chr. verbreitete sich das Christentum in Europa von Rom aus. Heute gehören rund 65 Prozent aller Bewohner Europas zur christlichen Religionsgemeinschaft.

Kunst und Architektur
Kirchen und Schlösser wurden in Europa zu bestimmten Zeiten nach ähnlichen Bauplänen errichtet. Auch die Stile in Gartenbau, Malerei und Musik waren in ganz Europa verbreitet und wurden nachgeahmt.

Sprache
In Europa werden mehr als 150 Sprachen gesprochen. Bei vielen Sprachen ist eine Verwandtschaft zu erkennen. Ab etwa 400 n. Chr. wurde in der Kirche und bei den Gelehrten Latein gesprochen. Heute lernen Schülerinnen und Schüler in ganz Europa neben ihrer Muttersprache vorrangig Englisch.

Staatsform
Die in Europa weitestgehend vorherrschende Staatsform Demokratie entstand bereits vor über 2000 Jahren in Griechenland. Das moderne Europa verpflichtet sich zur Achtung der Freiheit und Menschenwürde sowie zur Fürsorge für Menschen in Not.

M3 Das verbindet viele Menschen in Europa.

Einer Sage nach war Europa eine schöne Königstochter in Asien. Göttervater Zeus verliebte sich in sie. Er verwandelte sich in einen Stier und entführte die Königstochter auf seinem Rücken von Asien auf die Insel Kreta. Der ganze Kontinent sollte ihren Namen tragen: Europa.

M5 Die Sage von Europa

Gemeinsamkeiten und Unterschiede

In Europa lebten schon immer viele unterschiedliche Völker. Dabei haben sich unterschiedliche Sprachen und verschiedene Lebensgewohnheiten und Traditionen entwickelt. Diese beeinflussen sich heute noch gegenseitig.
Trotz der Unterschiede in Sprache und Kultur verbinden die Europäer auch viele Gemeinsamkeiten. Zu diesen gehören die Ähnlichkeiten der Sprachwurzeln, die Geschichte, eine demokratische Staatsform und nicht zuletzt gemeinsame Wertvorstellungen wie Toleranz und Gerechtigkeit.
Die Herkunft des Namens „Europa" ist bis heute nicht geklärt. Einer Darstellung nach leitet sich der Name vom griechischen Wort „erebos" (deutsch: dunkel) ab. Das antike Seefahrervolk der Phönizier bezeichnete so die westlich gelegenen Gebiete, in denen abends die Sonne untergeht. Deshalb bekam Europa auch später den Namen „Abendland". Einer griechischen Sage nach geht der Name „Europa" auf die phönizische Königstochter Europa zurück.

M4 Eröffnungsfeier einer Fußball-Europameisterschaft

AUFGABEN

5 Erstelle eine Mindmap mit Gemeinsamkeiten und Unterschieden in der Lebensweise der Menschen in Europa (M3, Internet).

6 Erkläre, wie der Kontinent Europa zu seinem Namen gekommen sein könnte (M5).

M1 Nordrussisches Tiefland

M3 Vogesen, ein Mittelgebirge

Sowohl in Deutschland als auch in Europa gibt es Tiefländer, Inseln und Kanäle. Welche weiteren Gemeinsamkeiten und Unterschiede gibt es bei der naturräumlichen Gliederung von Deutschland und Europa?

Großlandschaften Europas

Der Kontinent Europa weist eine große Vielfalt in der Oberflächengestalt auf. Er gliedert sich in drei Großlandschaften: Tiefland, Mittelgebirgsraum und Hochgebirge.
Mehr als die Hälfte des Kontinents nimmt das Tiefland ein. Es reicht von der französischen Atlantikküste bis zum Ural. Tiefländer sind Aufschüttungsebenen, da die Flüsse das aus den Gebirgen mitgeführte Material dort ablagern. Das Tiefland ist eben bis hügelig und bis 200 m hoch. Europäische Tiefländer sind zum Beispiel das Nordrussische Tiefland, das Norddeutsche Tiefland, das Ungarische Tiefland, die Poebene und die Walachei.
Der Mittelgebirgsraum nimmt rund 34 Prozent der Fläche Europas ein. Die Vielgestaltigkeit der Mittelgebirge prägt den zentralen Bereich unseres Kontinents. Typisch für Mittelgebirge sind Hochflächen, Täler und abgerundete Berge, die meist bewaldet sind. Mittelgebirge weisen Höhen bis 2000 m auf. Zu diesem Raum gehören die deutschen Mittelgebirge wie der Harz und der Schwarzwald, aber auch der Böhmerwald, der bis Tschechien und Österreich reicht, die Vogesen in Frankreich und das Uralgebirge in Russland, das die Grenze zu Asien markiert.
Europa weist eine Vielzahl an Hochgebirgen auf. Diese haben Höhen von mehr als 2000 m. Hochgebirge sind durch steile und schroffe Felsen gekennzeichnet. Die Gipfel der Hochgebirge sind häufig mit Eis und Schnee bedeckt. Beispiele für europäische Hochgebirge sind die Alpen, an denen acht Länder Anteil haben, die Pyrenäen, die die Grenze zwischen Frankreich und Spanien bilden, das Skandinavische Gebirge in Norwegen und Schweden, auch Skanden genannt, und die Apenninen in Italien.

AUFGABEN

1 Ⓦ Wähle aus:

A Fertige eine kartografische Skizze zu den Großlandschaften Europas an (M1 – M4, Atlas).

B Erstelle eine Mindmap zu den Großlandschaften Europas (Lage, Höhe, Ausdehnung, Beispiellandschaften).

M2 Alpen, ein Hochgebirge

M4 Europas Inseln und Halbinseln (Auswahl)

Flüsse	Länge in km
Wolga	3534
Donau	2850
Ural	2430
Dnipro	2285
Rhein	1239
Seen	**Fläche in km²**
Ladogasee	17703
Onegasee	9720
Vänersee	5519
Peipussee	3555
Bodensee	536
Kanäle	**Länge in km**
Mittellandkanal	325
Main-Donau-Kanal	171
Moskau-Wolga-Kanal	128
Nord-Ostsee-Kanal	98
Amsterdam-Rhein-Kanal	72

M6 Gewässerkategorien Europas

Halbinseln, Inseln und Gewässernetz

Die Meere, die Europa begrenzen, reichen weit in das Festland hinein. Europas Küste ist stark in Inseln und Halbinseln gegliedert. Diese nehmen rund ein Viertel des Kontinents ein. Die Länge der Küste beträgt rund 40000 km. Die größte Inselgruppe Europas, die Britischen Inseln, wird durch den Ärmelkanal vom Festland getrennt. Die zweitgrößte Insel Island liegt im Atlantik, nordwestlich der Britischen Inseln.

Europa ist reich an Flüssen und Seen. Die längsten und wasserreichsten Flüsse befinden sich im Osten des Kontinents. Flüsse entspringen meist im Gebirge und münden in andere Flüsse oder in an Europa grenzende Meere. Die Fließrichtung der Flüsse wird von der Oberflächengestalt bestimmt. So fließen die großen Flüsse Europas entsprechend ihrem Gefälle in Richtung Norden oder Süden.

Delta

Die Donau ist ein wichtiger Handelsweg, Lebensgrundlage für viele Tierarten und bietet Erholung und Entspannung für die Menschen. Auf den letzten rund 75 km bis zur Mündung verzweigt sich der Fluss und bildet das sumpfige Donaudelta. Das mitgeführte Material, feiner Sand und Schlamm, lagert die Donau an der Mündung ab. So wächst das **Delta** jährlich 40 bis 50 m ins Schwarze Meer hinein. Das Donaudelta ist die größte Schilflandschaft der Erde. Das Schilf wird zur Herstellung von Papier, Pappe und von Hausdächern in der Region genutzt.

M5 Die Donau

AUFGABEN

2 a) Ⓢ Beschreibe die Gliederung des Küstenraumes (M4).

b) Nenne je vier Inseln und Halbinseln Europas (M4, Atlas).

3 a) Nenne die Länder, durch die die Donau fließt (M5, Atlas).

b) Erläutere die Bedeutung der Donau (M5).

4 Ⓢ Erstelle ein Säulendiagramm einer Gewässerkategorie deiner Wahl (M6).

5 Ⓔ Erweitere deine kartografische Skizze bzw. deine Mindmap aus Aufgabe 1 mit den Gewässern aus M6.

Türkei	3:1	Georgien
Portugal	2:1	Tschechien
Georgien	1:1	Tschechien
Türkei	0:3	Portugal
Tschechien	1:2	Türkei
Georgien	2:0	Portugal

M1 Ergebnisse der Europameisterschaft im Fußball 2024 Gruppe F

M2 An der Rue Charles de Gaulle auf der Insel Réunion im Indischen Ozean

Bei der Fußball-Europameisterschaft sind alle Staaten Europas teilnahmeberechtigt, dennoch gehören nicht alle Staaten zur Europäischen Union. Auch mit dem Euro kann man nicht in allen Staaten Europas bezahlen.

Wie kommt es zu so großen Unterschieden innerhalb Europas, obwohl es eigentlich ein Kontinent ist?

Was gehört eigentlich zu Europa?

Europa ist nach Australien der zweitkleinste Kontinent. Allerdings ist dieser nicht so klar abgegrenzt wie die große „Insel“ Australien. Europa liegt auf der gleichen Landmasse wie Asien. Die Grenze zwischen beiden Kontinenten ist nicht natürlich gegeben, sondern wurde aufgrund von politischen und kulturellen Aspekten festgelegt. Der genaue Verlauf dieser Grenze ist jedoch seit Jahrhunderten umstritten und verschob sich im Laufe der Zeit immer wieder nach Osten oder nach Westen.
Außerdem kann das Gebiet von Europa – je nachdem, welche Aspekte man betrachtet oder Organisationen man befragt – unterschiedlich bestimmt werden. Dies wird besonders deutlich, wenn man die Karten betrachtet, die jeweils verschiedene thematische Schwerpunkte setzen.
Zudem gibt es zahlreiche Gebiete, die außerhalb der europäischen Landmasse liegen, aber dennoch Europa zugeordnet werden. Hierzu zählen zum Beispiel die Kanarischen Inseln, La Réunion und die Falklandinseln. Aus historischen Gründen sind diese Regionen Ländern wie Spanien, Frankreich bzw. Großbritannien zugehörig.

AUFGABEN

1 a) Wertet die Karten in Gruppen aus (M3 – M9).
b) Begründet, welche Karten, eurer Vorstellung von Europa am nächsten kommen?

2 Die Türkei und Georgien spielen bei der Fußball-EM mit. Ermittle, nach welcher Definition die beiden Länder zu Europa gehören (M3 – M9).

3 Ⓢ Lokalisiere, wo auf der Welt die „Außenstellen Europas“ liegen und zu welchen Ländern sie gehören (Atlas).

4 Ⓔ Erkläre, was mit den Begriff „Eurasien“ gemeint sein könnte.

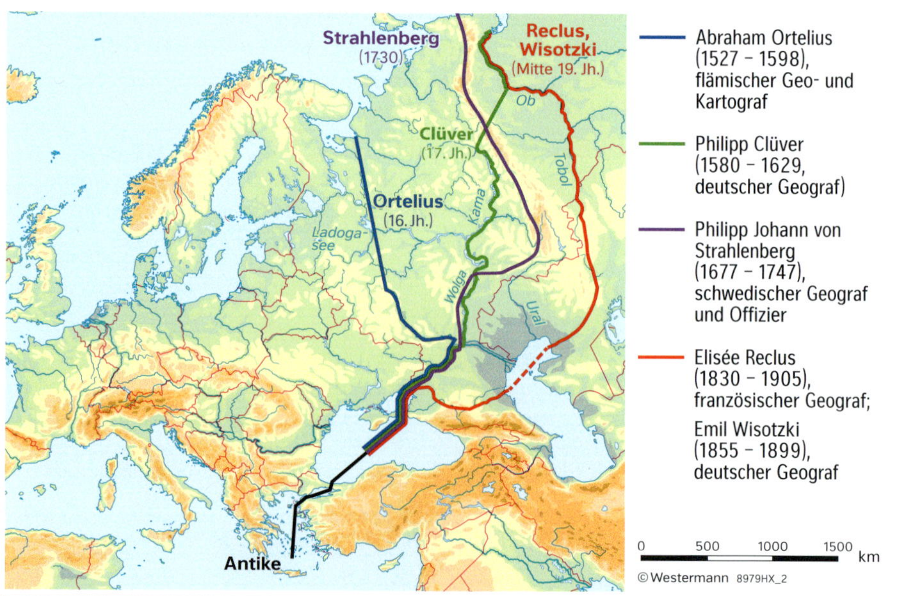

M3 Europas Ostgrenze im Laufe der Zeit

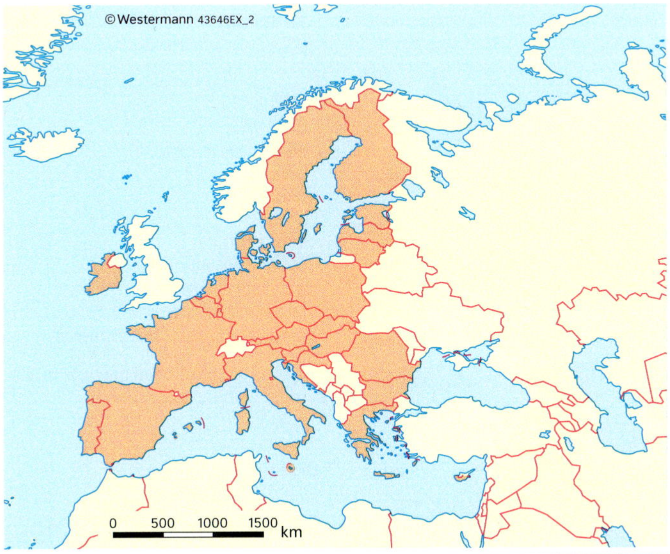

M4 Die Staaten der Europäischen Union (EU)

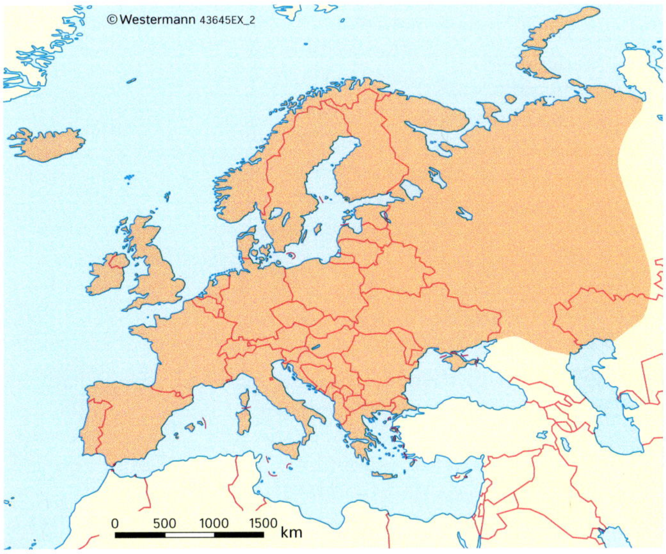

M7 Die physisch-geografische Ausdehnung Europas

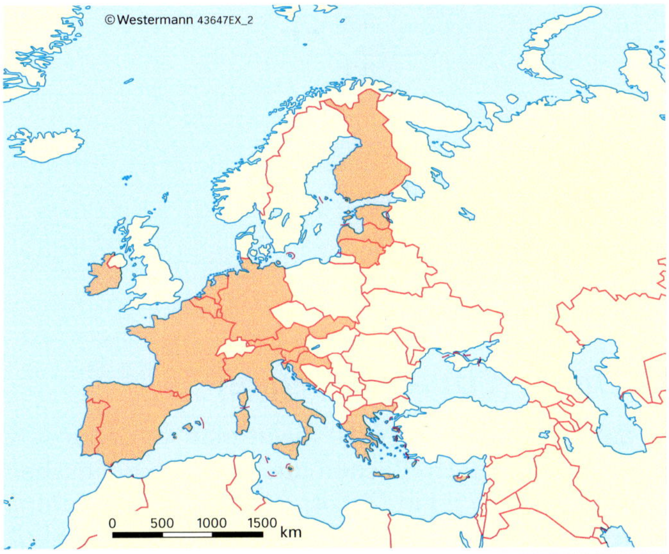

M5 Die Staaten, in denen der Euro gesetzliches Zahlungsmittel ist (Eurozone)

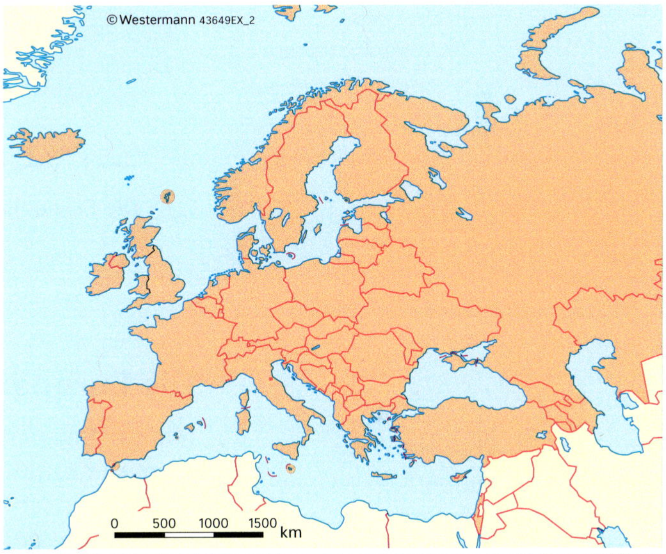

M8 Die Mitgliedsstaaten der UEFA (Europäischer Fußballverband)

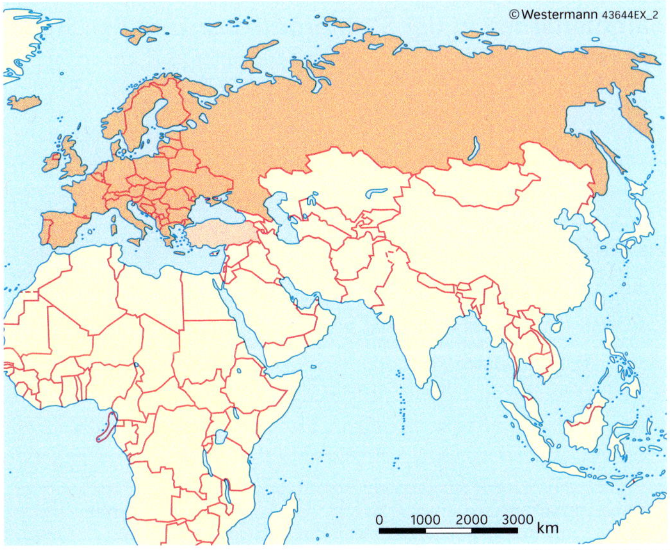

M6 Die Staaten Europas nach UN-Definition

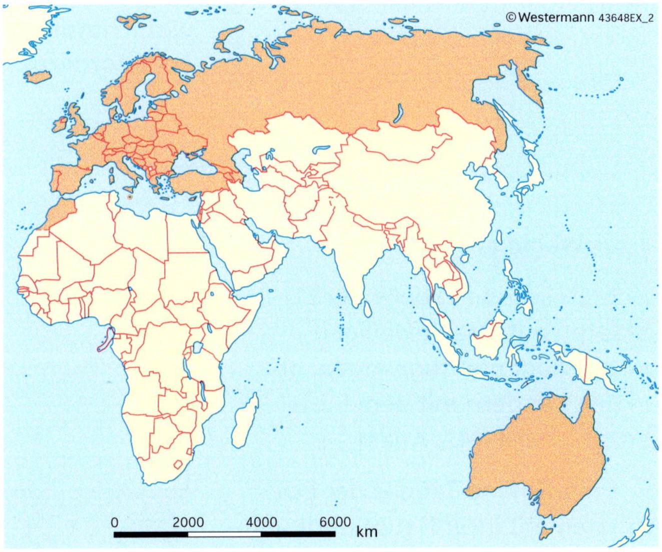

M9 Teilnehmerstaaten am Eurovision Song Contest

Die Europäische Union – Europa wächst zusammen

(A) Frankreich, Italien, Belgien, die Niederlande, Luxemburg und Deutschland gründen 1952 die Europäische Gemeinschaft für Kohle und Stahl (EGKS). Die Kohleförderung und die Stahlherstellung sollen gemeinsam kontrolliert werden.

(B) Die Einführung des Euro löst die nationalen Währungen ab. Im Jahr 2023 ist der Euro gesetzliches Zahlungsmittel in 20 Staaten der EU.

(C) Am 31. Januar 2020 tritt Großbritannien aus der EU aus. Die EU umfasst nunmehr 27 Mitgliedsstaaten.

(D) Das Schengener Abkommen wurde schrittweise ab 1995 umgesetzt. Es einigten sich einige EU-Länder auf die Abschaffung der Grenzkontrollen.

(E) 2004 und 2007 kommt es zu zwei Erweiterungen, bei denen zwölf neue Mitglieder in die EU aufgenommen werden. 2013 kommt als letztes neues Mitglied Kroatien hinzu.

M1 Etappen bis zur Europäischen Union

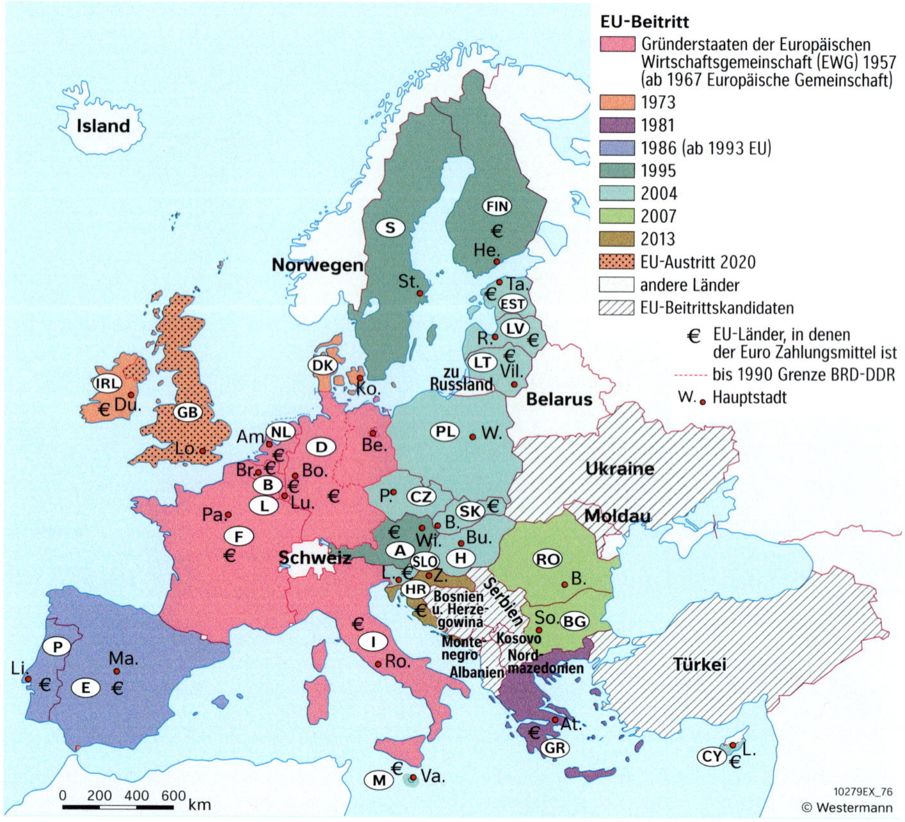

M2 Die Europäische Union – Übersichtskarte

Nach dem Zweiten Weltkrieg standen die Staaten Europas vor der schwierigen Aufgabe des wirtschaftlichen Wiederaufbaus. Zugleich erkannten die Länder die Notwendigkeit von Frieden und Zusammenarbeit in Europa. Wie hat sich Europa vor diesem Hintergrund entwickelt?

Die Europäische Union (EU) – der Beginn

Mit der Bezeichnung **Europäische Union (EU)** meint man im Gegensatz zu dem Kontinent Europa den wirtschaftlichen und in Teilen politischen Zusammenschluss von 27 Ländern (Stand 2024), die das heutige Europa prägen. Die politischen Grenzen der EU sind überwiegend eindeutig.
Die Zusammenarbeit in Europa hatte ihren Grund in den leidvollen Erfahrungen der Menschen im Zweiten Weltkrieg. In Europa sollte es keinen Krieg mehr geben. Deshalb begannen 1951 die Länder Frankreich, Deutschland, Italien, Luxemburg, Belgien und die Niederlande mit der wirtschaftlichen Zusammenarbeit in der Stahlproduktion und der Steinkohleförderung.

AUFGABEN

1 Ⓦ Wähle aus:

A Erstelle eine Tabelle der EU-Staaten mit ihrer jeweiligen Hauptstadt und füge hinzu, ob in den Ländern mit dem Euro bezahlt wird (M2, Atlas).

B Erstelle eine Tabelle der EU-Staaten mit ihrer Hauptstadt und dem jeweiligen Beitrittsjahr (M2, Atlas).

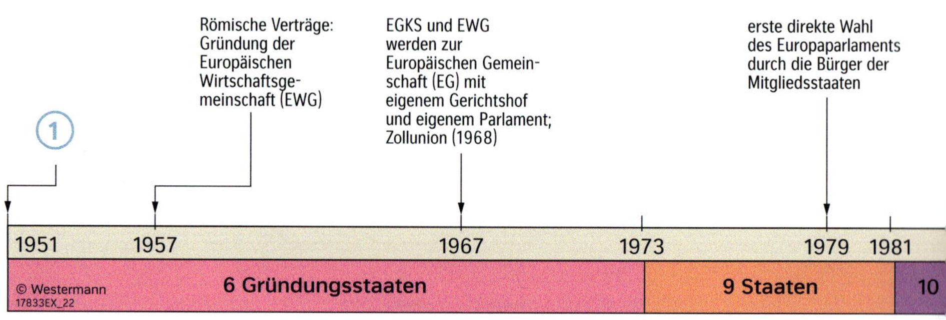

M3 Zeitliche Abfolge bis zur Bildung der Europäischen Union

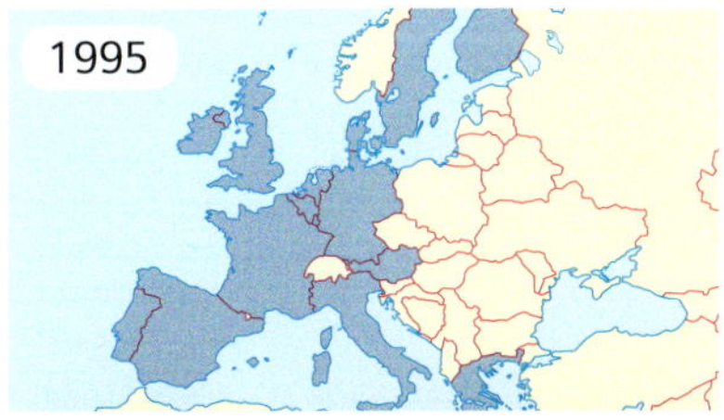

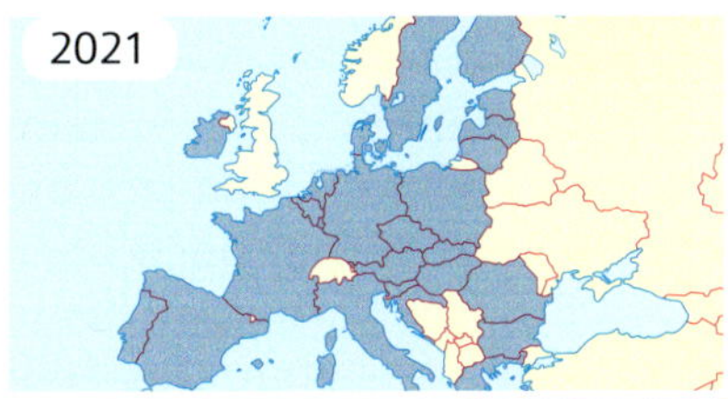

F Die Zeit nach dem Zweiten Weltkrieg ist in Westeuropa vom Wunsch nach Frieden und Zusammenarbeit geprägt. Ein geeintes Europa soll die Gefahr eines weiteren Krieges verhindern und wirtschaftlichen Wohlstand ermöglichen.

G Im Laufe der Jahrzehnte gibt es mehrere Erweiterungsrunden. Staaten aus Nord- und Südeuropa treten der Europäischen Gemeinschaft bei. So steigt die Zahl der Mitgliedsstaaten von 6 auf 15 Länder an.

H Eine noch stärkere Zusammenarbeit innerhalb der EU wird durch den Maastrichter Vertrag angestrebt. Durch diesen wird beispielsweise die EU-weite Wahl des Arbeitsplatzes ermöglicht.

I Die sechs Gründungsmitglieder der späteren Europäischen Union (EU) schließen sich zur Europäischen Wirtschaftsgemeinschaft (EWG) zusammen. Dies ist der Grundstein für die Schaffung einer **Zollunion**.

J Doch nicht nur das wirtschaftliche Zusammenwachsen, auch die politische Zusammenarbeit ist ein wichtiges Ziel, das mit der Gründung des europäischen Parlaments vorangebracht wird.

M4 Die Entwicklung der Europäischen Union

Die Entwicklung ab 2000

Es bereiten sich weitere Länder auf einen EU-Beitritt vor, die Beitrittskandidaten. Um in die EU aufgenommen zu werden, ist es notwendig, dass u. a. alle EU-Länder einem Beitritt zustimmen. Außerdem müssen die Beitrittskandidaten Merkmale eines Rechtsstaates und bestimmte Wirtschaftskriterien erfüllen. Ab 2002 führten viele Mitgliedsstaaten die gemeinsame Währung Euro ein. Die Gruppe von Staaten, in denen der Euro Währung ist, wird als Eurozone bezeichnet. Großbritannien ist 2020 nach einem Volksentscheid als erstes Land aus der EU wieder ausgetreten.

Europäische Union
Zollunion

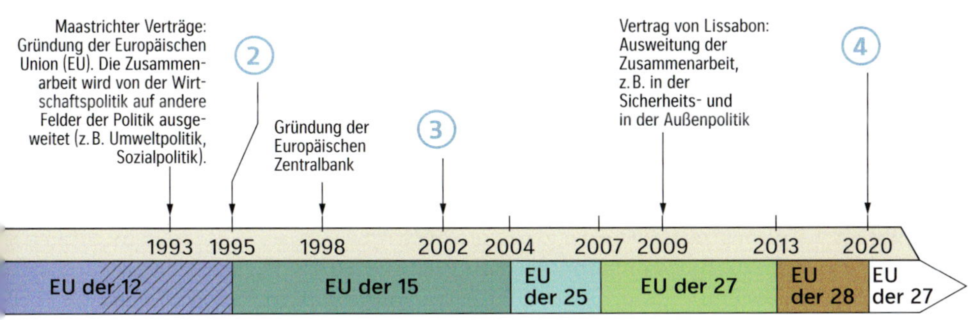

AUFGABEN

2 Notiere in deinen Hefter die Zahlen 1 – 4 aus dem Zeitstrahl M3 und ergänze jeweils das passende historische Ereignis mithilfe von M1 und M4.

3 Ordne begründet den Bildern die entsprechenden Textbausteine zu (M1, M4).

Digital+
WES-115816-123

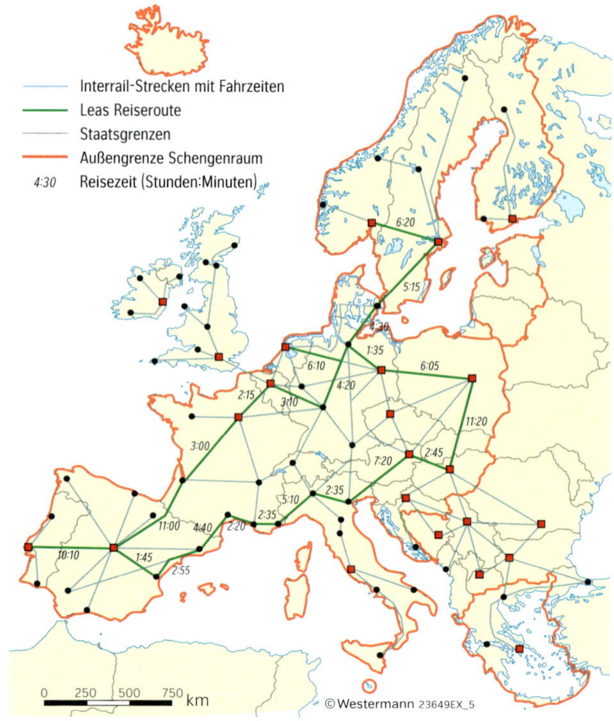

M1 Mit dem Travel-Pass grenzenlos durch Europa (Leas Entwurf für ihre Reise durch die EU und weitere europäische Länder)

Lea aus Cottbus hat am DiscoverEU-Programm der Europäischen Union teilgenommen und einen der 20 000 Travel-Pässe gewonnen. Was kann sie mit dem Travel-Pass machen?

Reisen in der EU – grenzenlos

Für Jugendliche im Alter von 18 Jahren gibt es die Möglichkeit, den sogenannten „DiscoverEU-Travelpass" zu gewinnen. Mit diesem können sie Europa „erfahren" – für maximal 30 Tage mit dem Zug. Für einen der 20 000 Pässe muss man sich bewerben. Das Ziel: Europa kennenlernen und als Botschafter auch über die eigenen Erfahrungen berichten (#DiscoverEU). Die Reisenden bemerken dabei häufig gar nicht, dass sie Ländergrenzen passieren. Das liegt vor allem am **Schengener Abkommen**. Das nach dem Ort Schengen in Luxemburg benannte Abkommen wurde schrittweise ab 1995 umgesetzt. Die Benelux-Staaten (Belgien, Niederlande, Luxemburg), Deutschland und Frankreich einigten sich auf die Abschaffung von Personenkontrollen an den gemeinsamen Grenzen. Im Gegenzug sollten die Außengrenzen stärker kontrolliert werden. Das Prinzip des Schengener Abkommens lautet: Freizügigkeit nach innen und Grenzsicherung nach außen.
Der **Schengenraum** umfasst 25 Staaten der EU (alle außer Irland und Zypern) sowie Norwegen, die Schweiz, Liechtenstein und Island (Stand 2024).

AUFGABEN

1 Stelle das Projekt DiscoverEU vor (M1).

2 Benenne die Länder und ihre jeweilige Hauptstadt, durch die Lea reist (M1).

3 Überprüfe Leas Checkliste und finde heraus, ob sie ihre Wünsche mit der geplanten Route umsetzen kann (M1, M2, Atlas).

4 Ⓢ Erstelle eine eigene Reise-Checkliste mit maximal fünf Highlights. Lass von der Klasse überprüfen, ob du alle Ziele mit dem Travel-Pass erreichen kannst (M1, M2, Atlas).

Europa, ich komme! *Ich möchte …*

- *Brüssel besuchen,*
- *auf dem Eiffelturm stehen,*
- *ins jüngste EU-Mitgliedsland reisen,*
- *im Atlantik surfen,*
- *die Gründungsmitglieder der EU bereisen,*
- *am Goldstrand Party machen,*
- *auf dem Camden Market shoppen.*

M2 Leas Reise-Checkliste

freier …

… Personenverkehr

keine Grenzen für Personen
EU-Bürger können sich ohne Kontrollen innerhalb der Binnengrenzen bewegen. Überall in der EU genießen Arbeitnehmer gleiche Rechte.

… Warenverkehr

keine Grenzen für Waren
Waren können frei in der gesamten EU zirkulieren. Zeitvergeudung an den Grenzen, Steuerhürden, unterschiedliche Vorschriften und Zollpapiere gehören der Vergangenheit an.

… Verkehr von Dienstleistungen

keine Grenzen für Dienstleistungen
Dienstleistungsunternehmen, wie z. B. Versicherungen und Banken, können in der gesamten EU ansässig sein und die Verbraucher können das jeweils beste Angebot wählen.

… Geldverkehr

keine Grenzen für Geld
Jeder darf in der EU sparen und investieren, wo es ihm am vorteilhaftesten erscheint. Von einem Mitgliedsland ins andere können Geldbeträge ohne Beschränkungen mitgeführt werden.

40110EX_6

M3 Die vier Freiheiten des EU-Binnenmarktes (Schengenraum)

INFO

Zölle sind eine Art von Steuern, die ein Land auf Waren erhebt, die aus anderen Ländern importiert werden. Wenn ein Land also Waren aus einem anderen Land kauft, muss es manchmal zusätzlich zu dem Kaufpreis auch noch Zölle zahlen.

Handel in der EU – schrankenlos

Wirtschaftlich gesehen sind die EU-Staaten heute mit einem einzigen großen Land vergleichbar. Sie bilden den Europäischen **Binnenmarkt**. Seine Schaffung gilt als eine der größten Leistungen in der Geschichte der EU. Im europäischen Binnenmarkt bewegen sich Personen, Waren, Dienstleistungen und Geld so frei wie in den einzelnen Staaten. Dank des EU-Binnenmarktes hat der Handel innerhalb der EU erheblich zugenommen. Die im Binnenmarkt ansässigen Unternehmen haben unbeschränkten Zugang zu fast 450 Mio. Konsumenten in der Europäischen Union. Alle europäischen Unternehmen treten miteinander in einen Wettbewerb. Für die Unternehmen bedeutet dies mehr Konkurrenz. Für die Verbraucher bietet der Binnenmarkt eine größere Auswahl an Waren und oft auch niedrigere Preise.
Es gibt Gesetze und Verordnungen in der EU, die den Menschen ebenfalls Vorteile bieten. Dazu zählen Verbraucherschutz- und Umweltstandards. So profitieren wir zum Beispiel vom Wegfall zusätzlicher Gebühren beim Telefonieren und bei der mobilen Internetnutzung im EU-Ausland.

Schengener Abkommen
Schengenraum
Binnenmarkt
Zoll

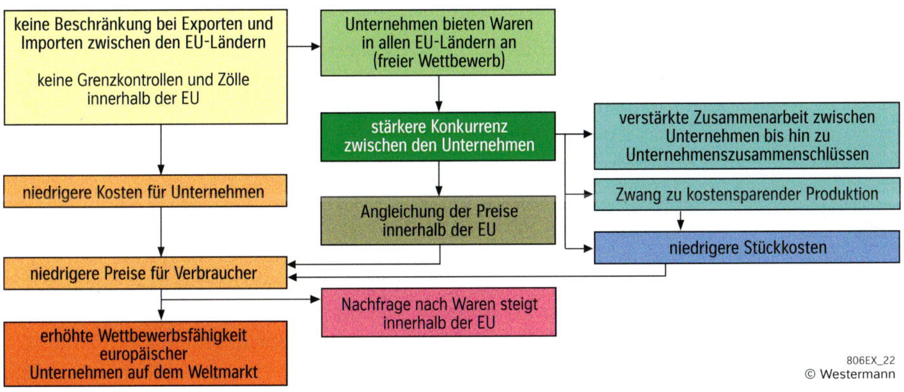

806EX_22
© Westermann

M4 Auswirkungen des EU-Binnenmarktes

AUFGABEN

5 Beschreibe die Ziele des Schengener Abkommens (M3).

6 Ein griechisches Unternehmen möchte sich vergrößern und plant, seine Produkte auch in Belgien zu verkaufen. Erläutere Vor- und Nachteile des EU-Binnenmarktes für das Unternehmen (M3, M4).

Digital+
WES-115816-125

M1 Links: EU-Beitritt Kroatiens 2013; rechts: Einführung des Euro in Kroatien 2023

„Über 450 Millionen Menschen […] alle vereint in einer Europäischen Union – das bleibt eine der größten politischen und wirtschaftlichen Errungenschaften der Moderne!“ (Barack Obama, 44. Präsident der USA, Mai 2016). Warum gilt die europäische Union für uns persönlich als eine Errungenschaft?

Die EU – ein voller Erfolg?!

Eine Europäische Union, in der alle Menschen ohne kriegerische Auseinandersetzungen miteinander leben, gehört zum Alltag dazu. Die Sicherung des Friedens wird gewährleistet, indem sich alle Mitgliedsstaaten dazu verpflichtet haben, die demokratische Grundordnung und ein friedvolles Miteinander zu erhalten. So haben Mittel- und Westeuropa nach den verheerenden Weltkriegen noch nie so einen langen Zeitraum ohne Krieg erlebt. Dazu dient auch die gemeinsame Außen- und Sicherheitspolitik der EU.
Auch die Art des heutigen Verreisens innerhalb der EU ist keine Selbstverständlichkeit. Durch den Verzicht auf Grenzkontrollen zwischen den einzelnen Ländern entfallen die langen Wartezeiten im Personen- und Warenverkehr bei der Einreise in ein anderes Land.

INFO

Kriegs- und Friedenszeiten auf europäischem Boden

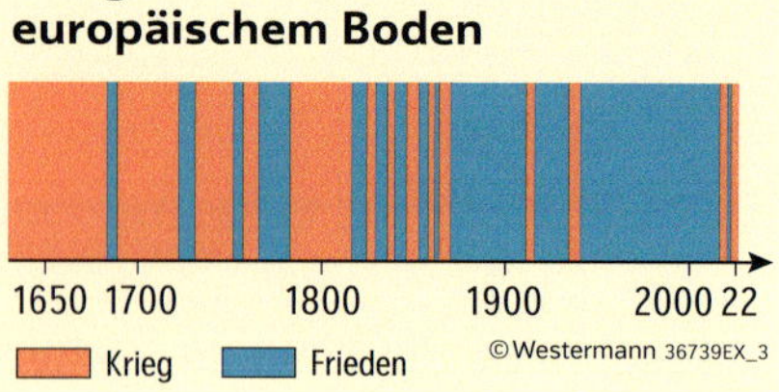

Schutz der Verbraucher
Für Lebensmittel wurden einheitliche Sicherheitsstandards festgelegt. So wird z. B. die gesamte Nahrungsmittelkette durch strenge Kontrollen und klare Kennzeichnung der Inhaltsstoffe gesichert. Der Verbraucher kann sich auch bei Waren aus dem Ausland sicher sein, dass diese entsprechend überprüft sind.

Gemeinsame Umweltstandards
Europa soll umweltfreundlicher und nachhaltiger gestaltet werden. Dazu hat sich die EU Umweltstandards gesetzt, um z. B. den Gebrauch von Einwegplastik einzuschränken oder gar zu verbieten. Auch der Ausstoß von CO_2 und von Schadstoffen kennt keine Grenzen und kann nur europaweit eingeschränkt werden.

Stärkung der inneren Sicherheit
Kriminelle Straftaten werden zunehmend in grenzüberschreitender Vernetzung begangen. Das betrifft insbesondere Vergehen zum Kindesmissbrauch, den Drogenhandel, dem Menschenhandel oder die Cyberkriminalität. Zu einer erfolgreichen Kriminalitätsbekämpfung haben sich die Polizeibehörden in dem europäischen Polizeiamt Europol vernetzt.

M2 Vorteile der EU

AUFGABEN

1 Beschreibe die Bilder in M1. Stelle begründete Vermutungen an, weshalb sich die Personen freuen.

2 Erkläre die Vorteile der EU (M2, Info).

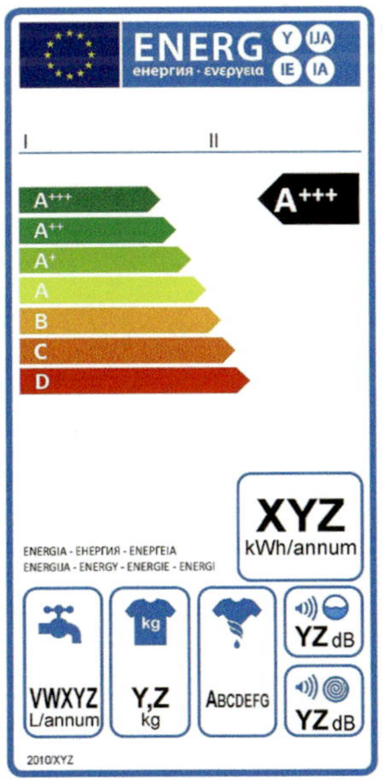

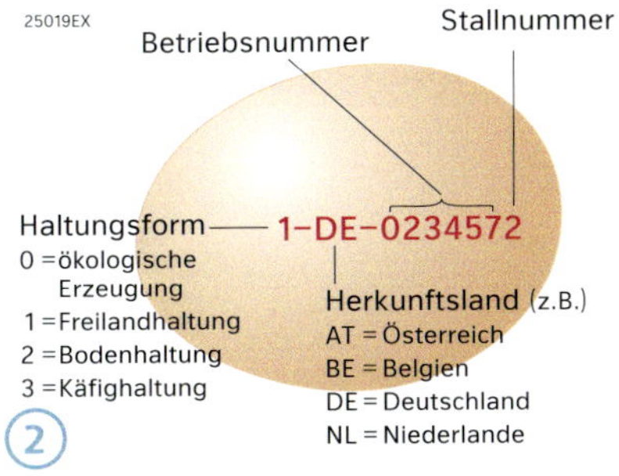

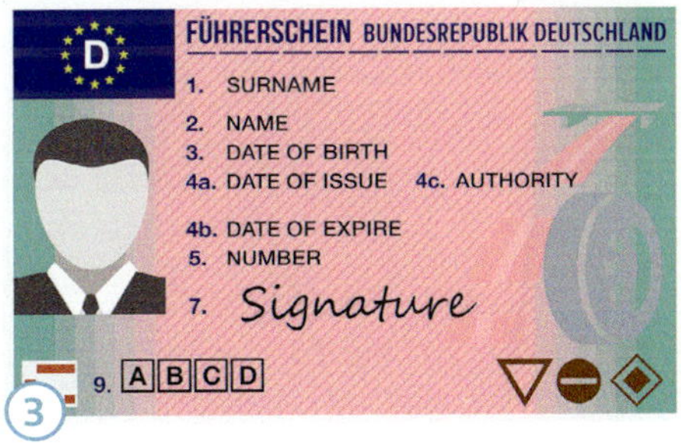

① Das EU-Energie-Label ist ein Zeichen zur Kennzeichnung des Energieverbrauchs. Es wird verwendet, um den Kauf von Leuchtmitteln und Elektrogeräten mit einem geringeren Energieverbrauch zu fördern.

② Eine EU-Verordnung regelt die einheitliche Kennzeichnung von Eiern. Beispielsweise lassen sich das Herkunftsland und die Haltungsform der Hühner schnell erkennen.

③ Aufgrund der EU-Führerscheinrichtlinie gilt eine gemeinsame Ausführung in allen EU-Mitgliedsstaaten. Dadurch sollen z. B. Führerscheinkontrollen erleichtert werden.

M3 Beispiele für Regelungen in der EU

Europa und wir

Die Europäische Union erarbeitet viele Richtlinien, die das Leben in der EU vereinfachen sollen. Die Umsetzung dieser Richtlinien begegnet uns im Alltag, ohne dass wir das bewusst wahrnehmen: So ist zum Beispiel durch die einheitliche Währung, den Euro, das Bezahlen im EU-Ausland viel einfacher geworden. Die Abschaffung der zusätzlichen Telefongebühren bei Handy-Gesprächen im EU-Ausland hat das Telefonieren günstiger gemacht. EU-weit ist es einheitlich geregelt, welche Informationen auf den Etiketten von Lebensmitteln stehen müssen. Das Ziel solcher Maßnahmen ist die Angleichung von Qualitätsstandards und damit des Lebensstandards.

Ich besitze zu Hause in Straßburg eine Bäckerei und habe in Freiburg eine Filiale eröffnet. Nun brauchen die Freiburger nicht mehr über die Grenze zu fahren, um unsere Spezialitäten zu kaufen.

Ich komme aus Venlo und habe dort meine Ausbildung zur Bürokauffrau beendet. Jetzt mache ich ein Praktikum in Rom. Das wird zum Teil von der EU bezahlt.

Ich arbeite bei einer Bank in Luxemburg und berate Kunden auf der ganzen Welt.

Mein Onkel wohnt in Aachen und leitet eine Gebäudereinigungsfirma. Er und seine Mitarbeiter sind nicht nur für die Reinigung vieler Schulen in Köln, sondern auch im nahe gelegenen Lüttich zuständig.

M4 Der Alltag in und mit der EU

AUFGABEN

3 Beschreibe die Vorteile der EU im Alltag der Menschen (M3, M4).

4 Ⓦ Begründe, welche Vorteile der EU deiner Meinung nach am bedeutsamsten sind (M1 – M4, Info):
A aus der Perspektive einer Spedition.
B aus deiner Perspektive.

5 Diskutiert die Herausforderungen einer gemeinsamen Außen- und Sicherheitspolitik vor dem Hintergrund aktueller Geschehnisse.

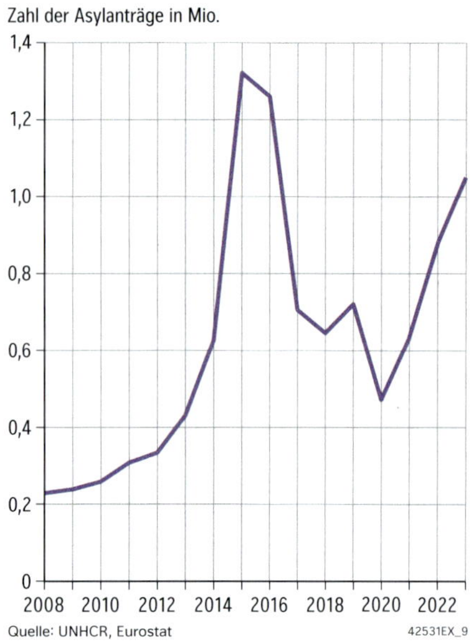

M1 Entwicklung der Asylanträge in der EU

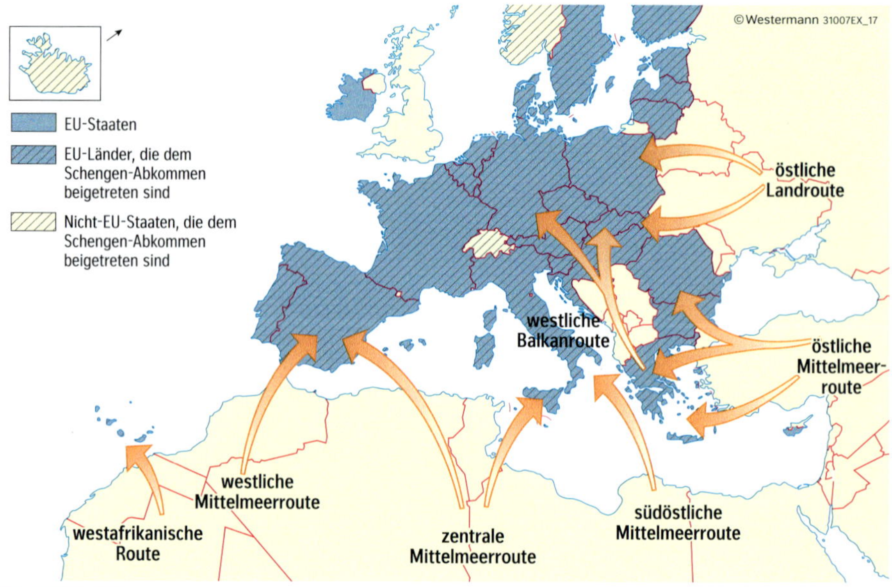

M2 Flüchtlingsrouten in die EU

Innerhalb des Schengenraums ist ein grenzenloses Reisen problemlos möglich. Wie sieht das Einreisen an den Außengrenzen der EU im Vergleich dazu aus?

Reisen in der EU – grenzenlos

In den letzten Jahren nahm die Zahl der Geflüchteten aus dem Nahen Osten, Afrika und zuletzt im Jahr 2022, ausgelöst durch Russlands Krieg, aus der Ukraine nach Europa deutlich zu.
Die Gründe, warum Menschen ihre Heimat verlassen, sind vielschichtig. Zu den politischen Gründen für Flucht zählen oft (Bürger-)Kriege, wie zum Beispiel in Syrien im Jahr 2015. Es fliehen Menschen häufig aus Ländern mit diktatorischen Regimen, die keinerlei Achtung der Menschenrechte zeigen und wo Folter, Diskriminierung, Korruption und Verfolgung aufgrund von Hautfarbe, Ethnie, Religion, Geschlecht oder sexueller Orientierung an der Tagesordnung sind.
Aus sozialer und wirtschaftlicher Sicht lässt sich die Flucht von Menschen zum Beispiel durch Arbeitslosigkeit, geringes Einkommen und Hunger begründen. Zu den ökologischen Gründen gehören Zerstörungen aufgrund von Natur- und Umweltkatastrophen. Es kommt zum Verlust der Lebensgrundlage und zum zwangsläufigen Verlassen der Heimat.

AUFGABEN

1 a) Beschreibe wesentliche Flüchtlingsrouten in die EU (M2, Atlas).

b) Erläutere Gefahren für die Flüchtlinge auf den jeweiligen Routen (M2).

2 Beschreibe die Entwicklung der Asylanträge in der EU und nenne mögliche Fluchtgründe (M1).

3 Ⓢ Ermittle den Anteil der Asylanträge gemessen an der Bevölkerungszahl des jeweiligen Landes (M3, Internet).

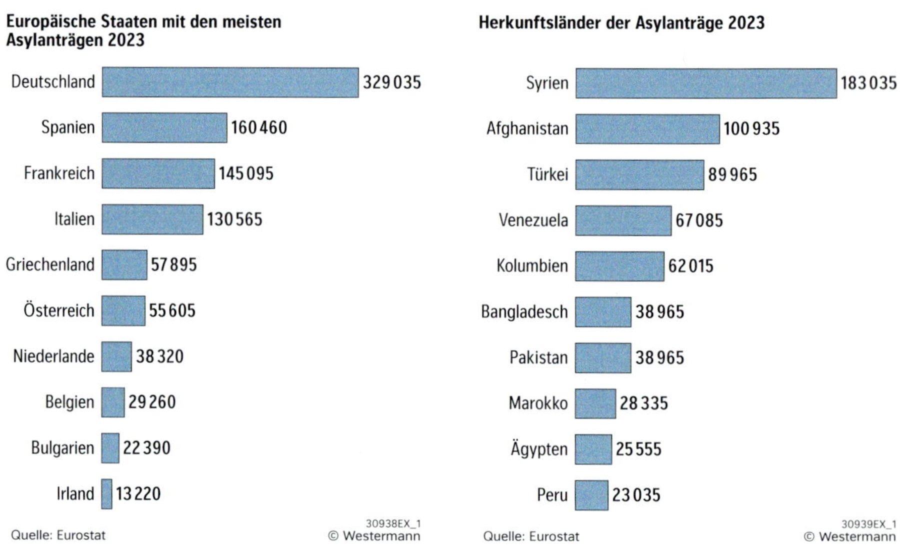

M3 Wichtigste Ziel- und Herkunftsländer

M4 Die Außengrenze der EU in Griechenland im Jahr 2016 – Zäune sollen den Grenzübertritt erschweren.

M6 Erstversorgung ukrainischer Geflüchteter am Berliner Hauptbahnhof (März 2022)

An den Grenzen Europas

Wenn Menschen in Not sind, muss ihnen geholfen werden. An den Außengrenzen der EU werden geflüchtete Menschen nach einheitlichen Standards kontrolliert. Damit Menschen nicht illegal in den Schengen-Raum einreisen, haben die Staaten an einigen Grenzabschnitten meterhohe Stacheldrahtzäune mit Videoüberwachung errichtet. An vielen Abschnitten kommt die EU-Grenzschutzagentur Frontex zum Einsatz.
Um **Asyl** in Ländern des Schengenraums zu erhalten, müssen die Menschen nachweisen, dass sie in ihrer Heimat wegen ihrer Religion, Nationalität oder politischen Einstellung verfolgt werden. Werden **Geflüchtete** als asylberechtigt anerkannt, erhalten die Personen zunächst eine Aufenthaltserlaubnis über drei Jahre. Nach dieser Zeit wird geprüft, ob die Gründe für das Asyl weiterhin bestehen. Ist das der Fall, kann die geflüchtete Person ein dauerhaftes Bleiberecht erhalten.

INFO

Push-Back
Zurückweisung bzw. gewaltsame Rückführung von Migranten an der Grenze, ohne dass diese die Möglichkeit haben, einen Asylantrag zu stellen bzw. ohne dass zuvor eine ordnungsgemäße Prüfung eines möglichen Anspruchs auf Asyl durchgeführt wurde.

Asyl
Geflüchtete

Ab dem Jahr 2014 nahm die Zahl der geflüchteten Menschen stark zu. Ein Hauptgrund dafür war der Bürgerkrieg in Syrien. Der Großteil dieser Menschen betrat erstmals in den südeuropäischen Ländern, vor allem Griechenland, den Boden der EU und wurde zunächst in Flüchtlingslagern untergebracht, die bald schon überfüllt waren. Die Lebensbedingungen für die Menschen waren oftmals menschenunwürdig. So waren teilweise sanitäre Anlagen unzureichend vorhanden, es fehlte an Unterkünften, medizinischer Versorgung und Bildungsmöglichkeiten für Kinder und Erwachsene.
Viele Geflüchtete mussten Monate dort leben, denn es kam zu großen Problemen bei der Verteilung der Geflüchteten und Migranten innerhalb der EU-Staaten. Nach den Richtlinien der EU ist jedes EU-Land verpflichtet, Bewohner dieser Lager aufzunehmen. Einige Staaten weigerten sich jedoch, einen Beitrag zu leisten und Menschen aufzunehmen. Die Leidtragenden sind nicht nur die geflüchteten Menschen in den Flüchtlingslagern. Auch für die Einheimischen stellte der starke Anstieg der Bevölkerungszahl eine Herausforderung dar.

M5 Ankunft im Flüchtlingslager

AUFGABEN

4 Beschreibe M4 und M6 und erläutere, welche Hoffnungen und Ängste die Menschen an der Außengrenze der EU möglicherweise haben (Info).

5 Nenne Herausforderungen und Schwierigkeiten im Zusammenhang mit geflüchteten Menschen nach Europa.

Berücksichtige die Perspektive der geflüchteten und einheimischen Menschen (M4 – M6).

Land	BIP/Kopf in Euro
Bulgarien	14 580
Dänemark	62 840
Deutschland	48 750
Estland	27 590
Frankreich	40 800
Griechenland	20 920
Slowenien	29 750
Rumänien	17 030
Luxemburg	118 770
EU-27	37 620

M1 BIP pro Kopf in ausgewählten EU-Staaten (2023)

M2 International bedeutender Wirtschaftsplatz „La Défense" in Paris (Frankreich)

Europa ist vielfältig. Dies trifft auch auf die wirtschaftliche Leistungskraft einzelner Länder und Regionen zu. Wo befinden sich in Europa wirtschaftlich starke und wirtschaftlich schwache Räume? Welche Merkmale haben sie? Und was hat das mit blauen Bananen zu tun?

Europäische Union trotz Ungleichheit?

Europa zählt zu den weltweit stärksten Wirtschaftsräumen. Innerhalb des Kontinents gibt es jedoch große Unterschiede bei den Lebensbedingungen und der wirtschaftlichen Leistungskraft einzelner Staaten und Regionen.

Zwischen 2004 und 2013 wurden 13 neue Staaten in die EU aufgenommen. Diese Erweiterungen waren und sind umstritten. Die neuen Mitgliedsländer befinden sich immer noch in einem wirtschaftlichen und sozialen Umbruch und weisen deutlich geringere Wirtschaftsleistungen als die alten EU-Länder auf. Die **räumlichen Disparitäten** haben daher innerhalb der EU deutlich zugenommen.

Sichtbar wird dies am **Bruttoinlandsprodukt** (BIP). Das BIP beschreibt die Wirtschaftskraft eines Landes. Errechnet wird dafür der Wert der gesamten Güter und Dienstleistungen, die innerhalb eines Jahres in einem Land neu erbracht werden. Erklärtes Ziel der EU ist es, regionale Disparitäten abzubauen. Dafür stehen der EU verschiedene Fonds zur Förderung strukturschwacher Regionen zur Verfügung.

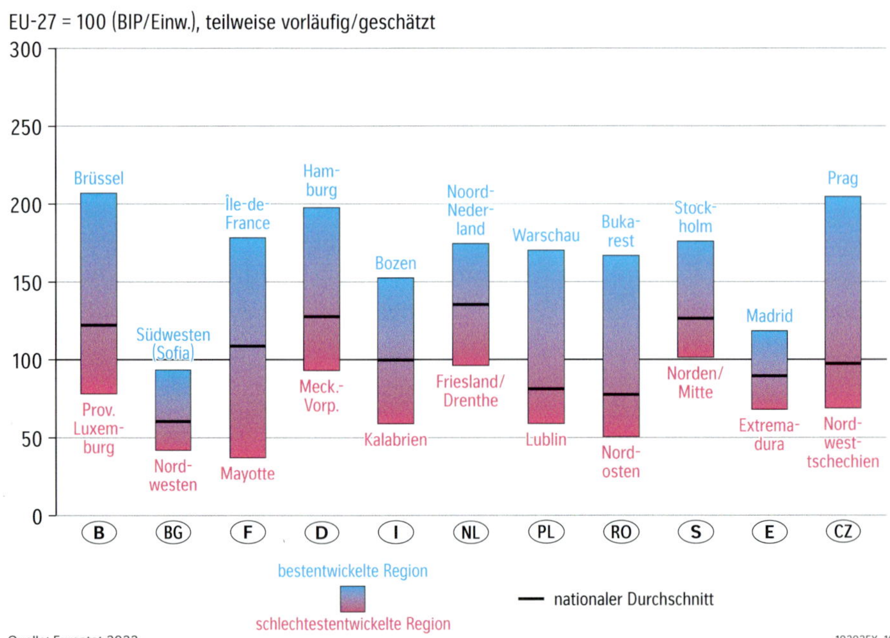

Quelle: Eurostat 2022 10302EX_16

M3 Unterschiedlich entwickelte Regionen innerhalb der Europäischen Union

AUFGABEN

1 Beschreibe die Fotos M2, M4.

2 Erkläre die Bezeichnungen „wirtschaftlicher Aktivraum" und „wirtschaftlicher Passivraum" (M2, M4, M5).

3 Übernimm die folgende Aussage in deinen Hefter und vervollständige sie: *„Räumliche Disparitäten gibt es nicht nur zwischen den Staaten der EU, sondern auch ....“*

Digital+
WES-115816-130

M4 Die Extremadura, eine strukturschwache Region in Spanien

INFO

Raum-Modell
Mit Raum-Modellen werden bestehende Strukturen und Besonderheiten, aber auch zukünftige Entwicklungen von bestimmten Räumen kartografisch dargestellt. Schaut man bei einzelnen Raumbeispielen genau hin, ergeben sich auch Abweichungen vom Modell. Man muss kritisch hinterfragen: Wie weit ist das Modell auf den Einzelfall übertragbar? Muss man es ergänzen? Auch das Raum-Modell „Blaue Banane“ wurde im Zuge der EU-Erweiterung immer wieder verändert.

Raum-Modell „Blaue Banane“

Das Raum-Modell der sogenannten „Blauen Banane“ veranschaulicht, welche Regionen der EU eine hohe bzw. eine niedrige Wirtschaftskraft haben und welche zukünftigen Entwicklungen für die Regionen anzunehmen sind. Das Modell leitet sich aus einer Untersuchung über europäische Städte ab. Man stellte fest, dass sich in diesem Raum Europas, die wirtschaftlichen **Aktivräume** mit wichtigen Industrie- und Dienstleistungsbetrieben konzentrieren. Hier gibt es eine gut ausgebaute Infrastruktur, ein breites Bildungsangebot und eine hohe Anzahl an Fachkräften. An den Rändern der EU, der sogenannten **Peripherie**, liegen Regionen mit niedrigerer Wirtschaftskraft. In diesen oft ländlich geprägten **Passivräumen** ist die Infrastruktur schwächer ausgebaut, es mangelt an Bildungsmöglichkeiten und Fachkräften. Als neuere Entwicklungsachse gilt der „Sunbelt“. Dazu gehören Regionen am Mittelmeer, die sich besonders durch Tourismus wirtschaftlich gut entwickeln konnten. Dort siedeln sich auch verstärkt Unternehmen aus den Bereichen Telekommunikation, Informationstechnik sowie Medizin- und Biotechnologie an.

räumliche Disparität
Bruttoinlandsprodukt
Aktivraum
Passivraum
Peripherie

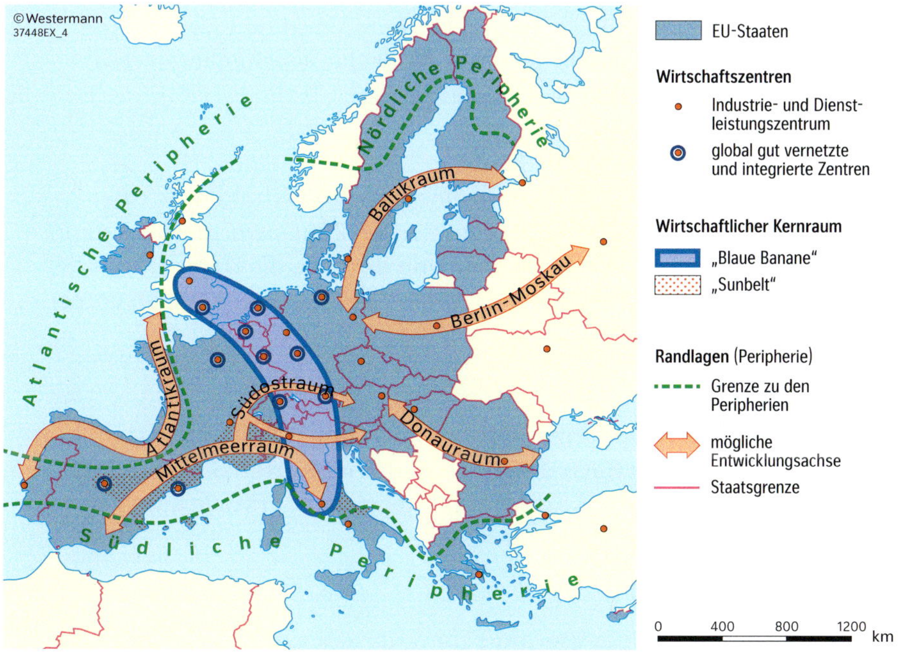

M5 Wirtschaftliche Aktiv- und Passivräume in Europa

AUFGABEN

4 Ⓦ Arbeite mit der Karte M5.

A Beschreibe die Lage wirtschaftlich starker und schwacher Regionen innerhalb von Europa.

B Liste in einer Tabelle Länder auf, die zu großen Teilen zum Randgebiet Europas gehören bzw. zum wirtschaftlichen Zentrum.

C Notiere mögliche wirtschaftliche Entwicklungsachsen.

Begründe deine Antwort (M4, M5).

5 Ⓔ „Raum-Modelle können die Realität nicht genau abbilden.“ Nimm Stellung dazu (Info).

BIP pro Einwohner (in €)	
Belgien	44302
Bulgarien	24056
Dänemark	47988
Deutschland	43302
Estland	30666
Finnland	40700
Frankreich	37996
Griechenland	25333
Irland	79615
Italien	36650
Kroatien	26143
Lettland	26643
Litauen	32562
Luxemburg	90183
Malta	39466
Niederlande	49103
Österreich	46242
Polen	29979
Portugal	31079
Rumänien	29350
Schweden	43928
Slowakei	27290
Slowenien	34382
Spanien	33314
Tschechien	34187
Ungarn	28724
Zypern	35771

M1 BIP pro Einwohner der EU-Mitgliedsstaaten (Angaben in KKS*, 2023) *Kaufkraftstandards (KKS): Durch die Darstellung in KKS werden die Unterschiede in den Preisniveaus zwischen den Ländern ausgeblendet.

AUFGABEN

1 a) Erstelle eine thematische Karte zur „Wirtschaftskraft der EU-Mitgliedsländer" mit anderen Klassen als in M2 (M1).
b) Vergleiche deine Karte mit M2.

2 Beschreibe die Unterschiede im Bruttoinlandsprodukt (BIP) pro Einwohner zwischen den EU-Ländern (M1, M2).

Wie erstellst du eine thematische Karte?

Thematische Karten enthalten Informationen zu einem bestimmten Thema: z. B. zum Tourismus, zur Landwirtschaft, zur Bevölkerung oder auch zur Wirtschaft. Jede thematische Karte hat eine Legende, die die Flächenfarben erklärt.
Länder kann man mittels verschiedener statistischer Daten gut miteinander vergleichen. So ein Vergleich kann anschaulicher werden, wenn man die Daten in eine thematische Karte überführt.
Die Tabelle M1 zeigt die Wirtschaftskraft der einzelnen EU-Mitgliedsstaaten. Diese wird mit dem Bruttoinlandsprodukt (BIP) pro Einwohner angegeben.
Mithilfe dieser Daten kannst du nun selbst eine thematische Karte erstellen. So verschaffst du dir einen räumlichen Überblick darüber, welche der EU-Mitglieder wirtschaftlich stärker und welche schwächer sind.
In der Tabelle M1 sind die 27 EU-Staaten (Stand 2023) in alphabetischer Reihenfolge aufgeführt. Übersichtlicher ist es, wenn du dir die Staaten nach ihrer Rangfolge anordnest. Dann kannst du Klassen bilden und die Länder in diese einordnen.
Je nachdem, wie viele Klassen du wählst und wie die Grenzwerte festgesetzt sind, kann die Karte unterschiedlich aussehen.

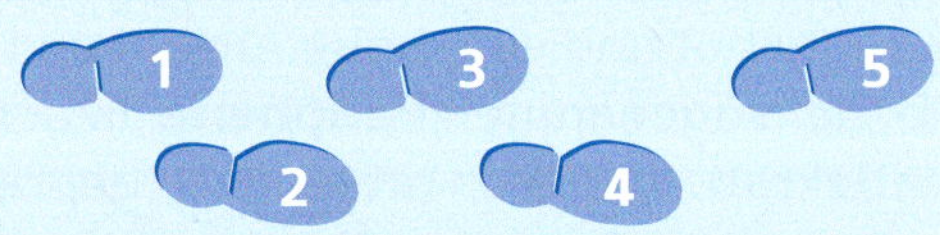

So erstellst du eine thematische Karte.

1 Vorbereitung
- Organisiere dir eine stumme (politische) Karte von dem Gebiet, das in der Karte dargestellt werden soll.

2 Klassen bilden
- Bilde geeignete Klassen (Zahlengruppen), um die darzustellenden Werte unterscheiden zu können. Gehe dazu folgendermaßen vor: Schau dir den höchsten und den niedrigsten Zahlenwert sowie die Verteilung der dazwischenliegenden Zahlenwerte an. Bilde daraus Klassen.

3 Tabelle anlegen
- Lege eine Tabelle an: Die einzelnen Spalten erhalten als Überschrift die von dir unter 2. festgelegten Zahlenwerte. Färbe dann die Klassen unterschiedlich ein und ergänze die Daten. Im vorliegenden Beispiel wurden die Länder der EU in vier Klassen unterteilt (M2, M3).

4 Karte zeichnen
- Je nach der Gruppenzugehörigkeit in der Tabelle kannst du nun die EU-Staaten nach und nach in deiner Kartenskizze farbig ausmalen und der Karte einen Titel geben. Erstelle eine Legende, die deine Farben erklärt.

5 Karte auswerten
- Du kannst aus der thematischen Karte wichtige Informationen entnehmen.

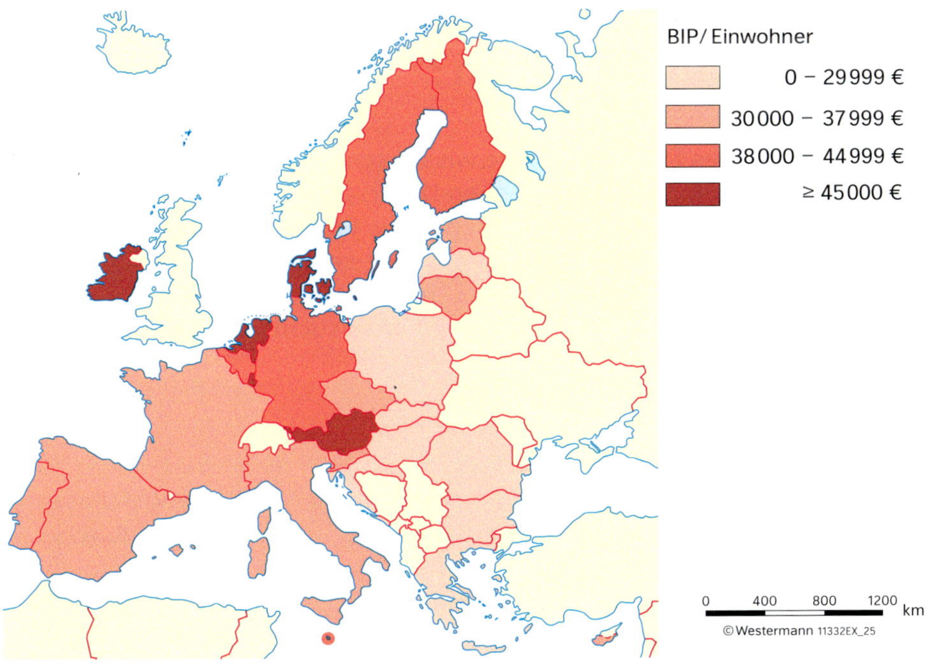

M2 BIP pro Einwohner der EU-Mitgliedsstaaten 2023

1. 0 – 29 999 Euro	
Bulgarien	24 056
Griechenland	25 333
Kroatien	26 143
Lettland	26 643
Polen	29 979
Rumänien	29 350
Slowakei	27 290
Ungarn	28 724

8 Länder

2. 30 000 – 37 999 Euro	
Estland	30 666
Frankreich	37 996
Italien	36 650
Litauen	32 562
Portugal	31 079
Slowenien	34 382
Spanien	33 314
Tschechien	34 187
Zypern	35 771

9 Länder

3. 38 000 – 44 999 Euro	
Belgien	44 302
Deutschland	43 302
Finnland	40 700
Malta	39 466
Schweden	43 928

5 Länder

4. ≥ 45 000 Euro	
Dänemark	47 988
Irland	79 615
Luxemburg	90 183
Niederlande	49 103
Österreich	46 242

5 Länder

M3 Mögliche Klasseneinteilung der EU-Mitgliedsstaaten nach ihrem BIP pro Einwohner 2023

Arbeitslosigkeit (in %)	
Belgien	5,8
Bulgarien	3,9
Dänemark	6,7
Deutschland	3,4
Estland	7,5
Finnland	8,9
Frankreich	7,7
Griechenland	9,6
Irland	4,1
Italien	5,7
Kroatien	4,5
Lettland	6,8
Litauen	6,9
Luxemburg	6,3
Malta	3,0
Niederlande	3,7
Österreich	5,0
Polen	3,0
Portugal	6,7
Rumänien	5,3
Schweden	8,3
Slowakei	5,3
Slowenien	5,2
Spanien	11,2
Tschechien	2,8
Ungarn	4,5
Zypern	4,4

M4 Arbeitslosigkeit in den EU-Ländern (November 2024)

AUFGABEN

3 Bewerte die Wirtschaftskraft der von 2004 bis 2007 in die EU aufgenommenen Länder (M1).

4 a) Erstelle eine thematische Karte zur Arbeitslosenrate in den einzelnen EU-Ländern (M4).

b) Vergleiche die Karte zur Wirtschaftskraft mit der Karte zur Arbeitslosenrate (M2, eigene Karte).

Wie führst du eine fragengeleitete Raumanalyse durch?

Die Analyse eines Raumes ist eine wissenschaftliche Arbeitsmethode in der Geografie. Sie dient der gezielten Untersuchung geografischer Räume unter einer bestimmten Aufgaben- bzw. Fragestellung.
Mithilfe der Raumanalyse werden schrittweise die den Untersuchungsraum prägenden Merkmale, Strukturen und Vorgänge sowie deren Entstehung herausgearbeitet. Es wird auch untersucht, welche zukünftigen Entwicklungen anzunehmen sind.

Einordnung des Raumes
Lage, Fläche, Einwohnerzahl, politische Verhältnisse, geschichtliche Entwicklung

natürliche Bedingungen
Klima, Vegetation und Tierwelt, Oberflächenformen (Relief), Gewässer, Boden

Bevölkerung
Bevölkerungsdichte und -verteilung, Sprachen, Lebensbedingungen, Religion

Besiedlung
Verteilung, Verstädterung, Megastädte, Siedlungsformen

Wirtschaft
Land-, Forst- und Fischereiwirtschaft, Industrie, Dienstleistungen

Verkehr
Straßen-, Schienen-, Luft- und Wasserverkehrswege, digitale Vernetzung

M1 Ein Raum wird durch verschiedene Faktoren geprägt.

So führst du eine fragengeleitete Raumanalyse durch.

1 Geografischen Raum/Thema festlegen
- Lege zuerst den geografischen Raum fest, zu dem eine Raumanalyse durchgeführt werden soll. Kläre die inhaltliche Zielsetzung der Raumanalyse.
- Formuliere anschließend eine entsprechende Leitfrage.

2 Überblick zum Raum verschaffen
- Beschreibe die Lage und Abgrenzung des Raumes.

3 Teilfragen bearbeiten
- Formuliere mehrere geeignete Teilfragen, die zur Beantwortung der Leitfrage beitragen (M1).
- Suche nach geeigneten Informationsquellen: Zeitungen, (Fach-) Zeitschriften, Atlanten, Dokumentationen, Veröffentlichungen von Behörden und Organisationen
- Prüfe, ob du genügend unterschiedliche, geeignete Materialien zur Beantwortung der Teilfragen gefunden hast und werte sie aus.

4 Arbeitsergebnisse zusammenfassen und Leitfrage beantworten
- Bereite die Ergebnisse in übersichtlicher Form auf (z. B. schematische Darstellungen, Diagramme, kartografische Skizzen, Mindmaps).
- Beantworte abschließend die Leitfrage zur Raumanalyse.
- Präsentiere deine Ergebnisse.

Das Beispiel Großbritannien

Will man einer bestimmten Fragestellung zu einer Stadt, einer Landschaft oder einem Land nachgehen, dann ist es sinnvoll, diese Frage zunächst genau auszuformulieren, zum Beispiel:
Wie haben sich das Leben und Wirtschaften in Großbritannien nach dem Austritt aus der EU verändert?
Nun überlegt man, ob sich diese Leitfrage in unterschiedliche Teilfragen aufgliedern lässt, zum Beispiel:
„Wie hat sich der Außenhandel Großbritanniens verändert?" oder *„Welche Auswirkungen hat der Brexit auf Produktions- und Lieferketten?"* oder *„Welchen Einfluss hat der Brexit auf den Arbeitsmarkt?"*

AUFGABEN

1 Ⓦ Führe eine fragengeleitete Raumanalyse durch
A zu einem europäischen Land deiner Wahl.
B zu Großbritannien nach dem Brexit (M2 – M6). Recherchiere zusätzlich Daten zur aktuellen Entwicklung.

Beispiel Großbritannien: Materialsammlung

Werkschließungen stehen bevor
Autohersteller entflechten bereits die engen Lieferketten und bereiten Werkschließungen vor. Es droht ein Wegfall vieler Arbeitsplätze.

Verschärfte Handelsbarrieren
Trotz des Brexit-Deals wurden neue Handelsbarrieren in Form von Zollvorschriften und -verfahren eingeführt, die den Handel erschweren.

Bedrohung für die britische Autoindustrie
Die Autohersteller haben ein enges Produktionsnetz über Europa gelegt: In den einzelnen Autos stecken Teile aus vielen verschiedenen Ländern. Der Brexit belastet die bestehenden Produktionsketten.

M2 Schlagzeilen aus dem Brexit-Jahr

In Großbritannien gibt es immer öfter auch Probleme in den Lieferketten von Lebensmitteln. Unternehmen müssen sich die Frage stellen, welche Produkte sie beim Transport in die Supermärkte priorisieren. Und die Kritik an Boris Johnson wird lauter: Das Land, die Wirtschaft und die Menschen sind auf die Folgen des Umbruchs durch den Brexit nicht ausreichend vorbereitet gewesen.

M3 Brexit in den britischen Supermärkten

Der Brexit ist da – die Pflegekräfte gehen, und dazu noch die Corona-Pandemie. Seit dem 1. Januar 2021 benötigen EU-Bürger ein Arbeitsvisum, um in Großbritannien zu arbeiten. Viele ausländische Pflegekräfte aus EU-Ländern sehen sich dem bürokratischen Aufwand nicht gewachsen. Gleichzeitig werden im Vereinigten Königreich über 100 000 Pflegekräfte gesucht. Die Situation hat sich im Verlauf der Corona-Pandemie nochmal deutlich verschärft. Das trifft Krankenhäuser, medizinische Tageseinrichtungen und Altenheime, aber auch der private Betreuungs- und Pflegebereich ist betroffen: Für Menschen mit Behinderung, die Hilfe bei alltäglichen Aufgaben benötigen, bleibt die Suche nach geeignetem und bezahlbarem Pflegepersonal immer öfter erfolglos. Schon lange wird daher von der Regierung eine flexiblere Einwanderungsregel für die Branche gefordert.

M4 EU-Pflegekräfte verlassen Großbritannien.

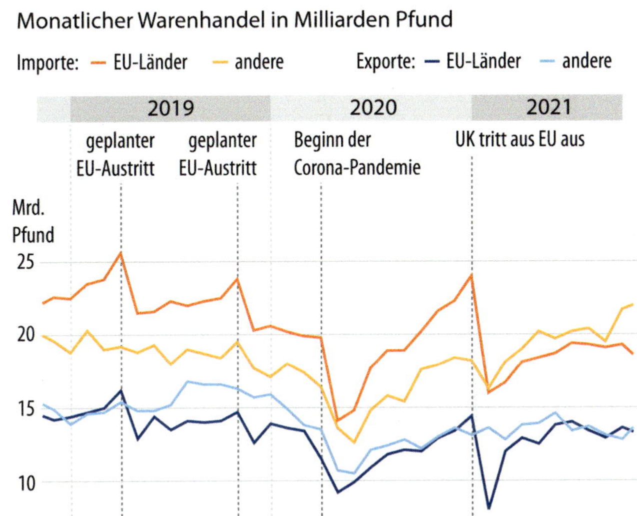

Für viele europäische Länder, darunter auch Deutschland, verlor der Handelspartner Großbritannien schon seit dem Brexit-Referendum 2016 an Bedeutung. Im Jahr 2022 rutschte das Vereinigte Königreich sogar aus der Liste der zehn wichtigsten Handelspartner Deutschlands – erstmals seit 1950. Laut Statistischem Bundesamt sank der Warenverkehr zwischen Großbritannien und Deutschland im ersten Halbjahr um 2,3 Prozent auf 48,3 Mrd. €.

M5 Warenhandel mit der EU

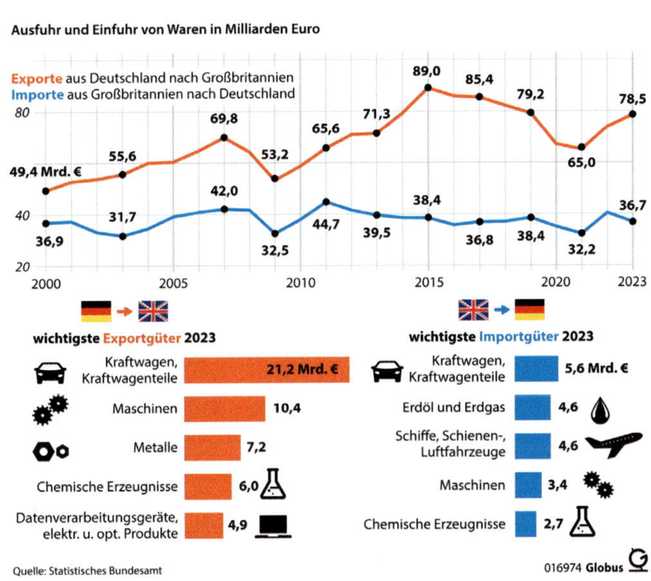

M6 Der deutsch-britische Handel 2023

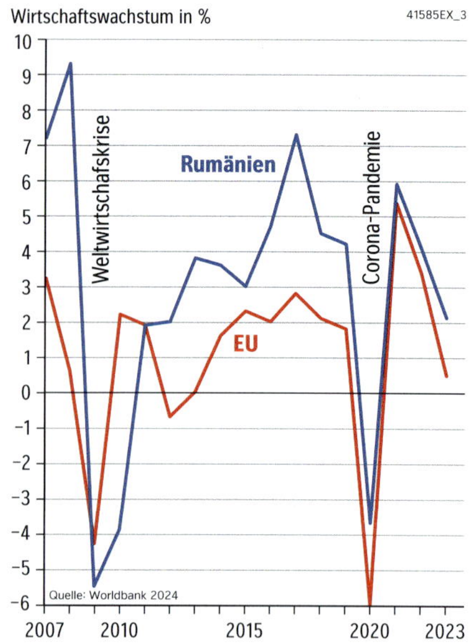

M1 Wachstum des realen Bruttoinlandsprodukts (BIP) Rumäniens seit 2007

M2 Lidl und Siemens – deutsche Unternehmen mit Verkaufs- und Produktionsstandorten in Rumänien

Wirtschaft im Wandel

Im Jahr 2007 trat Rumänien der Europäischen Union bei. Mit Fördergeldern der EU wurde die Wirtschaft des südosteuropäischen Landes unterstützt. Das Geld wird verwendet, um das Verkehrsnetz auszubauen oder Gewerbegebiete zu errichten. Durch die Verbesserung dieser Standortfaktoren haben viele ausländische Unternehmen Produktionsstandorte in Rumänien gebaut. Für diese Unternehmen bietet das Land gut ausgebildete Arbeitskräfte. Durch das niedrige Lohnniveau im Vergleich zu den anderen EU-Ländern sind die Produktionskosten in Rumänien niedrig. Die wirtschaftliche Lage konnte bisher überwiegend in Wirtschaftszentren wie Bukarest, Cluj oder Sibiu verbessert werden. Das Lohnniveau ist durch die gute wirtschaftliche Entwicklung bereits gestiegen.
Für viele Unternehmen ist Rumänien nicht nur als Produktions-, sondern auch als Verkaufsstandort sehr attraktiv. So eröffnen auch immer mehr deutsche Unternehmen Standorte und Filialen in dem Land.

Rumänien hatte im Jahr 2023 eines der geringsten BIP pro Einwohner unter den EU-Staaten. Es ist daher nicht verwunderlich, dass Rumänien Gelder aus den Förderprogrammen der EU erhält. Wie hat sich die Wirtschaft Rumäniens entwickelt?

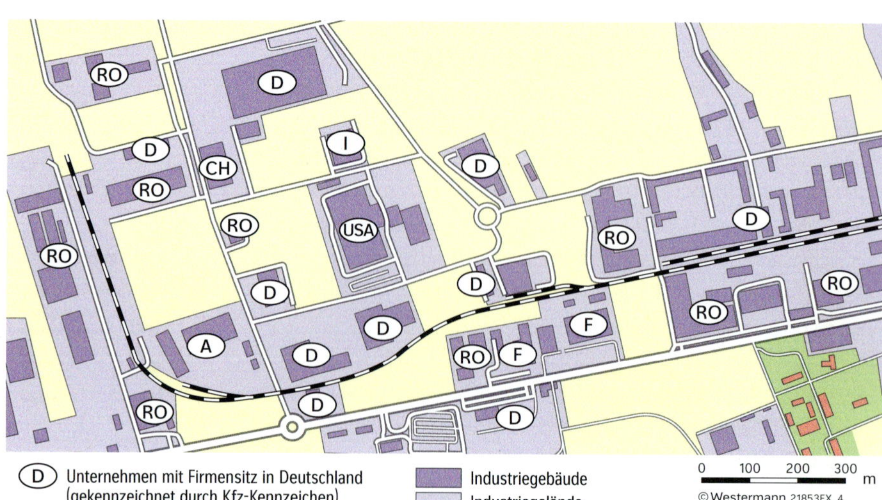

M3 Gewerbepark in Sibiu

AUFGABEN

1 Beschreibe die Entwicklung der Wirtschaft Rumäniens (M1).

2 Erkläre, warum ausländische Unternehmen in Rumänien verstärkt Produktions- und Verkaufsstandorte aufgebaut haben (M2).

3 Beschreibe die Karte M3 und erkläre, warum die Karteninhalte Ausdruck des Wirtschaftswandels in Rumänien sind.

„Herr Popa, berichten Sie bitte kurz, womit Sie Ihr Geld verdienen und inwiefern die EU dabei eine Rolle spielt."

Popa: „Ich habe einen kleinen Bauernhof mit vier Hektar Land. Auf diesem baue ich vor allem Getreide an. Die EU unterstützt mich jedes Jahr mit Geld. Die Menge des Geldes orientiert sich dabei an der Größe des landwirtschaftlich bearbeiteten Landes. Diese Art der Verteilung von Geld ist ein Problem für mich."

„Wie kann die Verteilung von Geld ein Problem darstellen?"

Popa: „Da sich die Menge des Geldes an der Hektargröße orientiert, bekommen große Landwirtschaftsbetriebe wesentlich mehr Fördergelder als die Kleinbauern, von denen es wesentlich mehr gibt. Fairerweise muss man dazu sagen, dass die ersten Hektar Land am meisten Geld einbringen. Es gibt aber Landwirtschaftsbetriebe mit mehreren Tausend Hektar Land, die über 100 000 Euro bekommen. Dadurch können diese sich Maschinen leisten, mit denen die riesigen Flächen bearbeitet werden können. Was sich erst einmal gut anhört, führt dazu, dass die Großbetriebe billiger produzieren können und die Preise senken. Mit den billigen Produkten können wir nicht mithalten."

„Welche Konsequenzen hat das für Sie?"

Popa: „Da wir im Wettbewerb mit den Großbetrieben nicht mithalten können, müssen viele Kleinbauern ihre Betriebe schließen. Die Großbetriebe brauchen zudem durch die Maschinen nicht so viele Arbeitskräfte. So sind viele von uns arbeitslos und wandern in Städte oder ins Ausland, z.B. nach Deutschland, aus. Das sind aber nicht die einzigen Probleme, die sich ergeben. Auch die Natur leidet unter den Großbetrieben. In kleinen Landwirtschaftsbetrieben, die ihre kleinteiligeren Felder nicht mit riesigen Traktoren bearbeiten, gibt es insgesamt eine höhere Artenvielfalt als auf großflächigen Feldern."

M4 Interview mit dem Kleinbauern Adrian Popa

Förderung der Landwirtschaft – mit welchem Ertrag?

In Zukunft soll vor allem der ländliche Raum durch EU-Förderprogramme gefördert werden, sodass viele Gelder in landwirtschaftliche und infrastrukturelle Projekte fließen. Bei diesen soll insbesondere darauf geachtet werden, die Förderung auch nachhaltig auszurichten. Eine nachhaltige Förderung zielt darauf ab, ökologische, soziale und ökonomische Aspekte in Einklang zu bringen.

Trotzdem kommt Kritik auf, dass die Förderung vor allem Großbetrieben zugutekommt. Andere befürchten sogar, dass durch die Förderung Arbeitsplätze auf dem Land verloren gehen könnten. Denn wer viel Äcker und Wiesen hat, erhält mehr Fördergelder. Fast 80 Prozent der europäischen Fördergelder haben nur die 20 Prozent der größten rumänischen Landwirte bekommen. Das System bevorzugt Großgrundbesitzer und benachteiligt Kleinbauern. Die Folge: Seit 2007 mussten etwa eine halbe Million Kleinbetriebe und Höfe aufgeben.

M5 Landwirtschaft in Rumänien im Vergleich (links: industrielle Landwirtschaft/ rechts: Landwirtschaft für den Eigenbedarf)

AUFGABEN

4 a) Berichte, wie sich durch die EU die Landwirtschaft Rumäniens verändert (M4, M5).

b) Nenne Vor- und Nachteile der EU-Förderung der Landwirtschaft für Rumänien (M4).

M1 International Day an der Europa-Universität Viadrina

M3 Dreiländereck Polen, Tschechien und Deutschland

Europa besteht aus vielen Nationalstaaten. Dadurch gibt es etliche Grenzgebiete. In jedem Grenzgebiet wächst die Zusammenarbeit der Länder durch gemeinsame Projekte, welche von der EU durch Fördermittel unterstützt werden.

Welche Vorteile haben solche Kooperationen für die Menschen, die in den Euregios leben?

Zusammenarbeit an Grenzen: Euregios

Grenzgebiete zwischen Staaten bergen immer zwei Probleme. Erstens stellt jede Grenze eine Zerschneidung des Wirtschafts- und Kulturraumes dar. Zweitens wurden Grenzgebiete in der Vergangenheit von der nationalen Politik aufgrund der Lage am Rand des Staatsgebietes häufig vernachlässigt.

Mit jeder Erweiterung der EU wurden ehemalige Außengrenzen der Staaten zu Binnengrenzen in der EU.

Die finanzielle Förderung dieser Regionen, der sogenannten **Euregios**, ist daher von großer Wichtigkeit.

Euregios gibt es an den Binnen- und den Außengrenzen der EU. In diesen Gebieten wird grenzüberschreitende Zusammenarbeit in den unterschiedlichsten Bereichen gefördert, zum Beispiel in den Bereichen Wirtschaft, Verkehr, Kultur, Sport, Arbeitsmarkt und Bildung.

1. Raum

Räumliche Strukturen werden an Grenzen oft zerschnitten. Jedes EU-Mitglied hat seine eigene Raumplanung und eigene Planungen für Verkehr, Transport und andere Infrastrukturmaßnahmen. In einem Grenzgebiet müssen daher unterschiedliche Systeme zwischen zwei Staaten aufeinander abgestimmt werden.

2. Mensch

In den Euregios sollen Kontakte zwischen den Bürgern gefördert werden. Auch die grenzüberschreitende Zusammenarbeit von Behörden wie Feuerwehr und Polizei, speziell im Katastrophenschutz, wird unterstützt. Sprachförderung soll durch gemeinsame Kulturprojekte und Veranstaltungen das gegenseitige Verständnis stärken.

3. Arbeit

Eine Erweiterung des Arbeitsmarkts ist eine Chance für die Bewohner des Grenzgebietes. Durch Stellensuche im Nachbarland oder eine Ausbildung jenseits der Grenze verbessern sich die beruflichen Perspektiven der EU-Bürger in Grenzräumen. Zur Schaffung eines grenzüberschreitenden Arbeitsmarktes gehört auch, dass Ausbildungspläne und Zeugnisse gegenseitig anerkannt werden.

4. Umwelt, Natur, Landwirtschaft

Umwelt, Natur und Landwirtschaft sind die natürlichen Bindeglieder in einem Grenzgebiet. Aber nationale Gesetze und Vorschriften verhindern oft einen grenzüberschreitenden Umgang mit den natürlichen Ressourcen. Dies soll abgeschafft werden. So suchen Landwirtschaftsorganisationen nach neuen gemeinsamen Wegen für landwirtschaftliche Betriebe in den Grenzregionen.

5. Wirtschaft

Die Zusammenarbeit von Unternehmen und Organisationen zur besseren Nutzung wirtschaftlicher und technischer Entwicklungen wird angeregt. Es soll eine grenzüberschreitende Kooperation von klein- und mittelständischen Unternehmen geben. Zudem soll der grenzüberschreitende Tourismus als wachsender Wirtschaftszweig überregional ausgebaut werden.

M2 Euregios – fünf Bereiche der Zusammenarbeit zur Förderung von Europas Grenzregionen

grenzüberschreitende Zusammenarbeit

Elbe/ Labe Name einer Euroregion

•Guben Sitz der Geschäftsstelle einer Euroregion

Grenze einer Euroregion

Staatsgrenze

Landesgrenze

0 50 100 150 km

M4 Euroregionen an den Grenzen Deutschlands

Für nur wenig Geld können Reisende einen ganzen Tag lang mit Bussen und Bahnen in der gesamten Euregio Maas-Rhein fahren. Die Infrastruktur ist über die Ländergrenzen hinweg aufeinander abgestimmt. Das Reisen ist mit dem sogenannten Euregio-Ticket möglich.
Das Ticket gilt in der gesamten Euregio in Belgien, den Niederlanden und in Deutschland. Es kann für die ganze Familie genutzt werden (maximal zwei Erwachsene und drei Kinder unter zwölf Jahren).

M5 Mit dem Euregio-Ticket durch drei Länder

Euregio

AUFGABEN

1 a) Wähle eine Euregio aus.
b) Beschreibe die Lage der gewählten Euregio (M4, Atlas).
c) Nenne wichtige Wirtschaftszweige der Euregio (Atlas).
d) Recherchiere die Arbeit der Euregio, die Akteure (Bürger, Unternehmen, Behörden, Verbände) und die Arbeitsergebnisse (Internet).

2 Ⓦ Europa präsentieren:
A Erstellt ein Plakat für einen Gallery Walk.
B Entwickelt ein Lernspiel, in dessen Verlauf die Zusammenarbeit innerhalb Europas deutlich wird.

M1 Präsentation beim Gallery Walk

Wie führt ihr einen Gallery Walk durch?

Der Galeriegang ist eine Methode, um Präsentationen durchzuführen. Wie in einer Galerie wandern die Zuhörenden von Station zu Station und hören sich mehrere Präsentationen an. Ein großer Vorteil dieser Methode ist, dass im Verlauf der Durchführung alle einmal die Aufgabe des Präsentierenden übernehmen. Somit stellt der Galeriegang eine besondere Form des kooperativen Lernens dar.

So führt ihr einen Gallery Walk durch.

1 Vorbereitung

- In Kleingruppen von maximal fünf Schülern werden zu bestimmten Themen oder Fragestellungen Präsentationen und Visualisierungen, z. B. in Form von Plakaten, vorbereitet.
- Nach der Gruppenarbeitsphase müssen alle Mitglieder die Arbeitsergebnisse präsentieren können.
- Jedes Gruppenmitglied erhält einen Buchstaben.

2 Präsentation der Ergebnisse

- Nachdem die Arbeitsgruppen ihre Visualisierungen in Form von Stationen im Klassenraum platziert haben, werden neue Gruppen mit den gleichen Buchstaben gebildet.
- In der neuen Gruppe präsentiert jedes Mitglied in etwa drei Minuten die Gruppenergebnisse aus der Arbeitsphase.
- Die Zuhörer können sich gegebenenfalls Notizen machen.

3 Beurteilung der Ergebnisse

- Die ursprünglichen Gruppen finden sich wieder zusammen, besprechen die erlebten Präsentationen und bewerten diese nach den Kriterien Inhalt, Darstellung und Präsentation.

4 Feedback

- Ihr beurteilt im Plenum die einzelnen Plakate. Gebt den Gruppen zuerst darüber Rückmeldung, welche Kriterien sie gut erfüllt haben. Danach erst gebt ihr Hinweise zu möglichen Verbesserungen.

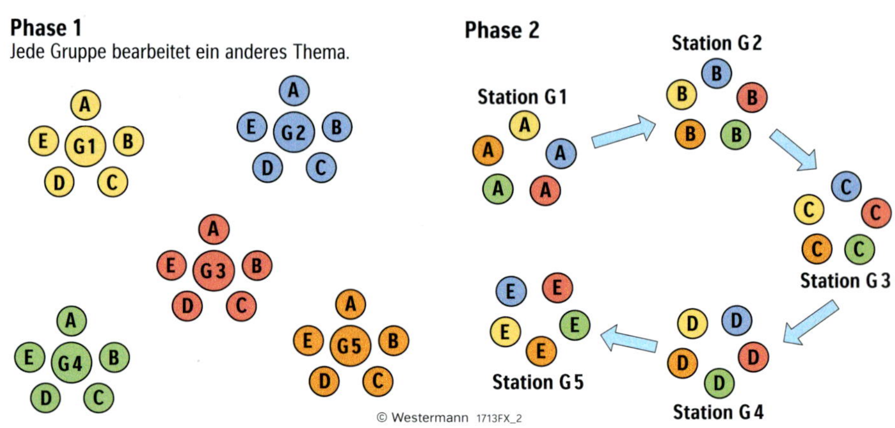

M2 Ablauf eines Gallery Walk

AUFGABE

1 a) Erstellt ein Plakat für einen Gallery Walk zu einer Euregio.
b) Führt den Gallery Walk durch.

Wie gestaltet ihr ein Europaspiel?

In einem selbstentwickelten Lernspiel könnt ihr euer Wissen auf kreative Weise strukturieren und in unterschiedliche Form gestalten. Gleichzeitig können die Spielenden ihr erlerntes Wissen über Europa anwenden. Die gestalterischen Möglichkeiten sind grenzenlos. Ihr könntet zum Beispiel Quizkarten, Kreuzworträtsel oder Spielbretter mit Frage- und Ereignisfeldern entwickeln.

M2 Spielen eines Europaspiels

So gestaltet ihr ein Europaspiel.

1 Konzeptplanung
- Beratet in der Gruppe, welches Thema und welche Form euer Spiel erhalten soll.
- Entwickelt Aufgabenformate und Aktionen, die einen Lernzuwachs ermöglichen und gleichzeitig das Spiel aktivieren.
- Beachtet die angelegten Kriterien (Lernzuwachs, Verständlichkeit, Qualität der Materialien, Spielspaß, Ideenreichtum usw.).

2 Recherche
- Recherchiert Inhalte zum Thema und verknüpft sie mit euren Aufgabenformaten.

3 Materialherstellung
- Erstellt alles notwendige Spielzubehör (Spielfeld, Spielanleitung, Figuren, Aktionskarten, Spielschachtel usw.), damit das Spiel von euren Mitschülern gespielt werden kann.

4 Spielen
- Tauscht die Spiele von Gruppe zu Gruppe aus, spielt sie und beurteilt die Spiele nach vorher festgelegten Kriterien.

5 Auswerten
- Wertet euer Unterrichtsprojekt aus, indem ihr anhand der Kriterien die Qualität der Spiele ermittelt.
- Prämiert das beste Spiel.

M1 Beispiel für ein Europaspiel

AUFGABE

1 Entwickelt ein Lernspiel, in dessen Verlauf die Zusammenarbeit innerhalb Europas deutlich wird. Nutzt die folgenden Seiten 142 – 147 dafür.

M1 Start einer Ariane-Trägerrakete in Kourou (Französisch-Guayana)

M2 Galileo-Satellit im Orbit

Im Juli 2024 startete die erste Ariane 6 Rakete ins Weltall, ein großer Erfolg für das europäische Gemeinschaftsprojekt der ESA. Nur durch länderübergreifende Forschung und Entwicklung konnte diese Leistung gelingen. Aus welchen Gründen bemüht sich die Europäische Union, im Weltall aktiv zu sein?

Das Navigationssystem Galileo

Die Daten für die genaue Bestimmung eines Ortes auf der Erde, zum Beispiel für die Navigationsgeräte im Auto oder im Smartphone, gelangen über Satelliten zu uns auf die Erde. Bisher nutzen wir in Europa das US-amerikanische GPS (Global Positioning System). Seit 2013 arbeitet die Europäische Raumfahrtagentur ESA im Auftrag der Europäischen Union an einem eigenen System – Galileo. Im Jahr 2024 waren dafür bereits 28 der notwendigen 30 Satelliten im All.
Galileo ist das erste Projekt, das von der EU und der ESA gemeinsam durchgeführt wird. Von einem Land allein wäre dieses Projekt technisch und finanziell nicht umzusetzen. Nur in europäischer Zusammenarbeit kann ein solches Großprojekt gelingen. Nach Fertigstellung soll Galileo zusätzlich zum GPS genutzt werden.

INFO

Transport ins All

Die Satelliten werden mit Trägerraketen, zum Beispiel der Ariane 5 oder Vega, ins All gebracht. Diese starten vom Europäischen Weltraumflughafen Kourou in Südamerika. Die Trägerraketen vom Typ Ariane sind ebenfalls ein europäisches Gemeinschaftsprodukt. Seit 1980 ist dafür das speziell gegründete Unternehmen Arianespace verantwortlich. Die Ariane 5 befördert zum Beispiel unbemannte Frachtraumschiffe zur Internationalen Raumstation ISS.

AUFGABEN

1 Tragt Möglichkeiten zusammen, ein Navigationssystem zu nutzen.

2 Beschreibt die Lage von Französisch-Guayana (M1, Atlas).

INFO

ESA und EU

Die ESA ist die Europäische Raumfahrtagentur. Nicht alle Länder der Europäischen Union sind Mitgliedsstaaten der ESA. Andererseits gehören zur ESA auch Staaten, die nicht EU-Mitglieder sind, wie zum Beispiel die Schweiz oder Norwegen.

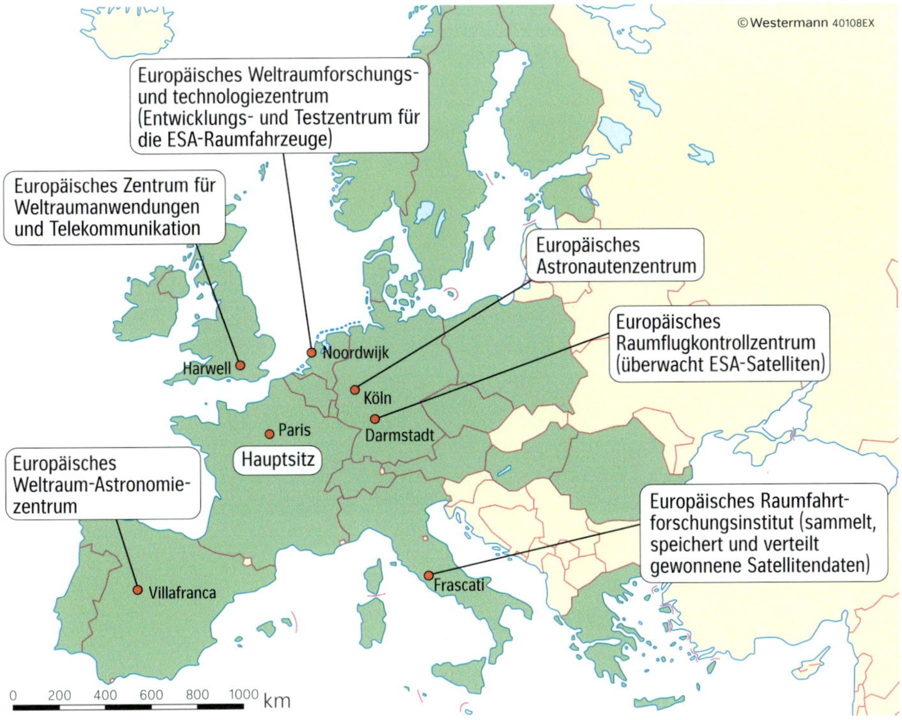

M3 Mitgliedsländer der ESA und die wichtigsten Zentren (Auswahl)

M5 Die Zentrale der ESA in Paris

ESA – Europas Tor zum Weltraum

Die Europäische Raumfahrtagentur fördert und koordiniert die Entwicklung der europäischen Raumfahrt. Im Jahr 2024 hatte die ESA 22 Mitgliedsstaaten. Für die unbemannte und bemannte Raumfahrt sind enorme finanzielle Mittel notwendig. Diese werden von allen ESA-Mitgliedsstaaten gemeinsam aufgebracht. Aber auch das technische Fachwissen kommt aus allen beteiligten Ländern. Die zahlreichen Aufgabenbereiche der ESA sind auf die verschiedenen Länder verteilt. Insgesamt arbeiten etwa 2 200 Beschäftigte aus allen Mitgliedsstaaten bei der ESA. Dazu kommen Partner aus anderen Raumfahrtzentren, zum Beispiel aus Kanada und Japan. Das Deutsche Zentrum für Luft- und Raumfahrt vertritt die Interessen der Bundesrepublik Deutschland bei der ESA. Außerdem werden in Deutschland die ESA-Astronauten ausgebildet.

M4 Astronautentraining im Europäischen Astronautenzentrum in Köln

AUFGABEN

3 Recherchiert die beteiligten Länder, die Aufgaben der ESA sowie unterschiedliche Projekte (Internet).

4 Ⓦ Zusammenarbeit im Weltraum:

A Erstellt ein Plakat für einen Gallery Walk.

B Entwickelt ein Lernspiel, in dessen Verlauf die Zusammenarbeit innerhalb Europas deutlich wird.

M1 Schutzgebiete entlang der Oder

M2 Landschaft im Unteren Odertal

Naturschutz entlang der Oder

Im Nordosten Brandenburgs fließt die Oder durch eine der letzten intakten Auenlandschaften Deutschlands. Auen nennt man Flächen an den Ufern von Flüssen, die bei Hochwasser überflutet werden. Zwischen der brandenburgischen Uckermark und dem polnischen Westpommern ist durch die Oder, ihre vielen Seitenarme und die Auen eine einzigartige Landschaft entstanden. Im Gebiet des Unteren Odertals sind zudem mehr als 45 Säugetierarten, 11 Amphibienarten, 6 Reptilienarten und 49 Fischarten heimisch.

Um dieses Gebiet grenzüberschreitend zu schützen, sind die Umweltminister von Deutschland und Polen sowie die von Brandenburg und der Wojewodschaft Westpommern am 7. Mai 1992 übereingekommen, hier ein grenzüberschreitendes Naturschutzgebiet zu schaffen. Umweltschutzbehörden und -organisationen Deutschlands und Polens schützen seitdem dieses wichtige Ökosystem gemeinsam.

Im Sommer 2022 kam es zu einer Umweltkatastrophe in der Oder. Polnische Bergbaukonzerne sollen salzhaltige Industrieabwässer in den Grenzfluss geleitet haben, daraufhin konnten sich giftige Algen entwickeln und über 360 Tonnen Fisch starben, auch im deutschen Teil der Oder. Können solche Katastrophen von Regierungen verhindert werden, wenn die Natur doch keine politischen Grenzen kennt?

Das massive Fischsterben in der Oder im August 2022 wurde durch einen sprunghaft gestiegener Salzgehalt im Fluss, extreme Niedrigwasserstände und hohe Wassertemperaturen von bis zu 25 °C ausgelöst. Auf polnischer Oderseite soll das Fischesterben zuerst beobachtet worden sein. Deutsche Behörden kritisieren, dass sie nicht schnell genug informiert worden seien. Das Leibniz-Institut für Gewässerökologie und Binnenfischerei empfiehlt für die zukünftige engere Zusammenarbeit, das entsprechende Messstellennetz in Tschechien, Polen und Deutschland auszuweiten. Problematische Entwicklungen müssten auf einer einheitlichen Plattform abrufbar sein, um sofort reagieren zu können.

M3 Fischsterben in der Oder

AUFGABEN

1 a) Verortet das Untere Odertal und nennt wichtige Ortschaften im Schutzgebiet (M1, Atlas).

b) Erklärt die ökologische Bedeutung für die Region Berlin/Brandenburg und Westpommern.

c) Erläutert, warum der grenzüberschreitende Schutz des Odertals wichtig ist.

M4 Algenwachstum durch Eutrophierung der Ostsee

INFO

Eutrophierung
Nährstoffübersättigung von Gewässern durch Abwässer aus Haushalten, Industrie und Landwirtschaft

Umweltbelastung und Schutz der Ostsee

Eutrophierung

Die Ostsee gilt als das am stärksten verschmutzte Meer der Welt. Ursachen dafür sind die **Eutrophierung** z. B. durch Nährstoffe aus der Landwirtschaft, die durch die Flüsse eingetragen werden, und die schmalen Meeresarme, durch die frisches Wasser aus der Nordsee einströmt. Nach dem Zweiten Weltkrieg wurde Munition, darunter Giftgasgranaten, in der Ostsee versenkt. Fischer finden heute noch Bomben in ihren Netzen. Zeitweise müssen Strandabschnitte wegen angespülter Chemikalien aus dieser Zeit gesperrt werden.
Bereits 1974 kam es zum ersten Übereinkommen der Anrainerstaaten zum Schutz des Ostseegebietes (Helsinki-Konvention). Seitdem arbeiten die Anrainer der Ostsee beim Schutz dieses Ökosystems zusammen, über alle Grenzen und politischen Unterschiede hinweg. 2007 wurde der Ostsee-Aktionsplan (Baltic Sea Action Plan) ins Leben gerufen, der zur Wiederbelebung des Ökosystems Ostsee führen soll.

Laut einer Studie des Landesamts für Umwelt, Naturschutz und Geologie Mecklenburg-Vorpommern landet immer mehr Plastikmüll in der Ostsee. Da sich das Material sehr langsam zersetzt, nimmt die Verschmutzung der Ostsee stetig zu. Plastikmüll ist eine tödliche Gefahr für alle Meeres- und Küstentiere. Fische, Vögel und andere Tiere verfangen sich oder verwechseln kleine Plastikteilchen mit Nahrung und sterben daran. Um den Plastikmüll in der Ostsee zu vermeiden, wurde das internationale Forschungsprojekt „Circular Ocean-bound Plastic" gestartet. An dem Projekt sind die Universität Rostock, das Leibniz-Institut für Ostseeforschung Warnemünde und Partner aus Dänemark, Schweden und Polen beteiligt.

M5 Gefahr durch Plastikmüll

AUFGABEN

2 a) Beschreibt die Bedeutung und ökologische Gefährdung der Ostsee (M4, M5).

b) Nennt Lösungsmöglichkeiten (Internet).

3 Ⓦ Zusammenarbeit im Naturschutz:

A Erstellt ein Plakat für einen Gallery Walk.

B Entwickelt ein Lernspiel, in dessen Verlauf die Zusammenarbeit innerhalb Europas deutlich wird.

M1 Verschiedene Verkehrsmittel

M2 Öresundbrücke, Verbindung zwischen Dänemark und Schweden

Mit den verschiedensten Verkehrsmitteln kann man heute weite Strecken schnell überwinden. Geschwindigkeit ist jedoch nicht das einzige Kriterium zur Streckenbewältigung. Welche anderen Aspekte sind zu beachten?

In Europa unterwegs

Vor 150 Jahren hätte eine Reise von Berlin nach Paris mehrere Tage gedauert. Derzeit sind es nur noch rund neun Stunden mit dem Zug. Heutzutage stehen verschiedene Verkehrswege zur Verfügung: Straßen, Eisenbahnlinien, Wasserwege und der Luftraum werden nicht nur für den Personentransport, sondern auch für den Güterverkehr genutzt.
Jedes Verkehrsmittel hat Vor- und Nachteile. Wenn genügend Zeit für den Transport zur Verfügung steht, werden Waren per Schiff transportiert, da dies kostengünstig und umweltfreundlich ist. Leicht verderbliche Waren hingegen müssen schnell geliefert werden und werden daher per Lkw oder Flugzeug befördert. Schnelle Transportmittel sind allerdings teurer und führen oft zu einer größeren Umweltbelastung.
Ein Beispiel für ein länderübergreifendes Projekt ist die Öresundbrücke, welche eine feste Verkehrsverbindung zwischen Dänemark und Schweden darstellt. Die schnelle Verkehrsverbindung hat zu einem Zusammenwachsen der gesamten Metropolregion geführt.

Ziel der EU-Verkehrsplaner ist es, das Verkehrsnetz in Europa auszubauen. Um dieses Ziel zu erreichen, arbeiten viele europäische Staaten zusammen. Zahlreiche Verkehrsprojekte werden von der Europäischen Union gefördert.
Durch den Ausbau eines europäischen Verkehrsnetzes sollen Personen schneller befördert werden. Außerdem will man den Transport der Waren von der Straße auf die Eisenbahn oder auf Wasserstraßen verlagern.
Europa verfügt über ein Hochgeschwindigkeitsnetz der Bahn. Es ist etwa 12400 km lang. Fernstraßen, sogenannte Europastraßen, durchziehen Europa auf einer Länge von rund 50000 km.

Große Verkehrsprojekte in Europa

- Tunnelbauten durch Gebirge (z. B. Brennerbasistunnel) und durch Meeresarme (z. B. Fehmarnbelttunnel)
- Großbrücken über Meeresteile (z. B. Öresundbrücke)
- Modernisierung von Häfen (z. B. Hafen von Rotterdam)
- Ausbau der Eisenbahnlinien und des Straßennetzes
- Ausbau von Flughäfen (z. B. Frankfurt)

M3 Europäische Verkehrsprojekte

AUFGABEN

1 Menschen und Waren können auf unterschiedliche Weise transportiert werden.
a) Nenne verschiedene Verkehrsmittel (M1).
b) Stelle Vor- und Nachteile der verschiedenen Verkehrsmittel in einer Tabelle gegenüber.

2 Beschreibe die Lage der fünf genannten europäischen Verkehrsprojekte (M3, Atlas).

M4 Der Antriebswagen einer Freccia Rossa

Jahr	Länge des Hochgeschwindigkeitsnetzes für Züge in Europa
1985	600 km
1995	2600 km
2005	5400 km
2015	10300 km
2022	12200 km

M6 Entwicklung der Länge des Hochgeschwindigkeitsnetzes für Züge in Europa (gerundet)

Ausbau des Hochgeschwindigkeitsnetzes

In den letzten Jahrzehnten hat der Verkehr in Europa stark zugenommen. Wo früher Wiesen und Wälder zu sehen waren, verlaufen heute Straßen und Schienen. Die Züge haben sich stark verändert und werden zum Großteil elektrisch betrieben. In den Bahnhöfen sehen wir hochmoderne und schnelle Triebwagen des ICE, des Railjet oder der Freccia.

Den Hochgeschwindigkeitsschienenverkehr in Europa gibt es seit ungefähr 40 Jahren. Um noch mehr Städte miteinander zu verbinden und die Reisezeit weiter zu verkürzen, wird das Schienennetz für Hochgeschwindigkeitszüge auch in Zukunft weiter ausgebaut. Bis 2050 sollen insgesamt 32000 km Strecke in Europa zur Verfügung stehen. Dieser Ausbau ist sehr kostspielig. Bei nahezu allen Neubaumaßnahmen muss in die Natur eingegriffen werden. Pro Kilometer Hochgeschwindigkeitsnetz werden etwa drei Hektar Fläche versiegelt – das entspricht ungefähr vier Fußballfeldern. Die Lärmbelastung entlang der Strecken wird deutlich höher.

M5 Hochgeschwindigkeitsstrecken in Europa

AUFGABEN

3 In Europa werden viele Bahnstrecken ausgebaut.
a) Nenne Gründe für den Ausbau der Hochgeschwindigkeitsstrecken.
b) Nenne Folgen, die der Ausbau des Streckennetzes mit sich bringt.

4 Ermittle innerhalb der Länder Spanien, Frankreich, Deutschland und Italien je eine Hochgeschwindigkeitsverbindung. Nenne Start- und Zielort (M5).

5 Ⓦ Zusammenarbeit im Verkehrswesen:

A Erstellt ein Plakat für einen Gallery Walk.

B Entwickelt ein Lernspiel, in dessen Verlauf die Zusammenarbeit innerhalb Europas deutlich wird.

Ⓐ Der Geirangerfjord ist einer der bekanntesten Fjorde Norwegens und endet an der Stadt Geiranger. Nenne das Gebirge, das sich dort befindet.

Ⓔ Ermittle die Länder, zu denen die abgebildeten Flaggen gehören. Ordne die Länder von West nach Ost.

Ⓑ In Rotterdam kann man mit dem Amphibienbus den größten Hafen Europas entdecken. Nenne den Fluss, der am Hafen ins Meer mündet und das dazugehörige Land.

Ⓒ Fasse die Kernaussage der Karikatur zusammen. Finde eine geeignete Überschrift.

Ⓓ Die Donau ist einer der längsten Flüsse Europas. Durch welche Länder fließt die Donau? In welchem Land liegt die Quelle der Donau? In welches Meer mündet die Donau?

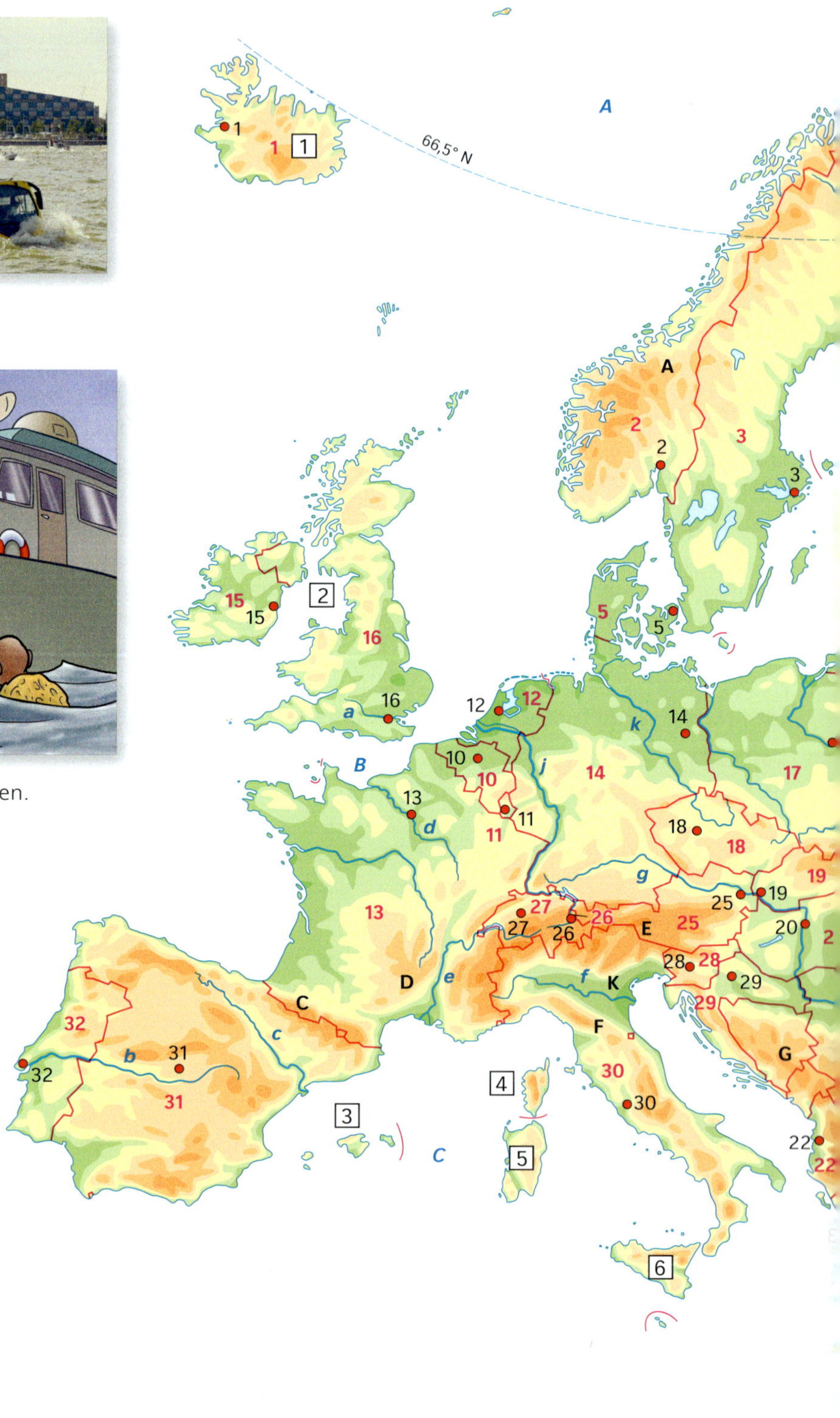

M1 Übungskarte zu Europa

Ⓕ Welche Länder gehören dem Schengenraum an? Beschreibe Vorteile des Schengenraums.

Ⓖ Welches Gebirge gilt als (physisch-geografische) Grenze zwischen Europa und Asien?

Ⓗ Der Große Aletschgletscher ist der größte und längste Gletscher in den Alpen. Nenne das Land, in dem er sich befindet.

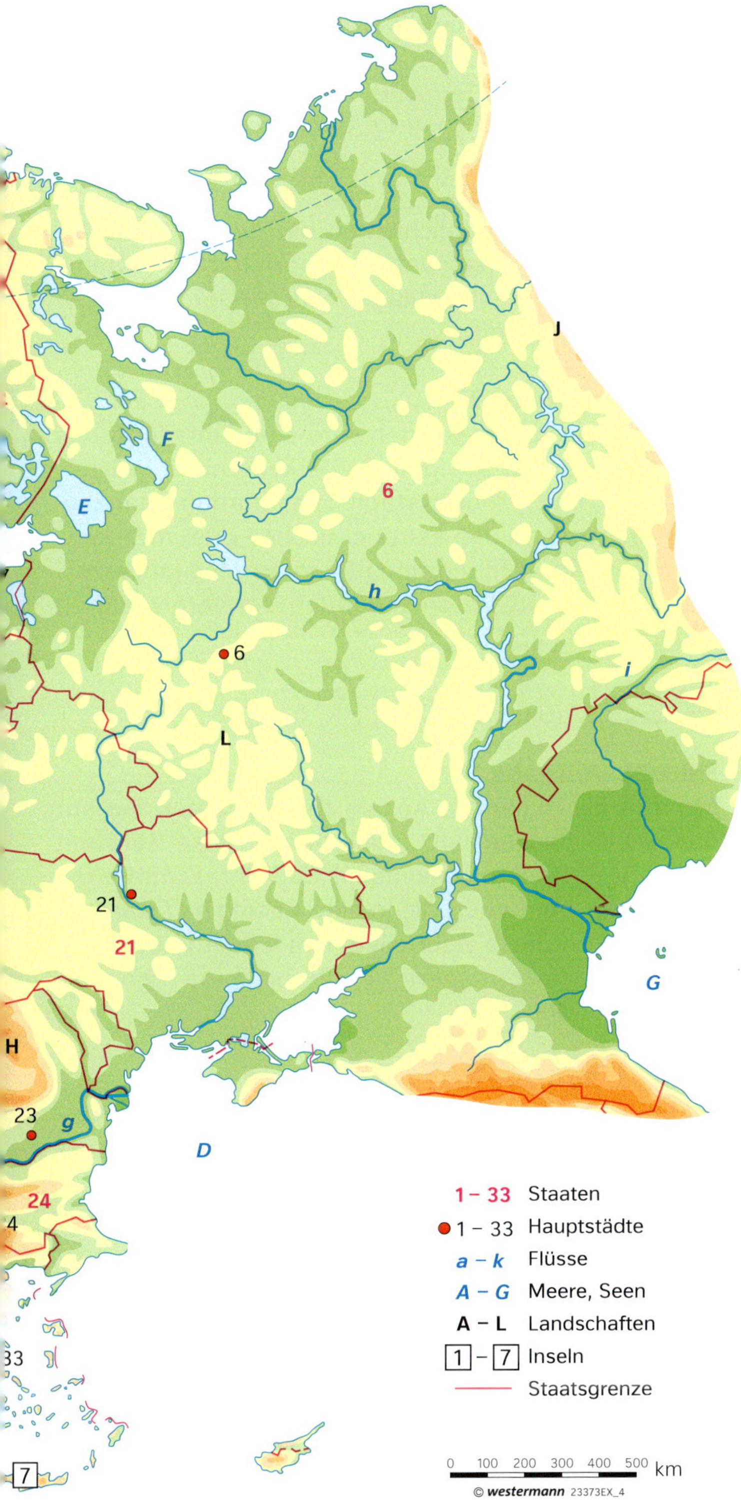

	Luxemburg	Rumänien
BIP pro Kopf in Euro (2023)	90 183	29 350
Bevölkerungsanteil (2025)	< 15 J.: 15,8 % 15 – 64 J.: 68,4 % > 64 J.: 18,8 %	< 15 J.: 15,6 % 15 – 64 J.: 64,3 % >64 J.: 20,1 %
Lebenserwartung (2025)	Männer: 81 J. Frauen: 84 J.	Männer: 73 J. Frauen: 80 J.
Internetzugänge privater Haushalte (2023)	97 %	89 %

Ⓘ Nenne Aktiv- und Passivräume in Europa. Beschreibe Kennzeichen räumlicher Disparitäten.

Ⓙ Die EU ist nicht Europa. Erkläre.

AUFGABE

1 a) Lokalisiere die Orte auf den Fotos (Atlas).

b) Löse die Aufgaben Ⓐ – Ⓙ.

c) Benenne die Meere (A – D, G), Inseln (1 – 7) und Landschaften (A – L) Europas (M1, Atlas).

Kapitel 1 Umgang mit Ressourcen

Seite 15, Aufgabe 4
Hilfreiche Internetseiten sind:
www.lausitzerseenland.de
www.lausitzbilder.de
www.leipzigseen.de
www.leipzig.travel

Seite 20, Aufgabe 3
Argumentationsbereiche könnten sein:
- Erhalt des Great Barrier Reefs und seiner Tierwelt
- Nutzung der Kohle – CO_2-Ausstoß – Klimawandel
- Zerstörung der Natur beim Abbau

Seite 21, Aufgabe 4
Übersetzung des Textes in der Sprechblase: Anscheinend war es ein schönes Land, bevor die Bergbauindustrie Einzug hielt.

Seite 23, Aufgabe 2a
Fertigt eine Tabelle an. Die Tabelle kann im Laufe der folgenden Unterrichtsstunden ergänzt werden.
Mögliche Vergleichspunkte: Energieträger nennen, Gewinnung, wo und wie wird Strom erzeugt (Kraftwerke), wie können die Energieträger genutzt werden, ...

Seite 28, Aufgabe 1b

Energieträger	Biogas	Grüner Wasserstoff	Gezeitenkraftwerk
Vorteil (Denke z. B. an Nutzungsmöglichkeiten)			
Nachteil (Denke z. B. an Gefahren, Kosten)			

Seite 34, Aufgabe 1c
Nutze die Atlaskarte „Deutschland – Landwirtschaft“. Suche nach Regionen, in denen Zuckerrüben oder Mais angebaut werden.

Seite 37, Aufgabe 4
Betrachte die Abbildung von links nach rechts.
Beginne zum Beispiel so: Der Baum wird mithilfe ... gefällt und ... transportiert. Dort wird ... weiterverarbeitet. Anschließend ...
Überlege auch, wer das Endprodukt als Kunde kauft und nutzt.

Seite 41, Aufgabe 3b
Nutze die Atlaskarte „Weltmeere – Fischfang und Fischzucht“. Addiere die Kästchen der jeweiligen Produzenten (Länder) und trage sie in eine Tabelle ein.

Kapitel 2 Klimawandel und Klimaschutz

Seite 53, Aufgabe 5
Nutze diesen Lückentext:
Am Tag erhitzt sich ... schneller als ... . Daher bildet sich über ... ein ... . Über dem Meer bildet die absinkende Luft ein ... . Daher kommt es am Tag zum ..., das heißt, der Wind weht vom ... zum ... .

Seite 54, Aufgabe 2a
Die Zahlen an der blaue Kurve im Diagramm zeigen die maximale Luftfeuchtigkeit für die jeweilige Temperatur. Beispiel: Der Wert für LF_{max} liegt bei einer Temperatur von 20 °C bei 17,3 g Wasser/m^3 Luft.

Seite 56, Aufgabe 1b
Denke dabei an Möglichkeiten der landwirtschaftlichen Nutzung, Anpassungen an vorherschende Temperaturen und Niederschläge sowie an Gefährdungen durch Naturereignisse.

Seite 71, Aufgabe 3b
Phänologische Jahreszeiten sind eine Einteilung des Jahres basierend auf den wiederkehrenden Wachstums- und Entwicklungsstadien bestimmter Pflanzen. Im Gegensatz zu den astronomischen oder meteorologischen Jahreszeiten sind phänologische Jahreszeiten nicht an feste Daten gebunden, sondern variieren je nach Klima und Region.

Kapitel 3 Globalisierung

Seite 88, Aufgabe 1a
Ermittle die maximale Anzahl der Container, die auf das Schiff passen und multipliziere diese Zahl mit dem angegebenen maximalen Gewicht. Ermittle die Anzahl der Container, die in eine Boeing 747 passen, multipliziere diese Zahl wieder mit dem maximalen Gewicht eines Containers. Vergleiche beide Ergebnisse miteinander.

Seite 93, Aufgabe 3
Verwende das Kreisdiagramm, um die beiden Bundesstaaten mit dem höchstens Anteil der IT-Produktion zu finden.

Seite 98, Aufgabe 1
Die Herkunftsländer oder -regionen von Lebensmitteln stehen meist auf den Verpackungen. Im Etikett von einem Kleidungsstück wird der Produktionsort und oft auch der Designort genannt.
Die Herkunft von elektronischen Geräten lässt sich über die Serien- oder Gerätenummer feststellen.

Seite 101, Aufgabe 3
Formulierungshilfen:
Industrie 4.0 bedeutet, dass die industriellen Produktionsprozesse ...
Die Fabrik in der Industrie 4.0 ist eine ...
Das bedeutet, dass ...
In einer ... steuern ...
Roboter und Menschen ...
Für die Fertigungsprozesse braucht man ...

Seite 105, Aufgabe 3c
Führt zum Beispiel ein fiktives Experteninterview mit Mitarbeitern eines Recyclinghofes oder Reparaturdiensten. Vorab könnt ihr sachlich die Problematik mithilfe der Materialien auf der Doppelseite darstellen. Formuliert kurze und verständliche Sätze.

Seite 105, Aufgabe 3b
Formulierungshilfen:
Das Plastik wird zu ... verarbeitet. Über die Waschmaschine, ... oder ... gelangt es ins .... Durch .... wird es zu Mikroplasik zerkleinert. Dieses kann sich auf dem ... ablagern.
Geher weiter auf Schadstoffe und mögliche Auswirkungen auf den Menschen ein.

Seite 108, Aufgabe 2
Formulierungshilfen:
Die weltweiten Abhängigkeiten zeigen sich in ... ... ist zum Beispiel abhängig von ... Wenn die Lieferkette unterbrochen wird, ...

Seite 109, Aufgabe 3b
Es sollten folgende Aspekte berücksichtigt werden: Zeitfaktor, Kostenfaktor, Auswirkungen auf Arbeitsplätze, Umweltbelastung, Globalisierung.

Seite 110, Aufgabe 1a
Beschreibe zunächst, was im Diagramm dargestellt ist. Berücksichtige, dass es sich hier um Meinungen aus einer Umfrage handelt. Nenne jeweils ausgewählte Staaten, die Globalisierung eher als etwas Gutes bzw. als etwas Schlechtes sehen.
Bei der Ermittlung der Gründe solltest du im Bereich der Arbeitsplätze (Es gibt durch Globalisierung viele oder sie sind bedroht.) und im Bereich des Konsums suchen. Natürlich spielt auch der Anteil des Landes am Welthandel bzw. das Verhältnis von Ex- zu Import eine Rolle.

Kapitel 4 Europa

Seite 116, Aufgabe 1
Für die Lösung der Aufgabe musst du den Atlas nutzen. Verwende für die Beschreibung die Himmelsrichtung.
Formulierungshilfe: Der Kontinent Europa grenzt im Norden an ... Die Grenzziehung im Osten verläuft entlang ...

Seite 119, Aufgabe 2a
Beginne: Europa ist gegliedert in viele ... und ...
Ordne den Inseln und Halbinseln die Länder zu, zu denen sie politisch gehören. Beispiel: Iberische Halbinsel: Spanien, Portugal, Andorra.

Seite 119, Aufgabe 4
Überlege dir vorab eine sinnvolle Einteilung der Y-Achse. (z. B. 500er-Schritte für ein Säulendiagramm der Seen). Nimm für die Bearbeitung auch die S. 156 (Methode zum Zeichnen eines Säulendiagramms) zu Hilfe.

Seite 120, Aufgabe 3
Zu den „Außenstellen Europas“ gehören: Anguilla, Aruba, Ascension, Azoren, Bermuda, Bonaire, Britische Jungferninseln, Ceuta, Curacao, Falklandinseln, Französisch Polynesien, Französisch-Guayana, Grönland, Guadeloupe, Kaimaninseln, Kanarische Inseln, Réunion, Madeira, Martinique, Mayotte, Melilla, Montserrat, Neukaledonien, Pitcairn, Saba, Saint-Barthélemy, Saint-Martin, Saint Piere et Miquelon, Sint Eustatius, Sint Marteen, St. Helena, Südgeorgien und Südliche Sandwichinseln, Tristan da Cunha, Turks- und Caicosinseln, Wallis and Futuna.

Seite 124, Aufgabe 4
Öffne den QR-Code oder den Weblink (WES-115816-125) auf der Seite. Du gelangst zum Internetauftritt von DiscoverEU. Hier kannst du verschiedene Routen auswählen und mögliche Stationen anzeigen lassen.

Seite 128, Aufgabe 3
Um den Anteil der Erstasylanträge, gemessen an der Bevölkerungszahl eines Landes, zu ermitteln, musst du zunächst die Bevölkerungszahl des Landes für das Jahr 2023 recherchieren. Den Anteil der Erstasylanträge, gemessen an der Bevölkerungszahl, erhältst du nun, indem du die Bevölkerungszahl von 2023 durch die Asylbewerberanzahl 2023 des Landes (siehe M3) dividierst.

Aktivraum (Seite 131)
Ein Aktivraum ist ein Gebiet, das durch hohe wirtschaftliche, soziale oder kulturelle Aktivitäten gekennzeichnet ist. Hier leben viele Menschen, es gibt zahlreiche Arbeitsplätze, und die Infrastruktur ist gut ausgebaut.

Albedo (Seite 51)
Die Albedo gibt an, wie stark eine Oberfläche das Sonnenlicht reflektiert. Helle Flächen wie Eis und Schnee haben eine hohe Albedo, dunkle Flächen wie Wälder oder Wasser eine niedrige.

anthropogener Treibhauseffekt (Seite 64)
Der anthropogene Treibhauseffekt beschreibt die menschengemachte Verstärkung der Erderwärmung. Sie entsteht vor allem durch die Freisetzung von Treibhausgasen wie CO_2 und Methan, die Wärme in der Atmosphäre speichern und dadurch zu einem Anstieg der globalen Temperatur führen.

Asyl (Seite 129)
Asyl ist der Schutz, den ein Staat Menschen gewährt, die in ihrem Herkunftsland verfolgt werden, z. B. aus politischen, religiösen oder ethnischen Gründen. Asylsuchende beantragen diesen Schutz, um in Sicherheit leben zu können.

Atmosphäre (Seite 46)
Die Atmosphäre ist die gasförmige Hülle, die die Erde umgibt. Sie besteht aus mehreren Schichten und enthält Gase wie Stickstoff, Sauerstoff und Kohlendioxid, die für das Leben auf der Erde essenziell sind.

Barrel (Seite 16)
Ein Barrel ist ein Maß für Rohöl. Ein Barrel entspricht etwa 159 Litern und wird weltweit als Standardmaß in der Ölindustrie verwendet.

Beifang (Seite 40)
Beifang bezeichnet Meereslebewesen, die bei der Fischerei unbeabsichtigt gefangen werden. Dazu gehören Arten, die nicht gezielt gefischt werden, geschützte Tiere oder Fische, die zu klein sind, um verwertet zu werden.

Beleuchtungszone (Seite 60)
Die Beleuchtungszonen verlaufen parallel zum Äquator und unterscheiden sich in der Stärke und Dauer der Sonneneinstrahlung (Tropen, gemäßigte Zone, polare Zone). Sie beeinflussen die klimatischen Bedingungen weltweit.

Binnenmarkt (Seite 125)
Ein Binnenmarkt ist ein Wirtschaftsraum, in dem Waren, Dienstleistungen, Kapital und Arbeitskräfte ohne Handelsbeschränkungen zwischen den Mitgliedsstaaten ausgetauscht werden können.

Biogas (Seite 28)
Biogas ist ein brennbares Gas, das aus organischen Abfällen wie Gülle, Pflanzenresten oder Lebensmittelabfällen entsteht. Es wird in Biogasanlagen produziert und kann zur Energiegewinnung genutzt werden.

Bodenart (Seite 33)
Die Bodenart beschreibt die Zusammensetzung eines Bodens aus Sand, Schluff und Ton. Sie bestimmt, wie gut der Boden Wasser speichert, durchlüftet wird und Nährstoffe bereitstellt.

Bodendegradation (Seite 35)
Bodendegradation bezeichnet die Verschlechterung der Bodenqualität durch menschliche Eingriffe wie Übernutzung, Entwaldung oder Verschmutzung, wodurch die Fruchtbarkeit des Bodens sinkt.

Bodentyp (Seite 33)
Ein Bodentyp beschreibt eine bestimmte Art von Boden, die durch ihre Eigenschaften und die Schichtung der Bodenhorizonte charakterisiert ist. Er entsteht durch die Wechselwirkung von Klima, Gestein, Vegetation und Zeit und bestimmt die Nutzungsmöglichkeiten des Bodens.

Braunkohle (Seite 12)
Braunkohle ist ein fossiler Brennstoff, der aus abgestorbenen Pflanzenresten entsteht und sich über Millionen Jahre unter hohem Druck bildet (Inkohlung). Sie wird meist im Tagebau gefördert und dient vor allem zur Energiegewinnung, setzt jedoch bei der Verbrennung große Mengen CO_2 frei.

Bruttoinlandsprodukt (BIP) (Seite 130)
Das Bruttoinlandsprodukt (BIP) gibt den Gesamtwert aller Waren und Dienstleistungen an, die in einem Jahr in einem Land produziert werden. Es dient als Maßstab für die wirtschaftliche Leistung eines Staates.

Delta (Seite 119)
Ein Delta ist eine flache, meist dreieckige Landform, die an der Mündung eines Flusses entsteht. Es bildet sich, wenn der Fluss an diesem Punkt seine Strömung verlangsamt und Material ablagert, wodurch sich das Flussbett verzweigt.

Digitalisierung (Seite 100)
Digitalisierung ist ein Prozess, bei dem analoge Informationen in digitale Form umgewandelt werden. Sie betrifft nahezu alle Lebensbereiche, wie Kommunikation, Wirtschaft und Bildung, und verändert die Arbeitswelt.

Emission (Seite 64)
Als Emission wird die Abgabe von Stoffen, die die Luft verunreinigen, bezeichnet. Verursacher von Schadstoffen sind z. B. Industriebetriebe, Kraftwerke und Kraftfahrzeuge.

Energie (Seite 8)
Energie ist die Fähigkeit, Arbeit zu verrichten oder Wärme zu erzeugen. Sie kann in verschiedenen Formen auftreten, z. B. als Wärme-, Licht- oder Bewegungsenergie, und wird in verschiedenen Bereichen wie Industrie, Verkehr und Haushalten genutzt.

Energieträger (Seite 22)
Energieträger sind Stoffe, die chemische, mechanische oder thermische Energie speichern und diese bei ihrer Nutzung als Wärme, Strom oder Bewegung freisetzen. Fossile Brennstoffe wie Kohle und Öl liefern Wärme und Strom, während erneuerbare Quellen wie Wind und Sonnenenergie vor allem Strom erzeugen.

Energiewende (Seite 9)
Die Energiewende bezeichnet den Übergang von fossilen Brennstoffen (z. B. Kohle und Öl) hin zu erneuerbaren Energien (z. B. Wind- und Sonnenenergie). Ziel ist es, die Energieversorgung nachhaltig zu gestalten.

Euregio (Seite 138)
Euregios sind grenzüberschreitende Kooperationen zwischen benachbarten Gebieten in verschiedenen europäischen Ländern.

Europäische Union (EU) (Seite 122)
Die Europäische Union (EU) ist ein Zusammenschluss von 27 europäischen Ländern. In der EU gibt es gemeinsame Regeln für wichtige Themen wie Umweltschutz und Sicherheit. Ziel ist es, die Zusammenarbeit zwischen den Ländern zu stärken.

Eutrophierung (Seite 145)
Eutrophierung beschreibt die Anreicherung von Nährstoffen, insbesondere Stickstoff und Phosphor, in Gewässern. Diese Nährstoffe fördern das Wachstum von Algen und Pflanzen, was zu Sauerstoffmangel und einer Verschlechterung der Wasserqualität führt.

Fast Fashion (Seite 99)
Fast Fashion bezeichnet die Produktion von Kleidung, die aktuellen Modetrends folgt und in großen Mengen zu günstigen Preisen verkauft wird. Obwohl diese Praxis hohe Verkaufszahlen erzielt, hat sie negative Auswirkungen auf die Umwelt und die Arbeitsbedingungen.

Freihandelszone (Seite 89)
Eine Freihandelszone ist ein Gebiet, in dem Länder den Handel miteinander vereinfachen, indem sie Zölle und Handelsbarrieren abbauen oder ganz aufheben. Ziel ist es, den Warenverkehr zwischen den beteiligten Ländern zu erleichtern und zu fördern.

Geflüchtete (Seite 129)
Geflüchtete sind Personen, die aus ihrer Heimat fliehen musste, um in einem anderen Land Schutz zu suchen, meist aufgrund von Krieg, Verfolgung oder Naturkatastrophen.

Gezeitenkraftwerk (Seite 29)
Ein Gezeitenkraftwerk nutzt die Energie der Gezeiten, also der regelmäßigen Veränderungen des Wasserstandes, um Strom zu erzeugen. Dabei wird die Bewegung des Wassers bei Flut und Ebbe genutzt, um eine Turbine anzutreiben und Elektrizität zu produzieren.

Global Player (Seite 90)
Der Begriff „Global Player“ bezeichnet ein Unternehmen, das in der Weltwirtschaft eine führende Rolle spielt und über internationale Verbindungen und Märkte eine starke wirtschaftliche Macht hat.

Globalisierung (Seite 86)
Globalisierung bezeichnet den Prozess der weltweiten Vernetzung in den Bereichen Wirtschaft, Politik, Kultur und Kommunikation. Sie führt zu einer stärkeren Zusammenarbeit und Abhängigkeit zwischen den Ländern der Welt.

Glokalisierung (Seite 95)
Glokalisierung bezeichnet die Verbindung von globalen und lokalen Prozessen. Dabei werden globale Trends an lokale Gegebenheiten angepasst.

grüner Wasserstoff (Seite 28)
Grüner Wasserstoff ist eine Energiequelle. Zur Herstellung wird Wasser (H_2O) mithilfe von Strom in seine Bestandteile Wasserstoff (H_2) und Sauerstoff (O_2) zerlegt. Grüner Wasserstoff gilt als umweltfreundlich, da ausschließlich Strom aus erneuerbaren Energiequellen wie Wind-, Solar- oder Wasserkraft eingesetzt wird und bei seiner Produktion keine Treibhausgase freigesetzt werden.

Havarie (Seite 19)
Das Wort „Havarie“ wird vom arabischen Wort „awar“ (= Fehler, Schaden) abgeleitet. In der Seefahrt kommt es zu einer Havarie, wenn ein Schiff bzw. seine Ladung durch ein Ereignis stark beschädigt wird.

Inkohlung (Seite 12)
Inkohlung ist der Prozess, bei dem pflanzliches Material unter hohem Druck und Temperatur in Kohle umgewandelt wird. Dieser Vorgang dauert Millionen Jahre und führt zur Bildung von Braunkohle und Steinkohle.

Klima (Seite 49)
Klima beschreibt den durchschnittlichen Zustand der Atmosphäre an einem bestimmten Ort über einen längeren Zeitraum, meist 30 Jahre. Es umfasst typische Klimaelemente, die das langfristige Wettergeschehen in einer Region prägen.

Klimafaktor (Seite 56)
Klimafaktoren sind Eigenschaften eines Raumes, die das Klima beeinflussen: z. B. Breitenlage, Höhenlage, Relief, Exposition, Lage zum Meer, Bodenbedeckung oder Meeresströmungen.

Kohlenwasserstoff (Seite 16)
Kohlenwasserstoffe sind chemische Verbindungen, die aus Kohlenstoff und Wasserstoff bestehen. Sie kommen hauptsächlich in Erdöl und Erdgas vor und werden als Energiequelle genutzt.

Kontinentalität (Seite 58)
Kontinentalität beschreibt den Einfluss großer Landmassen auf das Klima eines Gebiets. Kennzeichen sind große Temperaturunterschiede zwischen Sommer und Winter und relativ geringe Jahresniederschlagssummen.

Kulturlandschaft (Seite 14)
Kulturlandschaften sind Landschaften, die durch menschliche Nutzung geprägt sind, z. B. durch Landwirtschaft, Städte oder Verkehrswege.

Länder des Globalen Nordens (Seite 110)
Die Bezeichnung „Länder des Globalen Nordens“ beschreibt die wirtschaftlich hoch entwickelten Länder der Welt, die vorwiegend in Nordamerika, Europa, Australien und Teilen Ostasiens (z. B. Japan, Südkorea) liegen. Diese Länder haben einen hohen Lebensstandard, eine gut entwickelte Wirtschaft und eine starke Infrastruktur.

Länder des Globalen Südens (Seite 110)
Die Bezeichnung „Länder des Globalen Südens“ beschreibt die ärmeren, oft weniger industrialisierten Länder, die hauptsächlich in Afrika, Asien und Südamerika liegen. Diese Länder haben in der globalen Wirtschaft und Politik tendenziell weniger Einfluss.

Lieferkette (Seite 98)
Eine Lieferkette beschreibt den Weg, den ein Produkt von der Herstellung bis zum Endverbraucher nimmt. Sie umfasst alle Stationen, von der Rohstoffgewinnung über die Produktion und den Transport bis hin zum Verkauf der fertigen Ware.

Luftdruck (Seite 52)
Der Luftdruck ist das Gewicht der Luft, das auf die Erde drückt. Er hängt von der Höhe über dem Meeresspiegel und den Wetterbedingungen ab und beeinflusst das Wettergeschehen.

Luftfeuchtigkeit (Seite 54)
Die Luftfeuchtigkeit bezeichnet den Anteil von Wasserdampf in der Luft. Sie spielt eine wichtige Rolle bei der Bildung von Wolken, Nebel und Regen. Eine hohe Luftfeuchtigkeit kann das Gefühl von Wärme verstärken.

Lufttemperatur (Seite 51)
Die Lufttemperatur zeigt an, wie warm oder kalt die Luft an einem bestimmten Ort ist. Sie beeinflusst das Wetter und das Klima und variiert je nach Jahreszeit, Tageszeit und geografischer Lage.

Maritimität (Seite 58)
Maritimität bezeichnet die Nähe zum Meer und den Einfluss, den das Meer auf das Klima einer Region ausübt. Küstenregionen sind durch diesen Einfluss in der Regel von gemäßigten Temperaturen geprägt.

natürlicher Treibhauseffekt (Seite 50)
Der natürliche Treibhauseffekt beschreibt den Prozess, bei dem Gase, wie Kohlendioxid und Wasserdampf, in der Atmosphäre, die Wärme von der Erde zurückhalten und so die Temperatur auf der Erde stabilisieren. Ohne diesen Effekt wäre die Erde zu kalt, um Leben zu ermöglichen.

Naturraum (Seite 14)
Ein Naturraum bezeichnet ein geografisches Gebiet, das durch natürliche Gegebenheiten wie Klima, Boden, Vegetation und Landschaftsformen geprägt ist. Er wird ohne menschliche Eingriffe als natürlicher Lebensraum betrachtet.

offshore (Seite 17, 25)
Offshore bezeichnet die Förderung von Erdöl oder Erdgas, die vor der Küste, also auf dem Meer, stattfindet. Dafür werden Plattformen oder Bohrinseln eingesetzt, um die Rohstoffe aus dem Meerboden zu gewinnen.

onshore (Seite 17, 25)
Onshore beschreibt die Förderung von Erdöl oder Erdgas, die an Land erfolgt. Hierbei werden Bohrungen auf dem Festland durchgeführt, um die Rohstoffe zu gewinnen.

Outsourcing (Seite 92)
Outsourcing bezeichnet die Auslagerung von Geschäftsprozessen oder Produktionsschritten an externe Unternehmen, oft in Länder mit geringeren Lohnkosten. Ziel ist es, Kosten zu senken und die Effizienz zu steigern.

Passivraum (Seite 131)
Ein Passivraum ist ein Raum mit geringem Entwicklungspotenzial, der in Bezug auf Bevölkerungswachstum und wirtschaftliche Aktivität wenig Veränderungen aufweist.

Peripherie (Seite 131)
Peripherie bezeichnet den Randbereich eines Gebiets (z. B. einer Stadt), der wirtschaftlich und gesellschaftlich weniger entwickelt ist als das Zentrum. Diese Gebiete sind häufig von der Hauptentwicklung abgekoppelt.

Permafrostboden (Seite 72, 74)
Permafrostböden sind Böden, die ganzjährig gefroren sind und daher auch Dauerfrostböden genannt werden. Sie kommen vor allem in kalten Regionen wie der Arktis vor und bleiben auch während des Sommers dauerhaft unter 0 Grad Celsius.

Photovoltaik (Seite 26)
Photovoltaik bezeichnet die Technologie zur Umwandlung von Sonnenlicht in elektrische Energie, also Strom. Diese wird durch Solarzellen erzeugt, die in Solarstromanlagen auf Dächern oder Freiflächen installiert sind.

Pipeline (Seite 17)
Eine Pipeline ist eine Rohrleitung, die verwendet wird, um Flüssigkeiten oder Gase, wie Öl oder Erdgas, über weite Strecken zu transportieren.

politische Globalisierung (Seite 87)
Politische Globalisierung beschreibt die zunehmende Vernetzung und Zusammenarbeit von Staaten auf globaler Ebene. Sie umfasst internationale Organisationen, Verträge und politische Abkommen, die darauf abzielen, globale Herausforderungen wie Frieden, Sicherheit und Umweltschutz gemeinsam zu lösen.

Primärenergieträger (Seite 9)
Primärenergieträger sind natürliche Energiequellen wie Öl, Gas, Kohle oder erneuerbare Energien wie Wasser, Wind und Sonne, die direkt aus der Natur gewonnen und für die Energieproduktion genutzt werden.

Raffinerie (Seite 17)
Eine Raffinerie ist eine industrielle Anlage, in der Rohstoffe wie Erdöl oder Erdgas verarbeitet und in verschiedene Produkte, wie Benzin oder Diesel, umgewandelt werden.

räumliche Disparität (Seite 130)
Räumliche Disparitäten sind Entwicklungsunterschiede zwischen Regionen, etwa bei Wirtschaft, Infrastruktur oder Lebensqualität. Sie entstehen durch die ungleiche Verteilung von Ressourcen und Chancen.

Rekultivierung (Seite 14)
Rekultivierung bezeichnet die Wiederherstellung von Landflächen, die durch menschliche Eingriffe geschädigt wurden, sodass sie wieder für landwirtschaftliche oder natürliche Zwecke nutzbar sind.

Ressource (Seite 8)
Ressourcen sind natürliche Materialien, die für die Energiegewinnung oder andere wirtschaftliche Zwecke genutzt werden. Ressourcen können erneuerbar (z. B. Wind, Sonne) oder nicht erneuerbar (z. B. Kohle, Öl) sein.

Rohstoff (Seite 8)
Ein Rohstoff ist ein natürlich vorkommendes Material, das zur Herstellung von Produkten oder zur Energiegewinnung verwendet wird. Beispiele sind Holz, Erze oder fossile Brennstoffe.

Schengener Abkommen (Seite 124)
Das Schengener Abkommen ist ein Vertrag zwischen mehreren europäischen Staaten, der die Abschaffung von Grenzkontrollen innerhalb der beteiligten Länder ermöglicht. Reisende können sich ohne Passkontrollen frei zwischen diesen Ländern bewegen.

Schengenraum (Seite 124)
Der Schengenraum ist ein Gebiet in Europa, in dem die Grenzen zwischen den Mitgliedsstaaten für den Personenverkehr geöffnet sind. Das bedeutet, dass man ohne Passkontrollen von einem Land ins andere reisen kann.

Slow Fashion (Seite 99)
Slow Fashion bezeichnet eine nachhaltige Modebewegung, die sich auf umweltfreundliche, langlebige Kleidung konzentriert. Im Gegensatz zu Fast Fashion wird hier Wert auf faire Produktion, geringeren Ressourcenverbrauch und die Reduzierung von Abfällen gelegt.

Solarthermie (Seite 26)
Solarthermie ist eine Technologie, die Sonnenenergie nutzt, um Wärme zu erzeugen. Diese Wärme kann zur Warmwasserbereitung oder zur Heizung von Gebäuden verwendet werden.

Sweatshop (Seite 98)
Ein Sweatshop ist eine Fabrik oder Werkstatt, in der Arbeiter unter schlechten Bedingungen, für niedrige Löhne und mit langen Arbeitszeiten tätig sind. Sweatshops kommen häufig in der Bekleidungsindustrie vor.

Tidenhub (Seite 29)
Der Tidenhub bezeichnet den Unterschied zwischen dem höchsten und niedrigsten Wasserstand, der durch den Wechsel von Ebbe und Flut entsteht.

Treibhausgas (Seite 64)
Treibhausgase sind Gase in der Erdatmosphäre, die Wärme speichern und so den Treibhauseffekt verstärken. Zu den wichtigsten Treibhausgasen gehören Kohlendioxid (CO_2), Methan (CH_4) und Lachgas (N_2O).

Triade (Seite 89)
Die Triade bezeichnet die drei weltweit führenden Wirtschaftszentren: Nordamerika, Europa und Ostasien. Diese Regionen spielen eine zentrale Rolle im globalen Handel und der wirtschaftlichen Entwicklung.

Tropopause (Seite 46)
Die Tropopause ist die Grenze zwischen der Troposphäre und der Stratosphäre. Sie befindet sich in einer Höhe von etwa 10 bis 15 km und trennt die wetteraktive untere Schicht der Atmosphäre von der darüber liegenden, stabileren Stratosphäre.

Troposphäre (Seite 46)
Die Troposphäre ist die unterste Schicht der Erdatmosphäre, die bis etwa 8 bis 15 km Höhe reicht. Sie enthält den größten Teil der Luft und ist die Schicht, in der Wetterphänomene wie Regen, Wolken und Stürme entstehen.

Überfischung (Seite 40)
Überfischung bezeichnet den Zustand, bei dem mehr Fische gefangen werden, als sich durch natürliche Fortpflanzung wieder vermehren können. Dies führt zu einem drastischen Rückgang der Fischbestände und gefährdet das ökologische Gleichgewicht in den Meeren.

Welthandelsorganisation (WTO) (Seite 89)
Die Welthandelsorganisation regelt den internationalen Handel zwischen den Ländern. Sie setzt Regeln für den Handel fest, fördert den Abbau von Handelshemmnissen und strebt an, Handelskonflikte zwischen den Mitgliedsstaaten zu lösen.

Wetter (Seite 48)
Wetter beschreibt den aktuell beobachtbaren Zustand der Klimaelemente an einem bestimmten Ort zu einem bestimmten Zeitpunkt. Es verändert sich ständig und kann von Tag zu Tag oder sogar von Stunde zu Stunde unterschiedlich sein.

Wind (Seite 53)
Wind ist die Bewegung von Luftmassen, die durch Unterschiede in Temperatur und Luftdruck in der Atmosphäre entsteht. Er beeinflusst verschiedene Wetterphänomene auf der Erde.

Windkraft (Seite 24)
Windkraft bezeichnet die Nutzung der Bewegungsenergie von Wind zur Stromerzeugung mithilfe von Windkraftanlagen. Es ist eine erneuerbare Energiequelle und trägt zur Verringerung von CO_2-Emissionen bei.

Witterung (Seite 48)
Witterung beschreibt den durchschnittlichen Charakter des Wetters an einem bestimmten Ort zu einem bestimmten Zeitraum (mehrere Tage – eine Jahreszeit).

Zoll (Seite 125)
Ein Zoll ist ein Geldbetrag, den man bezahlen muss, wenn man Waren aus einem anderen Land kauft oder ins eigene Land bringt. Innerhalb der Europäischen Union kann man zollfrei Waren über Grenzen hinweg transportieren.

Zollunion (Seite 123)
Eine Zollunion ist ein Zusammenschluss von Ländern, die eine gemeinsame Zollpolitik verfolgen und untereinander keine Zölle erheben. Ziel ist die Förderung des Handels zwischen den Mitgliedsstaaten.

Wie erstellst du ein Säulendiagramm?

Um Zahlen aus Texten oder Tabellen in einer anderen Form darzustellen, bietet es sich an, ein Diagramm zu erstellen. Säulendiagramme sind hilfreich, wenn du Zahlenwerte miteinander vergleichen möchtest. Je größer eine Zahl ist, desto höher ist die entsprechende Säule.

1 2 3 4

So zeichnest du ein Säulendiagramm.

① Zeichnen der Hochachse
- Lege die Gesamthöhe und die Maßeinheit (Zahlenwert für 1 cm der Achse) der Hochachse fest. Beachte den größten und kleinsten Zahlenwert, um die Hochachse nicht zu lang oder zu kurz zu zeichnen.
- Zeichne die Hochachse und beschrifte sie und die Abschnitte mit der Einheit.

② Zeichnen der Rechtsachse
- Die Länge der Rechtsachse hängt von der Anzahl, Breite und dem Abstand der einzelnen Säulen ab. Die Abstände und die Breite der Säulen sollten gleich sein.
- Zeichne nun die Rechtsachse. Sie beginnt am Nullpunkt der Hochachse. Zusammen bilden sie einen rechten Winkel. Beschrifte sie.

③ Zeichnen der Säulen
- Bestimme die Höhe jeder Säule und zeichne sie ein.
- Beschrifte deine gezeichneten Säulen.
- Notiere über dem Diagramm eine Überschrift.

④ Zusammenfassen der Hauptaussagen
- Nenne alle Informationen aus dem Diagramm.
- Weise auf Besonderheiten hin und vergleiche die Werte (z. B. Größe der Säulen, Verlauf der Linien beim Liniendiagramm).
- Fasse die Informationen in zwei bis drei Hauptaussagen zusammen.

Wie fertigst du eine kartografische Skizze an?

Kartografische Skizzen dienen dazu, geografische Sachverhalte und ihre räumlichen Verteilungen darzustellen. Zur Erstellung von Skizzen verwendest du als Grundlage meist Atlaskarten. Auf Atlaskarten sind sehr viele Informationen vorhanden. Ziel deiner kartografischen Skizze ist es, dass du nur das Wesentliche hervorhebst.

1 2 3 4

So fertigst du eine kartografische Skizze an.

① Überblick verschaffen
- Verschaffe dir mithilfe des Atlas einen Überblick über den darzustellenden Raum.
- Betrachte die Umrisse des Raumes. Stelle fest, ob die Begrenzungen einprägsame Formen besitzen.

② Umrisse zeichnen
- Zeichne zuerst den Umriss des Raumes (zum Beispiel Grenzen Europas). Gerade Linien vereinfachen die Arbeit.
- Ergänze anschließend weitere Begrenzungen innerhalb des Raumes (z. B. Großlandschaften Europas).

③ Signaturen und Inhalte einfügen
- Kennzeichne in der Skizze wichtige Inhalte mit geeigneten Farben, Symbolen, Linien, Zahlen und Buchstaben (z. B. Städte, Gebirge, Flüsse Deutschlands).

④ Legende erstellen und Kartenüberschrift ergänzen
- Lege eine Legende zur kartografischen Skizze an, in der die genutzten Signaturen erklärt sind.
- Formuliere eine Überschrift für die kartografische Skizze (z. B. „Großlandschaften Europas im Überblick“).

Wie erstellt ihr einen Erklärfilm?

Einen kurzen Erklärfilm (engl.: explainity) von circa zwei bis drei Minuten könnt ihr mithilfe eines Smartphones oder eines Tablets selbst drehen. Ein Storyboard hilft, ein Video vor der Produktion zu strukturieren. Es dient als Diskussionsgrundlage und sorgt dafür, dass nichts vergessen wird.

So erstellt ihr einen Erklärfilm.

1 Thema wählen und Informationen sammeln
- Legt ein Thema fest. Am besten beantwortet ihr mithilfe eures Erklärfilms eine konkrete Frage. Dies hilft euch auch dabei, euch nicht zu „verzetteln“.
- Informiert euch mithilfe eures Geografiebuches, weiterer Bücher und des Internets so gut über euer Thema, dass ihr die wichtigen Informationen zusammenfassen und grafisch darstellen könnt.
- Der Erklärfilm sollte eine räumliche Verortung beinhalten. Dazu könnt ihr eine Kartenskizze erstellen und die Lage des Ortes beschreiben.
- Nutzt Pfeildiagramme, um Prozesse darzustellen. Die Pfeile können verschiedene Bedeutungen haben: „Daraus folgt … .“ oder „Dies führt zu … .“

2 Materialien erstellen
- Notiert in Stichpunkten den Ablauf eures Films. Ein einfaches Storyboard kann euch als Diskussionsgrundlage dienen (M1, M2).
- Zur Erstellung der Materialien benötigt ihr Buntstifte, Papier und Schere. Zeichnet anschauliche Schaubilder. Schneidet diese so aus, dass daraus Einzelteile entstehen.
- Verfasst den Text, der später eingesprochen wird.

3 Aufnehmen des Erklärfilms
- Nehmt den Erklärfilm auf. Spezielle Apps für Tablets und für Smartphones erleichtern euch die Aufnahme und die Erstellung des Erklärvideos.

Wie interpretierst du eine Karikatur?

Eine Karikatur ist eine Zeichnung, die Sachverhalte aus der Politik, Wirtschaft oder Gesellschaft überspitzt darstellt. Um die Informationen einer Karikatur zu verstehen, musst du dich mit den dargestellten Einzelheiten beschäftigen. An Einzelheiten einer Karikatur kannst du dich schneller erinnern als an einen Text. Komplexe Inhalte werden in dieser Zeichnung auf wichtige Kernaussagen komprimiert.

So interpretierst du eine Karikatur.

1 Orientierung
- Betrachte die Karikatur und achte genau auf die dargestellten Details und Zusammenhänge.
- Überlege, welche Themen die Karikatur anspricht und welche Erkenntnisse du zu diesem Thema bereits gewinnen konntest.

2 Beschreibung
- Beschreibe den Sachverhalt. Gehe dabei auf die Personen, Gegenstände, Handlungen und Gestaltungsmittel, wie zum Beispiel Zeichnungen, Text oder auch die Bildunterschrift, ein.

3 Interpretation
- Erläutere das Problem oder den Sachverhalt, auf das oder den in der Karikatur aufmerksam gemacht werden soll.
- Beschreibe die Bedeutung der dargestellten Bildelemente für die Gesamtaussage.
- Erläutere die Meinung des Karikaturisten.

4 Eigene Stellungnahme
- Beurteile die Aussage der Karikatur aus verschiedenen Perspektiven.
- Beschreibe, welche Gedanken und Fragen sich für dich ergeben.
- Begründe deine Meinung zu diesem Thema.

Die wichtigsten Aufgabenstellungen (Operatoren)

	Bedeutung	**Tipps** / *Formulierungshilfen*
Anforderungsbereich I	**beschreiben** Du gibst alle wichtigen Merkmale, die du in einem Text, auf einem Bild oder in anderen Materialien erkennen kannst, in eigenen Worten wieder. Dabei ist es gut, wenn du auch Fachbegriffe benutzt. Erklären musst du die Dinge bei solch einer Aufgabe nicht.	• *Im Text wird gesagt …* • *Hier ist abgebildet …* • *Hier sehe ich …*
Anforderungsbereich I	**darstellen** Du stellst alle wichtigen Aussagen von Materialien (Texte, Karten, Bilder) geordnet in einem eigenen Text oder in einer Zeichnung dar. Auch: Du entnimmst einzelne Begriffe aus den Materialien und gibst sie ohne Erklärung wieder.	Achte darauf, dass du die Informationen in einer sinnvollen Reihenfolge wiedergibst.
Anforderungsbereich I	**gliedern, auch: ordnen** Du ordnest oder gliederst sinnvoll Informationen (zu einem Thema, zu einer Zeit oder über einen Raum) nach selbst gewählten oder in der Aufgabe vorgegebenen Merkmalen. Du kannst Informationen auch mithilfe einer Mindmap grafisch gliedern.	• *Im ersten Abschnitt wird beschrieben …* • *Das Bundesland Mecklenburg-Vorpommern gehört zu den Flächenstaaten, Berlin dagegen …* • *Die Landwirtschaft in MV ist geprägt von …*
Anforderungsbereich I	**nennen, auch: benennen** Du zählst Informationen oder Sachverhalte aus einem vorgegebenen Material (z. B. Text, Grafik, Tabelle, Abbildung) ohne weitere Erklärung auf.	• *Die wichtigsten … sind …* • *Zu den … zählen …*
Anforderungsbereich I	**wiedergeben** Du greifst Informationen, die du einem Text oder Material entnommen hast, mit eigenen Worten auf und fasst sie dabei zusammen. Deine eigene Bewertung oder deine Meinung sind hier ausdrücklich nicht erwünscht.	• *In dem Werk beschreibt der Autor, wie …*
Anforderungsbereich I	**zusammenfassen** Du stellst die Aussagen oder Inhalte, die du in einem vorliegenden Material gefunden hast, kurz in eigenen Worten dar. In eine Zusammenfassung lässt du aber deine eigene Meinung nicht einfließen.	Bei einer Zusammenfassung hilft immer die Frage: Was ist das Wichtigste in diesem Text oder Material?
Anforderungsbereich II	**analysieren, auch: auswerten** Du wertest ein Material unter bestimmten Gesichtspunkten oder anhand bestimmter Kriterien aus. Manchmal wird dabei in der Aufgabenstellung die Analyse nach einer bestimmten Methode verlangt (zum Beispiel „eine Textquelle auswerten“).	Die Erklärung der Methoden findest du auf den Seiten 10/11, 29, 30/31, 68/69, 79, 99, 132 – 135, 140/141, 156/157.
Anforderungsbereich II	**charakterisieren** Du beschreibst die Merkmale oder das Besondere einer Sache oder einer Person.	• *Auffällig an … ist …* • *… zeichnet sich besonders dadurch aus, dass …*
Anforderungsbereich II	**einordnen, auch: zuordnen** Du stellst mehrere Sachverhalte oder Materialien in einen Zusammenhang und begründest dies, oder du zeigst auf, warum das eine zum anderen passt.	Die Beschreibung des Sachverhalts sowie die Verwendung von Oberbegriffen können dir dabei helfen.

Bedeutung	Tipps / *Formulierungshilfen*	
erklären Du nutzt dein Wissen so, dass du Ursachen, Folgen und Zusammenhänge (z. B. Gesetzmäßigkeiten) für andere verständlich erläuterst. Hier muss deutlich werden, warum etwas so ist oder war oder so sein wird.	• *deshalb …* • *daher …* • *dadurch …*	Anforderungsbereich II
erläutern Du erklärst Sachverhalte und beschreibst dazu Beispiele und Belege, die die Sachverhalte veranschaulichen.	• *Das zeigt sich daran, dass …* • *Dies wird belegt durch …* • *Darunter versteht man, dass …*	Anforderungsbereich II
vergleichen, auch: gegenüberstellen Du stellst unterschiedliche Aussagen oder Informationen aus bestimmten Materialien gegenüber. Dann untersuchst du diese anhand der Aufgabenstellung auf Gemeinsamkeiten, Ähnlichkeiten und Unterschiede.	• *Gemeinsam ist …* • *Dagegen weisen die …*	Anforderungsbereich II
begründen Du unterstützt Aussagen oder deine Gedanken durch Argumente und stellst Zusammenhänge her. Finde dazu Belege oder Beispiele in Texten oder Materialien.	• *Aufgrund der Materialien …* • *Diese Aussage stimmt, weil …*	Anforderungsbereich III
beurteilen Du überprüfst auf Basis von bestimmten Kriterien einen Sachverhalt, eine Aussage oder eine Maßnahme. Auf dieser Basis kommst du zu einem begründeten Sachurteil, aber ohne persönliche Wertung.	• *Ich halte diesen Vorschlag für gut/schlecht, weil …* • *Es handelt sich meiner Meinung nach nicht um …, weil …*	Anforderungsbereich III
entwickeln Du suchst (allein oder gemeinsam mit anderen) zum Beispiel nach einer guten Lösung für ein Problem, nach einer Entgegnung auf ein Argument, nach einer tollen Idee für etwas und begründest deinen Vorschlag.	Achte darauf, dass deine Lösung, deine Gegenposition oder dein Vorschlag auch überzeugen kann.	Anforderungsbereich III
erörtern Du setzt dich mit verschiedenen Ansichten zu einem Sachverhalt oder einem Problem auseinander. Du sammelst dabei Gründe/Fakten, die für oder gegen die Ansichten sprechen. Am Ende formulierst du ein Sachurteil oder eine Stellungnahme (Werturteil).	• *Dafür/Dagegen spricht …* • *Insgesamt schätze ich es so ein: …*	Anforderungsbereich III
Stellung nehmen Du äußerst dich aufgrund deiner eigenen Kenntnisse und auf Basis von Kriterien, aber auch deiner Wertvorstellungen, zu einem bestimmten Thema oder einer Aussage und vertrittst deinen persönlichen Standpunkt (Werturteil).	• *Ich halte die Darstellung für …* • *Ich stimme der Behauptung teilweise zu, weil …* • *Ich lehne die Aussage ab, weil …*	Anforderungsbereich III
diskutieren Ihr tragt in der Klasse gemeinsam Aussagen zu einem Thema zusammen und nehmt begründet Stellung.	Geht bei einer Diskussion fair miteinander um. Lasst andere ausreden und bleibt höflich.	Anforderungsbereich III

|Alamy Stock Photo, Abingdon/Oxfordshire: HJBC 143.1; sportpix 117.2; ZUMA Press, Inc. 56.1. |Alamy Stock Photo (RMB), Abingdon/Oxfordshire: Andrey Kekyalyaynen 149.2; Basenau, Karl Peter 27.2; Brack, Roland 97.2; Cultura Creative (RF) 102.2; Daybreak Imagery 55.2; Diomede, Barry 92.2; ExB/Bildagentur-online 15.2; Homeland photos 95.2; Horree, Peter 117.1; imageBROKER.com GmbH & Co. KG 137.2; Imaginechina Limited 90.2; Julie g Woodhouse 14.1; Majority World CIC 73.2; Marty, Benny 106.1; OZSHOTZ 20.2; Perer, Alberto 149.3; Stark, Friedrich 100.1; The Natural History Museum 12.2; Universal Images Group North America LLC 5.2, 114.1; Universal Images Group North America LLC / DeAgostini 66.4; Viennaslide 149.1. |Baaske Cartoons, Müllheim: Bengen, Harm 77.1, 148.9; Mester, Gerhard 109.1; Plaßmann, Thomas 66.1. |Bauer, Thomas, Möhrendorf: 78.1. |Berghahn, Matthias, Bielefeld: 32.2, 32.3, 32.4, 32.5, 32.6, 32.7, 32.8, 32.9, 32.10, 32.11, 32.12, 32.13, 32.14, 52.1, 65.1. |CartoonStock.com, Bath: www.CartoonStock.com/Mark Lynch 21.1. |Department für Nutzpflanzenwissenschaften - Abteilung Bodenphysik, Göttingen: Ahl, Christian 34.2. |EPA Images (RF), Frankfurt am Main: DARREN PATEMAN 20.1. |fotolia.com, New York: auremar 127.3; Chaikovskiy, Igor 40.1; D. Kohn 96.12; EpicStock-Media 48.3; Eric Isselée 80.3; fotozick 12.3; froxx 96.7; indigolotos 41.1; kflgalore 23.1; Kurhan 123.6; lumen-digital 3.1, 4.1, 6.1; pico 11.1; Picture-Factory 127.4; Reitz-Hofmann, Birgit 96.11; Sergey 116.1; somartin 148.2, 148.3, 148.4, 148.5, 148.6, 148.7; stockphoto-graf 96.2; StudioLaMagica 123.2; UbjsP 53.2. |Fridays for Future, Rendsburg: 77.2. |Geologischer Dienst Nordrhein-Westfalen ¬- Landesbetrieb -, Krefeld: Foto: © F. Richter, Geologischer Dienst Nordrhein-Westfalen 34.1. |GEOMAR Helmholtz-Zentrum für Ozeanforschung Kiel, Kiel: Oberflächengeschwindigkeiten in einem Ozeanmodell des Atlantiks. Modellierung: Abteilung Ozeandynamik, GEOMAR 59.2. |Getty Images, München: 2009 Tom Stoddart 103.1; AFP 95.6; Koall, Carsten 71.1; VCG 5.1, 84.1. |Gillert, Georg, Berlin: 141.1, 141.2. |Güttler, Peter - Freier Redaktions-Dienst (GEO), Berlin: 39.1. |Haitzinger, Horst, München: 111.1. |Hoth, Katharina, Erfurt: 16.2, 25.2. |Imago, Berlin: Bluegreen Pictures 67.1; Dreamstime 86.3; Eckel, Jochen 66.2; Schwarz, Marius 129.2; ZUMA Wire/Nasa /Nasa 63.1. |Imago Editorial, Berlin: Boethling, Joerg 73.1; Eibner Europa 66.3; epd/Lyding, Heike 48.5; Franke, Andreas 14.2; Imo, Thomas 105.1; Westend61/ Ingold, Daniel 101.2. |iStockphoto.com, Calgary: Alfribeiro 8.3; Art Wager 49.2; aurquijofilms 41.4; Bianchi, Roberta 67.5; catshiles 86.4; clu 148.8; deepblue4you 50.2; den-belitsky 147.1; Diego Fiore 67.4; FatCamera 98.1; franckreporter 130.1; futureimage 96.13; gsagi 54.2; hudiemm 96.1; Irina_Strelnikova 98.3, 98.4, 98.5; Jan-Otto 28.1; Katerina_Andronchik 124.2; Leonsbox 148.10; Madmaxer 101.1; manx_in_the_world 39.5; martiapunts 41.2; Mercedes Rancaño Otero 131.1; Moser, Uwe 57.2; Nadezhda Bolotina 116.2; nielubieklonu 17.1; ollo 146.1; Onfokus 96.14; pagadesign 96.5; Patryk_Kosmider 61.2; Popov, Vladislav 70.3, 70.4, 70.5, 70.7, 70.8, 70.9; RenatoPMeireles 40.2; Reniw-Imagery 67.3; Richmatts 48.4; Rizzi, Roberto 146.2; sara_winter 57.3; seewhatmitchsee 96.3; shapecharge 92.1; StudioBarcelona 116.3; Sundry Photography 90.1; tibu 24.1; triggermouse 80.4; Wylezich, Bjoern 39.3; ymgerman 97.1; zilli 53.3. |Karto-Grafik Heidolph, Dachau: 16.1, 29.1, 32.15, 38.1, 39.4, 46.1, 80.2, 93.1, 128.1. |Kartographie Michael Hermes, Hardegsen Hevensen: 9.1, 22.2, 26.2, 27.1, 37.2, 81.1, 81.2, 93.2, 100.2, 107.1, 110.1, 119.1. |mauritius images GmbH (RF), Mittenwald: Bluegreen Pictures 37.1. |Mithoff, Stephanie, Egestorf: 14.3, 41.5, 61.3, 99.1, 107.3, 125.1, 126.3, 126.4, 126.5. |PantherMedia GmbH (panthermedia.net), München: Dimaberlin 145.1; fabioberti.it 123.5; OneBit 145.2; Winkler, Steffen 59.1. |Picture-Alliance GmbH, Frankfurt a.M.: AP Photo 72.1; Associated Press/Eggenberger, Gert 123.3; ASSOCIATED PRESS/ESA/JM Guillon 142.1; ASSOCIATED PRESS/Villars, Eric 19.1; COLLECTION CHRISTOPHEL/ Pixar Animation Studios - Walt Disney / Inside Out 2 (2024), Regie: Kelsey Mann 94.1, 94.2, 94.3; dpa 123.1; dpa-infografik 89.1, 135.1, 135.3; dpa-Zentralbild/Settnik, Bernd 15.4; dpa/dpa-Zentralbild/Schutt, Martin 97.3; dpa/Karmann, Daniel 103.2; dpa/Nemeth, Jay / Red Bull Stratos 47.1; dpa/Nietfeld, Kay 129.1; dpa/Pleul, Patrick 144.2; ESA/dpa/Carril, Pierre 142.2; Flashpic/Krick, Jens 108.1; Franke, Andreas 13.1; Gregorowius, Stefan/ Das Super Talent: Ehrlich Brothers, Chantal Janzen, Lukas Podolski, Michael Michalsky 95.4; J.W.Alker 143.2; Maxppp/Fang 105.2; mr7/ZUMApress 18.2; NurPhoto/Zarzycka, Dominika 87.2; Ocean Voyages Institute/Cover Images 107.2; PIXELL/Anton Magzan 126.1; Pizzello, Chris/Invision/AP 95.5; Pleul, Patrick/dpa-Zentralbild/dpa 138.1; ROV-Team, GEOMAR-Helmholtz-Z. 39.2; ZB/euroluftbild.de/Clemens, Bernd 15.1; ZUMAPRESS.com/London News Pictures/Dinendra Haria 135.2. |Schobel, Ingrid, Hannover: 25.1. |Schwarzstein, Yaroslav, Hannover: 134.1, 140.1. |Shutterstock.com, New York: 98.2; Arhelger, Tobias 139.1; aydngvn 52.2; Barnes, Barry 136.1; Chulov, Dmitry 120.1; cigdem 149.4; dominika zara 87.1; Dotsenko, Tetyana 67.2; Flat vectors 127.2; Gottwald, Jan 12.1; Hudovernik, Matej 56.2; INSTANT photography 108.2; Josephson, Dan 26.1; jukurae 18.1; Kieboom, Loes 111.2; Michailidis, Alexandros 126.2; pio3 95.3; ppart 127.1; roibu 137.1; Stephane Bidouze 69.1, 69.2; Stramyk, Igor 32.1. |Siemens AG, München: 136.2. |stock.adobe.com, Dublin: +NatureStock 75.1; ABCDstock 8.5; agrarmotive 24.2; alexlmx 96.9; Animaflora PicsStock 53.1; Arid Ocean 74.1; Art Media Factory 118.1; asem arab 127.6; Chan, Richie Titel; Christian 67.6; Cline, Dusty 96.4; Dietl, Jeanette 27.3, 127.5; Dynamoland 116.4; encierro 124.1; grafikplusfoto 48.2; Hoesel, Mario 49.5; industrieblick 8.6; iPics 148.1; J.Mühlbauer exclus 36.1; Kalvan, Dmitri 88.1; karepa 104.1; Kolodziej, Kalle 48.1; Lund, Jacob 80.1; m.schuckart 123.4; Mantis Design 21.2; marcin jucha 8.1; Marina 70.6; MaxSafaniuk 34.3; mije shots 15.3; Monkey Business 86.1; mpix-foto 70.1; Newport Coast Media 102.1; parabolstudio 4.2, 44.1; Petrushenka, Artsiom 49.1; Popov, Andrey 8.2; rob245 49.3; Rose, Armin 57.1; rubrafoto 49.4; Rudolf, Marco 144.1; Rynio Productions 96.8; Scanrail 96.10; Schier, Thorsten 55.1; Sermek, Gordana 8.4; Shevchenko, Andrey 138.2; Sinuswelle 118.2; Smileus 50.1; sonnenblumewiese 62.1; Stockgiu 70.2; strichfiguren.de 83.1, 83.2; studio023 46.2; Sylfida 99.2; Tabary, Olivier 118.3; Thalhofer, Karoline 54.1; Thoenen, Gerry 22.1; Traveler, Alex 41.3; Trueffelpix 28.2; viperagp 114.2, 114.3, 114.4, 114.5, 114.6, 114.7, 114.8, 114.9, 114.10, 114.11, 115.1, 115.2, 115.3, 115.4, 115.5, 115.6, 115.7, 115.8, 115.9, 115.10, 115.11, 115.12, 115.13, 115.14, 115.15, 115.16, 115.17, 115.18; wachiwit 95.1; Wirestock 112.1. |Tekülve, Rita, Essen: 86.2, 96.6. |Thüringer Institut für Nachhaltigkeit und Klimaschutz, Jena: 61.1. |United Nations Photo Library, New York: 87.3. |Wedekind, Carolin, Berlin: 82.1.

30° West
20°
10°
0°
10°
20°
70°
60° Nord
50°
40°
30°
Island
Thjórsá
1491 Hekla
2110 Hvannadals-hnúkur
Europäisches Nordmeer
3860
Nördlicher Polarkreis
Färöer
Shetland-Inseln
Orkney-Inseln
Rockall
Atlantischer Ozean
Britische Inseln
Hebriden
Schottland
1344
Glasgow
Newcastle upon Tyne
Irland
Dublin
1039
Irische See
Manchester
Leeds
Liverpool
1085
Sheffield
Humber
Sankt-Georgs-Kanal
Wales
England
Birmingham
London
Themse
Land's End
Scilly-Inseln
Ärmelkanal
Straße von Dover
Kanalinseln
Nordsee
238
Skagerrak
725
Lindesnes
Kattegat
Jütland
Kopenhagen
Skandinavien
2469
Oslo
Glomma
Klarälven
Dalälven
Vänersee
44
Vättersee
Göta Älv
Mälarsee
Stockholm
Åland-Inseln
Helsinki
Finnischer Meerbusen
Finnische Seenplatte
Bottnischer Meerbusen
Ume Älv
Ångermanälven
Torne Älv
Lappland
Lofoten
Vestfjord
2111
Inarisee
114
Saaremaa
459
Gotland
Öland
Ostsee
Bornholm
Düna
Memel
Njemen
Baltischer Landrücken
Amsterdam
Rotterdam
Antwerpen
Hamburg
Norddeutsches Tiefland
Berlin
Netze
Weichsel
Narew
Warschau
86
Oder
Warthe
Elbe
1142
Leipzig
Ruhrgebiet
Düsseldorf
Köln
Lille
Brüssel
Deutsche Mittelgebirge
Frankfurt
1051
187
Prag
Sudeten
1603
Kattowitz
Wolhynisch-Podolische Platte
Bug
San
Normandie
Bretagne
Pariser Becken
26
Paris
Seine
Loire
Mosel
Maas
Rhein
Nürnberg
Stuttgart
München
Donau
Bodensee
Karpaten
157
Wien
Budapest
115
Theiß
Alföld
Siebenbürgen
Mureș
Französisches Tiefland
Golf von Biskaya
5858
Kap Finisterre
Puy de Sancy
1886
Lyon
Zentralmassiv
Dordogne
Garonne
Saône
Rhone
Jura
Zürich
Alpen
3798
Großglockner
4810
Mont Blanc
4049
Piz Bernina
Mailand
Turin
Po
Poebene
Drau
Save
Dinarisches Gebirge
Belgrad
Südkarpaten
Walachei
Morava
Balkan
Sofia
2925
Rhodopen
Kantabrisches Gebirge
Porto
Douro
Iberisches Randgebirge
Ebro
2262
Duero
Hochland von Kastilien
2592
Madrid
640
Tejo
Tajo
Lissabon
Kap Roca
Guadiana
Júcar
Pyrenäen
3404
Toulouse
Marseille
Golfe du Lion
Golf von Genua
Barcelona
Valencia
Sierra Morena
1798
Sevilla
Guadalquivir
Kap São Vicente
Betische Kordillere
Sierra Nevada
3478
Balearen
4389
Menorca
Mallorca
Korsika
2710
Sardinien
1834
Apenninen
Tiber
2914
Gran Sasso d'Italia
Rom
Neapel
Adriatisches Meer
Tyrrhenisches Meer
3785
2764
2917
Olymp
Pindos
Ionische Inseln
Ionisches Meer
Peloponnes
Kap Tenaro
5267
Sizilien
3357
Ätna
Straße von Sizilien
Malta
Lampedusa
Mittelmeer
Straße von Gibraltar
Tanger
Er-Rif
2456
Rabat
Fès
Casablanca
Algier
2308
Kap Blanc
Kap Bon
Tunis
Tellatlas
Hochland der Schotts
391
2328
Moulouya
3737
Hoher Atlas
Saharaatlas
Wadi Djedi
Schott Melghir
-30
16
Schott el Djerid
Golf von Gabès (Kleine Syrte)
Djerba
789
Wadi Draa
Wadi Saoura
Westlicher Großer Erg
Tripolis
Tripolitanien
Östliche Große Sandwüste
Hamadah al-Hamra
Syrtika
Große Syrte
Djabal al-Achdar
876
Marmarika
Kyrenaika